Organisation des Produktionsprozesses

Von Univ.-Prof. Dr.-Ing. Christian Nedeß
Technische Universität Hamburg-Harburg

Unter Mitarbeit von
Dipl.-Ing. oec. Christian Hauer,
Dipl.-Ing. Joachim Käselau,
Dipl.-Ing. Jürgen Mallon,
Dipl.-Ing. Sven Meyer,
Dipl.-Ing. Dirk Scholz,
Olaf Rokitta, Detlef Schmidt, Stephan Thiesen,
Andreas Warner
Technische Universität Hamburg-Harburg

Mit 105 Bildern

B.G. Teubner Stuttgart 1997

Die Deutsche Bibliothek – CIP-Einheitsaufnahme

Nedeß, Christian:
Organisation des Produktionsprozesses / Christian Nedeß.
Unter Mitarb. Christian Hauer ... – Stuttgart : Teubner, 1997
ISBN 978-3-322-96365-9   ISBN 978-3-322-96364-2 (eBook)
DOI 10.1007/978-3-322-96364-2

© B. G. Teubner Stuttgart 1997
Softcover reprint of the hardcover 1st edition 1997
Gesamtherstellung: Präzis-Druck GmbH, Karlsruhe
Einbandgestaltung: Peter Pfitz, Stuttgart

Vorwort

Das vorliegende Buch entstand aus einer spontanen Idee zu einem Experiment, über dessen Konsequenzen sich alle Beteiligten erst im Laufe der weiteren Entwicklung im klaren wurden. Die Idee stammte von einem Professor, der gerade dabei war, seine Vorlesung "Organisation des Produktionsprozesses" auf den Stand zu bringen, daß sie den neuesten Entwicklungen in einem turbulenten industriellen Umfeld gerecht wird. Hierin lag nicht nur eine Verpflichtung, sondern vielmehr eine Leidenschaft, jungen Studierenden der Ingenieurwissenschaft in einer Zeit der Rezession, des Personalabbaus in den Betrieben und einer vermeintlichen Perspektivlosigkeit in bezug auf den zukünftigen Arbeitsmarkt für Ingenieure Mut und Zuversicht zu vermitteln. Bekannt ist, daß der Lernerfolg von unterschiedlichen Faktoren abhängig ist, wobei die Visualisierung eine große Rolle spielt. Der größte Effekt wird der Selbsterarbeitung zugeschrieben.

Daraus entstand die Überlegung, die studentische Aktivität nicht auf bloßes Mitschreiben der Vorlesung zu beschränken, sondern sie aktiv an der Erstellung eines (Lehr-) Buches auf der Grundlage einer Vorlesung zu beteiligen und sie damit gleichzeitig in eine für sie neue Erfahrung einzuführen, die zunehmend wichtiger wird, nämlich das Arbeiten in einem Projekt. Der Gedanke fand spontanes Interesse bei einigen Studenten der Fertigungstechnik an der Technischen Universität Hamburg-Harburg, die somit die eigentlichen Autoren dieses Buches darstellen. Es sind: Olaf Rokitta, Detlef Schmidt, Stephan Thiesen und Andreas Warner.

Tatsächlich war die Erstellung dieses Buches ein Lernerfolg für alle Beteiligten. Da sind zunächst die Studenten zu nennen, die sich inhaltlich vor allem in bezug auf die Vermeidung von Redundanzen koordinieren mußten, was gleichzeitig Auswirkungen auf die Gliederung hatte. Aber auch die zeitliche Koordination war eine Herausforderung, die sich ebenso aus der Vorgabe des Verlages ergab wie die formale Gestaltung.

Zu den Beteiligten müssen weiterhin die Betreuer der Arbeit, nämlich die wissenschaftlichen Mitarbeiter gezählt werden, die unter der Projektleitung von Herrn Dipl.-Ing. Sven Meyer neben ihren laufenden Forschungs- und Industrieprojekten die fachliche Anleitung und Unterstützung der Studenten übernahmen. Bei der Erstellung der druckreifen Version haben sie mit großem Engagement die Durchsicht und Korrektur durchgeführt. Mein besonderer Dank gilt daher an dieser Stelle den Herren: Dipl.-Ing. oec. Christian Hauer, Dipl.-Ing. Joachim Käselau, Dipl.-Ing. Jürgen Mallon, Dipl.-Ing. Sven Meyer und Dipl.-Ing. Dirk Scholz.

Lernen mußte schließlich auch der Professor, sich mit einer Arbeit identifizieren zu können, wie nicht er sie vorschreibt, sondern wie Studierende sie auf ihre Weise erarbeiten. Aber auch er hatte ein "Aha-Erlebnis" und eine Erleichterung insofern, als daß der zu vermittelnde Lehrinhalt erhalten blieb und die ursprüngliche Idee der Studenten, alles in "ihrer eigenen Sprache" formulieren zu dürfen, aus eigener Erkenntnis als unmöglich aufgegeben wurde.

Mit der Thematik der Organisation von Produktionsunternehmen, bei der grundlegende Sachverhalte ebenso wie moderne Ansätze dargestellt werden, wendet sich das vorliegende Lehrbuch gleichermaßen an Studierende als auch an Betriebspraktiker aus Industrie- und Dienstleistungsunternehmen, die sich einen kompakten und systematischen Überblick verschaffen wollen. Der Inhalt des Buches weicht insofern etwas vom grundsätzlichen Verständnis des Titels ab, als es sich wesentlich den neueren Entwicklungen innerhalb produzierender Unternehmen widmet. Dabei wurde bewußt auf eine tiefere Darstellung des EDV-Einsatzes verzichtet.

Im Zeichen turbulenter Märkte und einer zunehmenden Globalisierung der Wirtschaft unterliegt die Organisation des Produktionsprozesses einem fortwährenden Wandel, der sich nicht zuletzt durch eine größere Vielfalt von Organisationsprinzipien und -formen ausdrücken wird. Multimediale Techniken werden neben dem Faktor Mensch diesen Prozeß wesentlich beeinflussen.

Hamburg, im Februar 1997   Christian Nedeß

Inhalt

1 Produktion im Umbruch

Sven Meyer

1.1 Aufbau des Produktionsunternehmens

Die Unternehmensentwicklung in der Vergangenheit war im wesentlichen durch Wachstum gekennzeichnet. Damit läßt sich eine Bandbreite vom Einmannbetrieb bis zum Konzern aufspannen. Die Folge war eine zunehmende Unternehmensgliederung in funktionale Bereiche, wie z.B. Abteilungen und Gruppen. Dadurch konnten kleinere Einheiten mit einem höheren Spezialisierungsgrad gebildet werden, die sich traditionell in Abhängigkeit von ihrer Funktionalität den kaufmännischen und technischen Bereichen grob zuordnen (Bild 1.1).

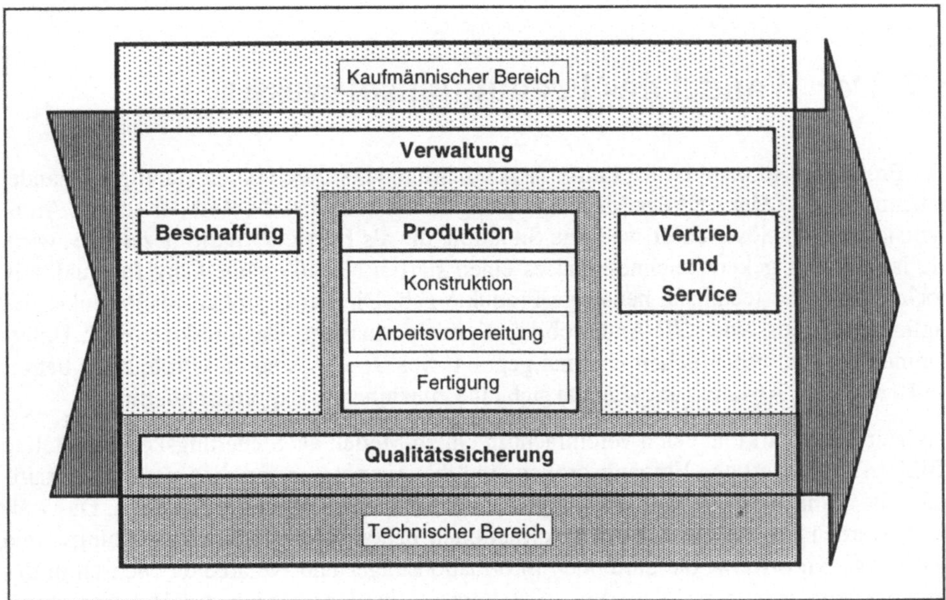

Bild 1.1: Bereiche des Produktionsunternehmens

Der kaufmännische Bereich beinhaltet dabei den allgemeinen Verwaltungsbereich, das Beschaffungswesen und den Vertrieb. Innerhalb des Verwaltungsbereichs sind die Unternehmensführung und -planung, das Rechnungs- und Finanz- sowie das Personalwesen wichtige Funktionen. Dem technischen Bereich sind die Qualitätssicherung als Querschnittsfunktion und die Produktionsbereiche Konstruktion, Arbeitsvorbereitung und Fertigung zugeordnet. Hierbei lassen sich die beiden Bereiche der Arbeitsvorbereitung und der Fertigung weiter untergliedern in die Arbeitsplanung und Arbeitssteuerung bzw. in die Teilefertigung und Montage.

Problematisch ist der funktionale Unternehmensaufbau für den Produktionsprozeß als Bindeglied zwischen den Abteilungen, wobei der Produktionsprozeß *ein strukturverändernder Vorgang ist, bei dem Materialien, Informationen und Energie transportiert oder umgewandelt werden*. Die Ursache dafür sind viele Schnittstellen zwischen den jeweiligen Bereichen. Die hier auftretenden Reibungsverluste aufgrund umständlicher und langer Kommunikationswege zwischen den verschiedenen Verantwortungs- und Kompetenzbereichen sowie die unnützen Doppelarbeiten für das Einarbeiten nachfolgender Abteilungen behindern häufig eine effiziente Auftragsabwicklung. Hinzu kommen Verständigungsschwierigkeiten zwischen Kaufleuten und Ingenieuren wegen ihrer unterschiedlichen Sicht auf den Produktionsprozeß, ihrer Ausbildung und Verantwortung.

1.2 Der Wandel des Produktionsprozesses

Der Produktionsprozeß ist im Laufe dieses Jahrhunderts durch einen ständigen Wandel gekennzeichnet. Der Zeit der Mechanisierung folgte zunächst die Zeit der starren Automatisierung. Auslöser dafür war eine Situation, die als Herstellermarkt bezeichnet wird. Sie ist dadurch gekennzeichnet, daß es einen starren Nachfrageüberhang für qualitativ hochwertige und technisch neuartige Produkte gab. Die Seriengrößen für Produkte des täglichen Lebens, wie z.B. Automobile, stiegen permanent. Das produzierende Unternehmen war im wesentlichen national geprägt, was Beschaffung und Produktion betraf. Im Bereich des Absatzes entwickelte sich eine zunehmende Exportorientierung.

Der Herstellermarkt läßt sich vereinfacht in einem Modell als Steuerungskette darstellen (Bild 1.2). Wesentliche Eingangsgrößen sind die Ausgangsmaterialien und die Zukaufteile, die beim Produktionsprozeß umgewandelt bzw. neu konfiguriert werden. Des weiteren werden für die Produktion Informationen benötigt, wie z.B. Entwicklungs- und Fertigungs-Know-how, die durch den Informationsträger und -verarbeiter Mensch in das Unternehmen gelangen. Weiterhin wird Energie für den Antrieb der Maschinen und Anlagen gebraucht, die nach dem Umwandlungsprozeß großenteils als Verlustenergie in

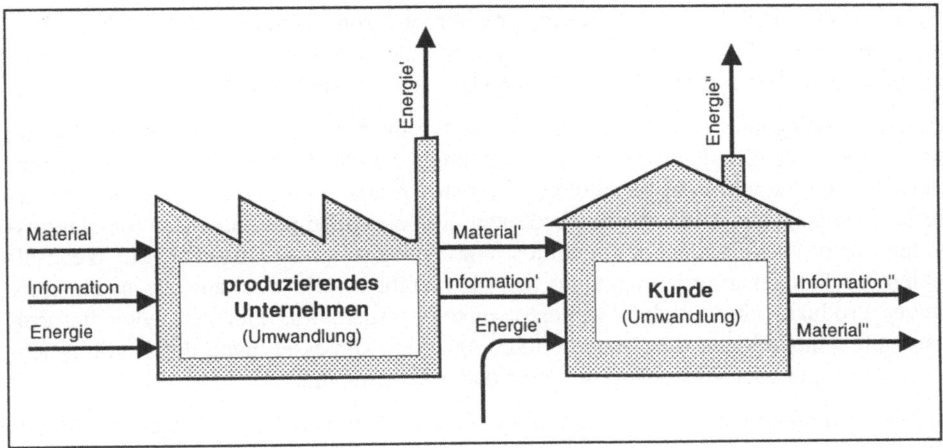

Bild 1.2: Modell des Herstellermarkts als Steuerungskette

Form von Wärme an die Umgebung abgegeben wird. Andere Ausgangsgrößen sind die zu Produkten umgewandelten Materialien und von den Kunden benötigte Informationen für den Gebrauch der Produkte. Diese Ausgangsgrößen sind die wichtigsten Eingangsgrößen für die Nutzung durch den Kunden. Nach der Nutzung werden die Produkte in Form von Abfall auf Deponien oder in Müllverbrennungsanlagen entsorgt und nur in geringem Umfang der Wiederverwendung zugeführt. Jedoch werden Erfahrungen, die der Kunde bei der Nutzung sammelt, oder individuelle Wünsche des Kunden meistens von Unternehmensseite nicht gezielt aufgenommen, so daß sie als Verlustinformationen auftreten.

Das Modell des Herstellermarkts als Steuerungskette ist an einige Voraussetzungen gebunden. Eine wesentliche Voraussetzung neben dem Nachfrageüberhang sind signifikante Innovationsschübe, die den Wettbewerb in der Weise einschränken, daß nur sehr wenige Produkte auf einem ähnlich hohen Entwicklungsniveau existieren. Dieses ist jedoch heute immer seltener der Fall, da die Konkurrenzprodukte einander sehr ähnlich geworden sind. Besonders deutlich wird das in der Automobilindustrie. Heute ist beim Kauf eines Automobils häufig das Design entscheidender als die Funktion. Eine andere Voraussetzung ist, daß keine Störungen auftreten bzw. daß Störungen im Unternehmen sich nicht negativ auf den Kunden auswirken. In der Vergangenheit wurden Störungen hauptsächlich durch Läger vor, in und nach der Produktion ausgeglichen. Dieses hat jedoch aus betriebswirtschaftlicher Sicht den entscheidenden Nachteil einer hohen Kapitalbindung und damit verbundenen hohen Kosten sowie langen Durchlaufzeiten.

Mit zunehmender Marktsättigung und vermehrter Nachfrage nach Individualprodukten wandelte sich der Markt vom Hersteller- zum Käufermarkt. Für den Produktionsprozeß hatte das einen Übergang zur flexiblen Automatisierung zur Folge. Begünstigt wurde dieser Prozeß durch die Fortschritte in der Mikroelektronik und der EDV-Technik. Den Höhepunkt dieser Entwicklung bildete das Computer Integrated Manufacturing (CIM), welches mit *rechnerintegrierte Produktion* übersetzt werden kann.

Die stark gestiegene Internationalisierung des Wettbewerbs hat dazu geführt, daß heute das Erfüllen der Kundenwünsche *der* entscheidende Wettbewerbsfaktor ist. Kundenwünsche sind jedoch nicht gleichbleibend, sondern einem permanenten Wandel unterworfen, welcher heute innerhalb sehr kurzer Zyklen vollzogen wird. Die Innovationszyklen der produzierenden Unternehmen sind häufig sehr viel länger als die Wechselzyklen der Kundenanforderungen, so daß die Gefahr besteht, daß anstelle neuer innovativer Produkte alte lediglich weiterentwickelt werden, was gleichermaßen für Prozesse gilt. Innovationen, im Sinne von sprunghaften Verbesserungen durch völlig neuartige Konzepte oder Technologien, treten dadurch nicht auf.

Ziel des Produktionsunternehmens muß es sein, die Kundenwünsche als entscheidende Eingangsinformation zu akzeptieren und umzusetzen. Denn heute hat der Kunde die Auswahl zwischen vielen verschiedenen Herstellern und bestimmt durch sein freies Kaufverhalten über den Erfolg der Unternehmen. Werden diese typischen Kennzeichen des Käufermarkts in einem Modell berücksichtigt, so ergibt sich ein geschlossener Regelkreis (Bild 1.3).

Ziel dieses Regelkreises ist es, auf Kundenanforderungen sehr schnell reagieren zu können. Es gilt die Marktdynamik in das Unternehmen hineinzutragen, so daß ein Kunden-Lieferanten-Verhältnis entsteht, welches dadurch gekennzeichnet ist, daß der Kunde - und nicht das Unternehmen - der König ist. Dieses neu definierte Kunden-Lieferanten-Verhältnis läßt sich auch auf die innerbetrieblichen Unternehmensprozesse

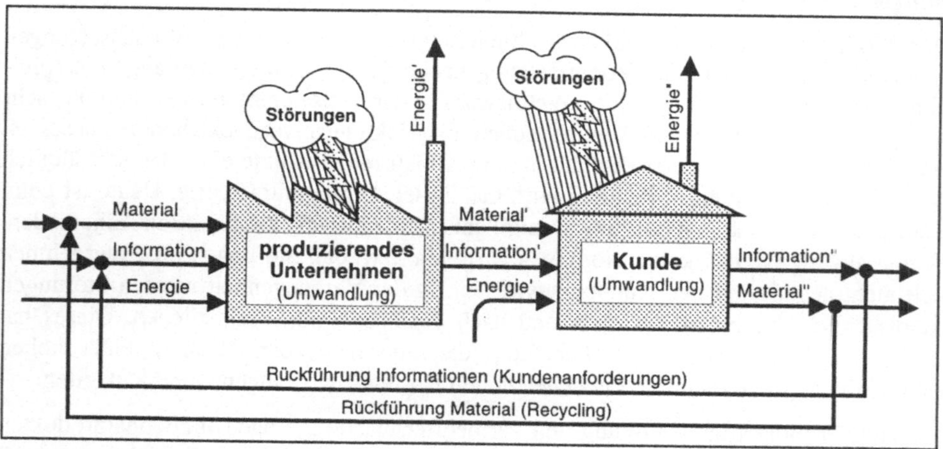

Bild 1.3: Modell des Käufermarkts als Regelkreis

übertragen. In modernen Unternehmen werden die nachfolgenden Abteilungen eben nicht mehr als Konkurrenten um Budgets gesehen, sondern als Partner im ganzheitlichen Produktionsprozeß. Eine zweite Rückführung in dem Regelkreismodell des Käufermarkts ist möglich, wenn die durch den Kunden zu Abfällen umgewandelten Materialien dem Unternehmen erneut zugeführt werden. Das Recyclingmaterial muß dafür zuvor getrennt und wiederaufbereitet werden. Dieses kann bei vielen Stoffen fast beliebig oft wiederholt werden. Den Anstoß für das verstärkte Recyceln in den letzten Jahren hat der Staat mit neuen Gesetzen und Verordnungen gegeben. Zunehmend sehen die Unternehmen diese Auflagen nicht mehr als notwendiges Übel bzw. als Standortnachteil an, sondern als Chance, zukünftige Märkte zu erschließen.

2 Unternehmensorganisation

Jürgen Mallon, Andreas Warner

Der vielschichtige Begriff der Organisation kann in bezug auf einen Industriebetrieb wie folgt definiert werden: *Organisation umfaßt die formale Gestaltung der Elemente des Unternehmens und ihrer Beziehungen zueinander* [31]. Mit der formalen Gestaltung der innerbetrieblichen Organisation befaßt sich das Kapitel Unternehmensorganisation. Unternehmensziele und die daraus abgeleiteten Unternehmensstrategien sind dabei von entscheidender Bedeutung. Sie stellen den Rahmen dar, in dem das Unternehmen gestaltet wird, und geben durch eine Zielsetzung dessen Entwicklungsrichtung vor. Ausgefüllt wird dieser Rahmen durch die betriebliche Aufbau- und Ablauforganisation, die den Kern einer jeden betrieblichen Organisation bilden. Für diese Aufbau- und Ablauforganisation existieren mehrere „klassische" Konzepte, die in den meisten Betrieben in dieser reinen Form jedoch nicht mehr vorkommen. Stattdessen finden sich eine Reihe neuer organisatorischer Konzepte, die auf Basis konventioneller Grundlagen gestaltet werden.

Deshalb werden in diesem Kapitel zuerst verschiedene Unternehmensziele und -strategien und im Anschluß daran die „klassischen" und die verbreitetsten neuen Konzepte der Unternehmensorganisation vorgestellt. Die Implementierung dieser modernen Konzepte in eine bestehende Unternehmensorganisation, deren effiziente Nutzung und ständige Weiterentwicklung wird im Kapitel Organisationsgestaltung erläutert.

2.1 Unternehmensziele und -zielbildung

Jede Organisation, jede Unternehmung verfolgt einen bestimmten Zweck, aus dem sich konkrete Unternehmensziele ableiten lassen [14]. Diese Unternehmensziele sind eine Reaktion des Systems auf seine Umwelt und die verschiedenen Interessen der Anspruchsgruppen und müssen zur vernünftigen Planung und Steuerung des Unternehmens und seiner Elemente eindeutig formuliert sein [5]. Es werden Absichten und Ziele unterschieden.

Absichten sind qualitative Aussagen und geben lediglich eine Richtung dessen vor, was erreicht werden soll. Sie sind als eine Art konkretisierte **Vision** zu betrachten. Eine Vision ist das Bild einer realistischen, glaubhaften und attraktiven Zukunft für die Organisation, das Bild eines besseren Zustands als des gegenwärtigen. Eine Vision kann als **Leitbild** Gruppen und Organisationen die Kraft zur Ablösung eingefahrener Ordnungen geben [18]. Ein Leitbild sollte die grundlegenden und allgemeinen Vorstellungen über anzustrebende Ziele und Verhaltensweisen einer Unternehmung enthalten. Schriftlich formuliert kann es den Mitarbeitern helfen, die Ziele und Interessen der Unternehmung zu verstehen [2].

Ziele enthalten quantitative Aussagen: Ihnen kann im Gegensatz zur Vision oder Absicht ein konkreter Zielerreichungsgrad zugeordnet werden. Deshalb können Ziele bei der Wahl einer Vorgehensweise, bei Entscheidungsprozessen sowie zur Planung und Steuerung von Geschäftsprozessen herangezogen werden. Wesentliche Voraussetzung hierfür ist jedoch die operationale Formulierung der Ziele. Operationalität organisatorischer Ziele ist gegeben, wenn diese realisierbar sind und die Zielrichtung kontrolliert werden kann [23]. Sowohl der Zielinhalt als auch die Bemessungsgrundlage sind genau festzulegen.

Zwischen den Begriffen Ziel und Aufgabe besteht ein enger Zusammenhang. Meist ist das Ziel die Lösung der **Aufgabe**. Zur Erfüllung einer angestrebten Leistung sind jeder Aufgabe verschiedene Aktivitäten zugewiesen. Die Aufgabe ist der eigentliche Grund, warum eine Stelle in einer Organisation existiert [18].

Unternehmenszielbildung

Überzeugungen und Normen, das Wertesystem und die generellen Absichten eines Unternehmens gegenüber den Mitarbeitern und der Umwelt werden häufig in schriftlicher Form in sogenannten **Unternehmensphilosophien** festgehalten. Basierend auf diesen Unternehmensphilosophien und den daraus abgeleiteten Unternehmensgrundsätzen bildet die Unternehmensleitung ihre konkreten Zielvorstellungen für das Gesamtunternehmen [5].

Die wesentliche Rolle spielen dabei die Ansprüche der unternehmensinternen und -externen Gruppen (Bild 2.1). Die Unternehmenseigentümer und das Management streben nach Erhaltung und Überleben der Unternehmung sowie einer positiven wirtschaftlichen Entwicklung, während es den Fremdkapitalgebern vorrangig auf maximale Gewinnausschüttung ankommt. Kunden wiederum wollen Produkte und Dienstleistungen zu möglichst guten Konditionen erhalten und der Mitarbeiter eine angemessene Entlohnung für seine Tätigkeit, einen sicheren und humanen Arbeitsplatz sowie die persönliche Entfaltungsmöglichkeit [vgl. Kap. 3.5.2]. Zur Vermeidung eines Zielkonfliktes sollte der maximale Bereichsnutzen dem maximalen Gesamtnutzen untergeordnet werden. Der übergeordnete Hauptnutzen ist dabei das Weiterbestehen des Unternehmens, wobei damit nicht nur eine kurzfristige Gewinnmaximierung gemeint ist, sondern auch die

Schaffung von Gewinn- und Nutzungspotentialen zur zukünftigen Gewinnerwirtschaftung.

Die Bildung von Zielen erfolgt in komplexen, mehrstufigen Prozessen. In einem detaillierten Analyse- und Planungsprozeß müssen aus Absichten operationale, d.h. quantifizierbare Ziele formuliert werden. Auf oberster Unternehmensebene sind diese Ziele noch relativ weit gefaßt und werden erst auf den mittleren bis unteren Ebenen präzisiert. Eine Konkretisierung der Ziele geschieht in allen Unternehmensbereichen nach

- Inhalt (was soll erreicht werden ?)

- Ausmaß (wieviel soll erreicht werden?)

- Zeit (bis wann soll das Ziel erreicht werden?) [5]

Zielvorgaben können zum einen von der Unternehmungsleitung auf die jeweiligen Unternehmensbereiche heruntergebrochen werden oder im Rahmen eines Zielbildungs-

Ansprüche interner Unternehmensgruppen		Ansprüche externer Unternehmensgruppen	
Eigentümer: (Kapital- oder Unternehmens- eigentümer)	- Einkommen - Erhaltung, Verzinsung - Wertsteigerung des eingesetzten Kapitals - Unabhängigkeit	**Fremdkapital- geber:**	- sichere Anlage - befriedigender Zins - Vermögenszuwachs - Wertsteigerung - Selbständigkeit
Management:	- Erhaltung der Unternehmung - positive wirtschaftliche Entwicklung - Entfaltung eigener Ideen und Fähigkeiten - Macht, Einfluß, Prestige	**Lieferanten:** **Kunden:**	- stabile Liefermöglichkeiten - Zahlungsfähigkeit - qualitativ und quantitativ befriedigende Leistung zu guten Konditionen - Service
Mitarbeiter:	- angemessener Lohn - sicherer Arbeitsplatz - soziale Sicherheit - persönliche Entfaltungs- möglichkeit - zwischenmenschliche Kontakte - Status, Anerkennung, Prestige	**Staat, Gesellschaft**	- Steuern - Arbeitsplätze - Sozialleistungen - Einhaltung von Rechtsvor- schriften- und Normen

Bild 2.1: Die Interessen interner und externer Anspruchsgruppen im Unternehmen [18]

prozesses zwischen verschiedenen Gestaltungsträgern als Kompromiß erarbeitet werden. Eine erhöhte Mitwirkung der Mitarbeiter bei der Zielfindung kann, wenn es sich um eine maßgebliche Mitwirkung und nicht nur um eine reine Konsultation handelt, zu erhöhter Leistungsbereitschaft und Zufriedenheit führen.

Komplexe Gebilde wie Unternehmen haben nicht ein einziges Ziel, sondern vielmehr ein ganzes Bündel von miteinander verknüpften Zielen. Diese unternehmerische Zielstruktur ist durch verschiedene Zielarten und -relationen gekennzeichnet [10]. Sowohl der **Unternehmenszweck** (z.B. Produktion von PKWs), als auch die **Unternehmensgrundsätze** (z.B. soziales Verhalten gegenüber den Arbeitnehmern) werden durch die **Unternehmenspolitik** festgelegt und dienen als Richtlinien zur Bestimmung übergeordneter Unternehmensziele, der **Globalziele** (Bild 2.2). Globalziele werden in qualitative und quantitative Ziele unterschieden. **Quantitative** Ziele, wie z.B. der Gewinn oder die Rentabilität, sind direkt erfaßbar, während **qualitative** Zielsetzungen, wie z.B. Flexibilität oder die Minimierung des unternehmerischen Risikos, nicht direkt meßbar sind [6].

Aus diesen übergeordneten Globalzielen werden im Rahmen einer **Zielhierarchisierung** durch eine Zuordnung von Zielbestandteilen zu einzelnen organisatorischen Einheiten und verschiedenen Ebenen untergeordnete **Teilziele** abgeleitet. Die noch sehr

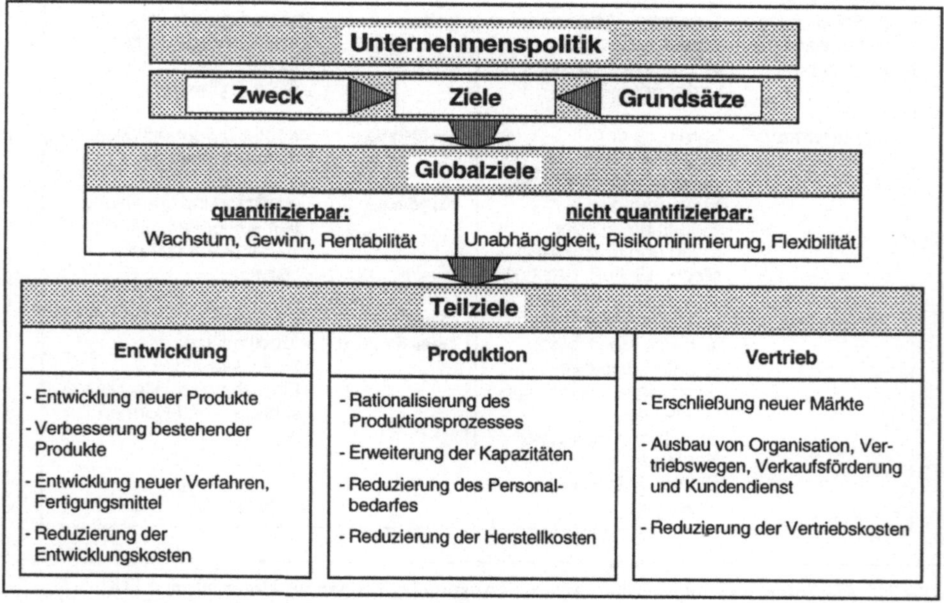

Bild 2.2: Zielsystem eines Unternehmens [6]

groben Globalziele erfahren dabei eine immer stärker werdende Verfeinerung [5]. Die
Teilziele gewährleisten ein den übergeordneten Unternehmenszielen entsprechendes
Handeln aller Mitarbeiter [6, 10]. Das bedeutet, daß durch das Erreichen eines Teilzieles
zugleich ein Teil des übergeordneten Globalzieles erreicht wird. In der Praxis kann z.B.
das Globalziel Gewinnsteigerung die Teilziele Einführung neuer Produkte,
Kostenreduzierung und Qualitätssteigerung erfordern [6].

Das so entstandene **Zielsystem** (Bild 2.2) birgt Zielkonflikte in sich. Der Begriff des
Zielsystems sagt dabei aus, daß Globalziele in Teilziele niedrigerer Ordnung aufgelöst
werden, wobei die Teilziele prinzipiell den Weg zur praktischen Umsetzung des jeweiligen Globalzieles weisen [31]. Zur Steuerung dieser Zielkonflikte wird eine Rangordnung zur Gewichtung der Ziele in **Haupt-** und **Nebenziele** geschaffen, um festzulegen, welchem Ziel eine höhere Bedeutung zukommt [5]. Wenn also beispielsweise
eine Entweder-Oder-Entscheidung zwischen einem Ziel-A und einem Ziel-B ansteht
und zuvor Ziel-A als Hauptziel und Ziel-B als Nebenziel definiert wurde, bekommt
Ziel-A den Vorzug.

2.2 Unternehmensstrategien

Der Begriff **Strategie** stammt ab von dem griechischem Wort strategos = Heerführer,
kommt damit aus dem militärischen Bereich und bedeutet die Planung eines Krieges
unter Einbeziehung aller wesentlichen Faktoren. Übertragen in den betriebswirtschaftlichen Bereich ist Strategie heutzutage ein Begriff für die genau geplante Vorgehensweise, ein bestimmtes **Ziel** zu erreichen [5, 18].

Unternehmensstrategien bringen zum Ausdruck, wie ein Unternehmen seine bestehenden und potentiell verfügbaren Stärken einsetzt, um den Veränderungen der Umweltbedingungen zielgerichtet zu begegnen. Aus ihnen läßt sich die Entwicklungsrichtung
eines Unternehmens ablesen [14]. Strategien für die gesamte Unternehmung können aus
den formulierten längerfristigen Zielen im Leitbild abgeleitet werden. Eine Zielhierarchie im Leitbild hilft dabei, die Wichtigkeit der unterschiedlichen Ziele festzulegen und
die Inhalte der Kernstrategie zu formulieren [2].

2.2.1 Strategiearten

Eine Reihe von Ansätzen steht zur Formulierung der Kernstrategie zur Verfügung. Bild
2.3 stellt verschiedene Strategiearten vor.

Unterscheidungs-kriterium	Bezeichnung	
Organisatorischer Geltungsbereich	Unternehmensgesamtstrategien Funktionsbereichsstrategien	Geschäftsbereichsstrategien
Funktion	Absatzstrategien Forschungsstrategien Investitionsstrategien Personalstrategien	Produktionsstrategien Entwicklungsstrategien Finanzierungsstrategien
Entwicklungsrichtung Mitteleinsatz	Wachstumsstrategien Schrumpfungsstrategien	Stabilisierungsstrategien
Marktverhalten	Angriffsstrategien	Verteidigungsstrategien
Produkte/Märkte	Globalisierungsstrategien Produktentwicklungsstrategien	Marktdurchdringungsstrategien Marktentwicklungsstrategien Diversifikationsstrategien
Wettbewerbsvorteile Marktabdeckung	Strategie der Kostenführerschaft Konzentrationsstrategie	Differenzierungsstrategie

Bild 2.3: Strategiearten im Überblick [14]

Beispielhaft sollen die Strategien der Wettbewerbsvorteile und Marktabdeckung im folgenden kurz erläutert werden [5, 26].

Bei einer Strategie der **Kostenführerschaft** beruht der Wettbewerbsvorteil eines Unternehmens auf seiner guten Kostensituation. Es kann sein Produkt günstiger als seine Konkurrenten herstellen und damit immer noch Gewinne erwirtschaften, wenn sich die Konkurrenz infolge des Preisdrucks schon in der Verlustzone befindet. Preisschwankungen bei Zulieferteilen können so bis zu einem gewissen Grad kompensiert werden.

Bei der **Differenzierungsstrategie** resultiert der Wettbewerbsvorteil aus der Einzigartigkeit des Produktes, z.B. überdurchschnittliche Produktqualität, kundenindividuelle Konstruktion oder hohe Terminzuverlässigkeit. Durch die Andersartigkeit der Leistung werden größere Gewinnspannen ermöglicht und die Nachfragemacht der Großkunden geschwächt.

Die **Konzentrationsstrategie** führt zu einer Nischenpolitik, die auf bestimmten Marktsegmenten eine Kostenführerschaft und/ oder Differenzierungsstrategie anstrebt.

2.2.2 Globalisierungsstrategien

In vielen Branchen vollziehen sich in zunehmendem Maße organisatorische Anpassungsprozesse, die den Übergang des multinationalen zum globalen Wettbewerb wiedergeben [12]. Die technologische Dynamik, verbunden mit Konjunkturschwankungen und einer hohen Marktsättigung auf heimischen Märkten, führt dazu, daß viele Unternehmen ihre Produkte auf Auslandmärkten vertreiben, um das unternehmerische Risiko zu vermindern. Diese Globalisierung wird in drei Formen unterschieden [12, 35]:

- **Internationale Strategie**: Mit national bewährten Produkten ohne länderspezifische Anpassung werden in ausgewählten Ländern und Regionen spezielle Marktsegmente bedient. Dabei bilden Produktdifferenzierung oder Kostenführerschaft die Voraussetzung für diese Strategie.

- **Multinationale Strategie**: In vielen nationalen, heterogenen Märkte werden autarke Tochtergesellschaften etabliert, die sich gezielt an die nationalen Gegebenheiten anpassen und nur einzelne Querschnittsfunktionen, z.B. Finanzierung, der Zentrale in Anspruch nehmen. Neben der Produktdifferenzierung und der Kostenführerschaft kommt zunehmend das Qualitätsmerkmal als Argument zur Profilierung im Wettbewerb hinzu. Einfuhrbeschränkungen lassen sich durch die Gründung von Joint Ventures mit oder ohne Produktionsstätte im Ausland umgehen.

- **Globale Strategie**: In einem annähernd homogenen Markt werden weitgehend standardisierte Produkte ohne die Notwendigkeit einer größeren länderspezifischen Anpassung seiner Eigenschaften oder seiner Vermarktung weltweit umgesetzt. Alle Unternehmensaktivitäten werden in ein globales Gesamtsystem integriert und Entscheidungsprozesse zentral, mit weltweiter Gültigkeit getroffen. Aus diesem Grund verlieren die Tochtergesellschaften große Teile ihrer Unabhängigkeit und Marktanteile werden ohne Berücksichtigung nationaler Anforderungen ausschließlich weltweit betrachtet. Die geringen national bedingten Unterschiede der Produkte sind teilweise auf länder- bzw. regionalspezifische Ausprägungen, wie z.B. gesetzliche Vorschriften und Normen, zurückzuführen - z.B. Bierbranche: Deutsches Reinheitsgebot. Wettbewerbsvorteile resultieren vorwiegend aus den Kostenvorteilen der Massenproduktion, einer Spezialisierungspolitik und dem Abbau von Währungskursrisiken sowie Restriktionen nationaler Regierungen durch die Verlagerung der Produktionsstätten in relevante Vertriebsregionen.

Nun werden im Rahmen einer globalen Ausrichtung nicht alle Teilmärkte gleich behandelt. Sogenannte Schrittmacher- oder Schlüsselmärkte, in denen aufgrund des Volumens und der Kaufkraft die Hauptwettbewerber einer Branche agieren, spielen bei der Besetzung und Behauptung gesicherter Wettbewerbspositionen im globalen Geschäft eine besondere Rolle. In diesen Märkten ist die Wettbewerbsintensität i.d.R. sehr hoch und nur eine Präsenz auf diesen Märkten sensibilisiert die Unternehmen für Branchen- und Wettbewerbstrends. Solche Schlüsselmärkte stellen aufgrund ihrer Nachfragestruktur die notwendige Basis für den Aufbau eines weltweiten Images und einer globalen Marke dar [35].

Neben diesen marktspezifischen Unterschieden bei der Globalisierung gibt es auch produktspezifische Unterschiede in der Eignung zur weltweiten Standardisierung und zentralen Steuerung. Während z.B. Rohstoffe und High-Tech-Produkte tendenziell zur reinen Globalisierung geeignet sind, muß bei konsumnahen Produkten durch teilweise erhebliche nationale Besonderheiten bei den Konsumgewohnheiten lokal reagiert werden. Auch können nicht alle Produkte weltweit zum gleichen Preis und mit den gleichen Werbemaßnahmen veräußert werden [12]. Die Mehrzahl der Branchen wird deshalb auf der Basis von globalen Strategien eine länderspezifische Anpassung vornehmen müssen, frei nach dem Grundsatz: *So global wie möglich und lokal wie nötig* [35]. Dafür bietet sich ein modulares Produktdesign an. Ausgehend von einem standardisierten Kernprodukt können partielle Veränderungen an der Peripherie vorgenommen werden.

Globalisierung verlangt aus der Sicht der Kosteneffizienz eine laufende Überprüfung des Verhältnisses von **Eigenfertigung** zu **Fremdbezug**, weil sich durch ein global sourcing, d.h. Beschaffung auf einem weltweiten Markt, u.U. erhebliche Kostensenkungspotentiale erschließen lassen. Eine nachhaltige Kostenoptimierung läßt sich nur erreichen, wenn jede Fertigungsstufe auf ihren Beitrag zur Wertschöpfung überprüft und das Ergebnis dieser Analyse dem weltweiten Outsourcingpotential, d.h. Fremdbezugspotential, gegenübergestellt wird [35]. Diese strategische Frage nach Eigenfertigung oder Fremdbezug, auch bekannt unter den Schlagworten **Make or Buy** [vgl. Kap. 10.1] und **Outsourcing**, wird im folgenden Kapitel behandelt.

2.2.3 Outsourcing

Outsourcing (=buy) ist die Übertragung von Unternehmenstätigkeiten auf andere Unternehmen, weil die Nutzung der Ressourcen der externen Anbieter wirtschaftlicher ist als die Eigenerstellung der Leistung. Damit bedeutet Outsourcing die gewollte Reduzierung der Fertigungstiefe und der Länge der Wertschöpfungskette im Unternehmen. Es kann also letztendlich immer dann von Outsourcing gesprochen werden, wenn die Leistung zukünftig durch eine Einheit erbracht wird, die weniger intensiv als bisher in die Wertschöpfungsstruktur des Unternehmens eingebunden ist. In Abhängigkeit von der Intensität dieser Einbindung in die unternehmensinterne Wertschöpfungsstruktur gibt es verschiedene **Outsourcingstufen**. Ein Beispiel liefert folgende Stufung:

1. Stufe: Unternehmensinternes Cost-Center [vgl. Kap. 2.3.4.4]

2. Stufe: Tochtergesellschaft

3. Stufe: Unternehmensbeteiligung

4. Stufe: Fremdes Unternehmen

Nachfolgend werden einige Gründe für ein Outsourcing genannt [4, 16, 20]:

- Kostensenkung bei auslagernden Unternehmen

- Ausnutzung billiger Tarife (z.B. Löhne, Steuern)

- Verbesserung der Planung, Steuerung und Überwachung des gesamten Unternehmens durch Schaffung kleinerer Einheiten

- Konzentration auf das Kerngeschäft

- Ausschöpfung zusätzlicher Absatzchancen der ausgelagerten Einheit durch externe Vermarktung des Produktes bzw. der Dienstleistung

- Schaffung marktgleicher Austauschbeziehungen entlang der Wertschöpfungskette, z.B. durch die Organisation von Cost-Centern

- Abbau fixer Kosten

Die wesentliche Frage, die im Zusammenhang mit dem Outsourcing geklärt werden muß, lautet: „Bis wohin schneidet man das Fett, und wann verletzt man den Muskel?", bzw. „Bis zu welchem Punkt ist Outsourcing sinnvoll, und ab wann wird das Unternehmen geschädigt?". Ein Vergleich der Eigenfertigungskosten mit den Fremdfertigungskosten reicht hierzu allerdings nicht aus. Eine Reihe zusätzlicher Entscheidungskriterien muß berücksichtigt werden [4, 17]:

- Es muß die **strategische Relevanz** der auszulagernden Funktion, Dienstleistung, Baugruppe oder des Teils unter den Gesichtspunkten der Wachstums-, Innovations- und Zukunftsträchtigkeit der Leistung beurteilt werden. Zusätzlich ist zu klären, inwieweit hieraus Differenzierungspotentiale im Wettbewerb erwachsen können, in welchem Marktreifestadium sich das Produkt befindet und worin der besondere Nutzen bei der Eigenfertigung liegt (z.B. Know-how-Sicherung).

- Der **Auslagerungsaufwand**, wie z.B. der Einarbeitungsaufwand des Lieferanten, die Aufwendungen für Qualitätsprüfungen oder der Aufwand bei Personalabbau ist abzuschätzen.

- Es müssen die aufgrund der arbeitsteilig erbrachten Leistung anfallenden **Transaktionskosten** bei Eigenfertigung und Fremdbezug, z.B. für die Suche nach geeigneten Lieferanten oder für die nachträgliche Anpassung bei nicht hinreichender Leistungsqualität, geprüft werden.

- **Eigenfertigungskosten** sind mit den **Produktionskosten** des potentiellen Lieferanten zu vergleichen, da dieser häufig in der Lage ist, durch Losgrößen- und Lerneffekte die Fixkosten zu senken und damit zu günstigeren Stückkosten zu produzieren.

- Die **Fremdfertigungskosten** müssen unter dem Gesichtspunkt der Voll- oder Unterauslastung der eigenen Produktionskapazitäten mit Bezug auf die **Eigenfertigungs-**

kosten betrachtet werden. Bei Vollauslastung muß der vom Lieferanten geforderte Preis mit den Vollkosten der Eigenfertigung verglichen werden, weil zur Eigenproduktion erst neue Kapazitäten geschaffen werden müssen. Liegt eine Unterauslastung der eigenen Fertigung vor und müssen keine neuen Produktionskapazitäten geschaffen werden, sind lediglich die variablen Kosten zu berücksichtigen.

- Geprüft werden muß weiterhin das **interne Optimierungspotential**, die Möglichkeit einer Kooperation statt einer völligen Fremdvergabe, die Leitbildkonformität einer Auslagerung und ob der Wertschöpfungspartner zum Auslagerer paßt.

Betrifft das Outsourcing Kernkompetenzen, besteht ein hohes Risiko, daß die Existenz des Unternehmens gefährdet wird. Das Resultat wäre ein Unternehmen ohne die nötige Qualifikation und Kompetenz, um im Wettbewerb langfristig zu bestehen [1]. Wesentlich für den wirtschaftlichen Erfolg ist deshalb der Anteil an Kernprodukten, der Anteil an Endprodukten kann reduziert werden. Die Ermittlung der Unternehmensstärke über die Messung von Marktanteilen ist daher häufig unvollkommen und möglicherweise irreführend. So produziert beispielsweise ein namhafter Druckerhersteller fast 85% aller Aggregate (Kernprodukt) für Tischlaserdrucker (Endprodukt), hat mit seinem Endprodukt aber nur einen sehr geringen Marktanteil [17]. Wesentlich für seinen wirtschaftlichen Erfolg ist jedoch, daß er dabei trotzdem an 85% der verkauften Endprodukte mitverdient.

2.3 Aufbauorganisation

Die Aufbauorganisation gliedert den Betrieb in aufgabenteilige Einheiten und bestimmt deren Beziehungen untereinander. Dabei werden Kompetenzen und Verantwortungen festgelegt. **Kompetenzen** einer Stelle sind deren Rechte, Befugnisse und Fähigkeiten. **Verantwortung** ist die Pflicht des Stelleninhabers, für die Erfüllung einer Aufgabe Rechenschaft abzulegen und rechtlich wie auch wirtschaftlich einen Aufgabenbereich zu vertreten [13].

Des weiteren werden Instanzen und Abteilungen gebildet, um eine Rangfolge der einzelnen Elemente zu bestimmen. Eine **Instanz** ist eine Stelle, die Leitungsaufgaben für mehrere rangniedere Stellen übernimmt [33]. Wobei eine rangniedere Stelle als **Abteilung** bezeichnet wird. Bei der Bildung der Instanzen muß über die **Leitungsspanne** entschieden werden. Sie gibt an, wieviele Mitarbeiter einem Vorgesetzten direkt unterstellt sind und hängt ab von den organisatorischen Einflußgrößen, wie z.B. der Art und Schwierigkeit der Aufgaben und den personenbezogenen Einflußgrößen, wie z.B. den persönlichen Fähigkeiten des Stelleninhabers und der Kommunikation zwischen Vorgesetzten und Mitarbeitern.

2.3.1 Abgrenzung zur Ablauforganisation

Die **Aufbauorganisation** gliedert das Unternehmen hierarchisch in sogenannte Organisationseinheiten. Demgegenüber regelt die **Ablauforganisation** den grundsätzlichen Ablauf der normalen Geschäftsvorfälle [31]. Während sich die Aufbauorganisation mit der Bildung von organisatorischen Potentialen beschäftigt, steht im Rahmen der Ablauforganisation der Prozeß ihrer Nutzung im Vordergrund [8]. Ein Schwerpunkt der Aufbauorganisation liegt in der Aufgabenverteilung. Die Funktion der Ablauforganisation liegt diesbezüglich in der Regelung der Aktivitäten zur Aufgabenerfüllung.

Letztendlich beschreiben beide Begriffe die innere Organisation des Unternehmens und sind untrennbar miteinander verknüpft. Es handelt sich lediglich um zwei verschiedene Betrachtungsweisen der Unternehmensorganisation. Bild 2.4 zeigt zur Verdeutlichung eine hierarchische Aufbauorganisation, in die der Durchlauf eines Auftrages mit den beteiligten Stellen eingezeichnet ist.

Es ist möglich, einzelne Wertschöpfungs- oder Vorgangsketten des Unternehmens, wie z.B. Auftrags- oder Einkaufslogistik sowie Entwicklungsprojekte und Distributionsvorgänge, gesondert zu betrachten und sie ablauforganisatorisch zu optimieren. Mit diesem Ansatz lassen sich Prozeßabläufe zusammenfassen, die mehrere Stellen übergreifen [8]. Das Thema der **Prozeßorganisation** wird in Kapitel 2.4.3 weiter vertieft.

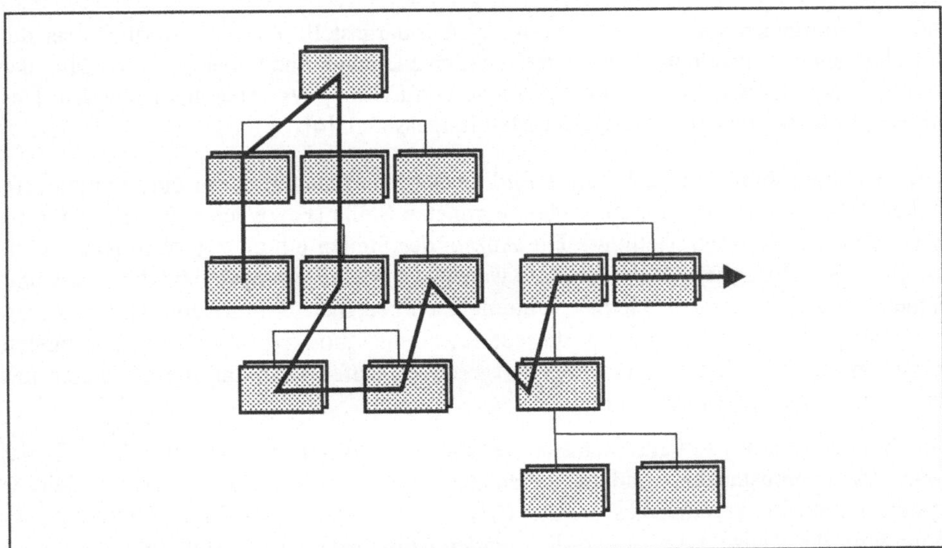

Bild 2.4: Ablaufregelung in der Organisation

2.3.2 Aufgabengliederung und Abteilungsbildung

Die Gesamtheit der **Aufgaben** eines Unternehmens ergibt sich aus der Summe der Ansprüche und Bedürfnisse des Marktes, die es gemäß definierter Ziele zu befriedigen gilt [23].

Die Gesamtheit der Aufgaben muß nach bestimmten zu definierenden Kriterien in **Teilaufgaben** zerlegt werden (**Aufgabenanalyse**). Diese Teilaufgaben werden zu - ein koordiniertes Zusammenwirken gewährleistenden - **Aufgabenbündeln** zusammengefaßt und als formale Einheit spezialisierten Aufgabenträgern zugewiesen (Aufgabensynthese).

Die **Aufgabensynthese** ermöglicht die Festlegung der Stellenanzahl und deren Inhalte. Eine **Stelle** ist der Arbeitsbereich einer Person und zugleich die kleinste organisatorische Einheit eines Unternehmens. Mehrere Stellen können zu Gruppen und mehrere Gruppen wiederum zu **Abteilungen** zusammengefaßt werden. Im Rahmen der Aufgabengliederung wird unter bestimmten Kriterien ein Nebeneinander von z.B. Abteilungen oder Gruppen mit deren Beziehungen untereinander geschaffen [6].

2.3.3 Leitungssysteme

Die Aufbauorganisation wird als Leitungssystem dargestellt. Es gibt Auskunft über die Beziehungen der einzelnen Unternehmensstellen zueinander und über die Verteilung der Kompetenzen. Es werden zwei Grundformen von Leitungssystemen unterschieden: Das Liniensystem und das Funktions- oder Mehrliniensystem [6].

Beim **Liniensystem** (Bild 2.5), auch Einliniensystem genannt, erhält eine rangniedere Stelle Anweisungen nur von einer übergeordneten Stelle (Fayol'sches Prinzip der Einheitlichkeit der Auftragserteilung). Die Anzahl der Stellen nimmt von oben nach unten zu. Diese straffe Organisationsform ist wegen der klaren Kompetenzverhältnisse und Fehlerortung besonders für kleinere Unternehmen geeignet. Bei größeren Unternehmen ist sie zu unflexibel und langsam, da jede Kommunikation zwischen gleichgeordneten Instanzen nur über den gemeinsamen Vorgesetzten laufen kann und die Leitungen mit Routineaufgaben überlastet werden.

Eine Sonderform des Liniensystems ist das **Patriarchalische System** (Bild 2.5). Es hat keine Zwischeninstanzen, sondern nur einen Vorgesetzten für alle Mitarbeiter. Dieses System ist nur bis zu einer bestimmten Größe anwendbar, da sonst die Unternehmensleitung mit der Vielzahl der zu koordinierenden Aufgaben überfordert ist [6].

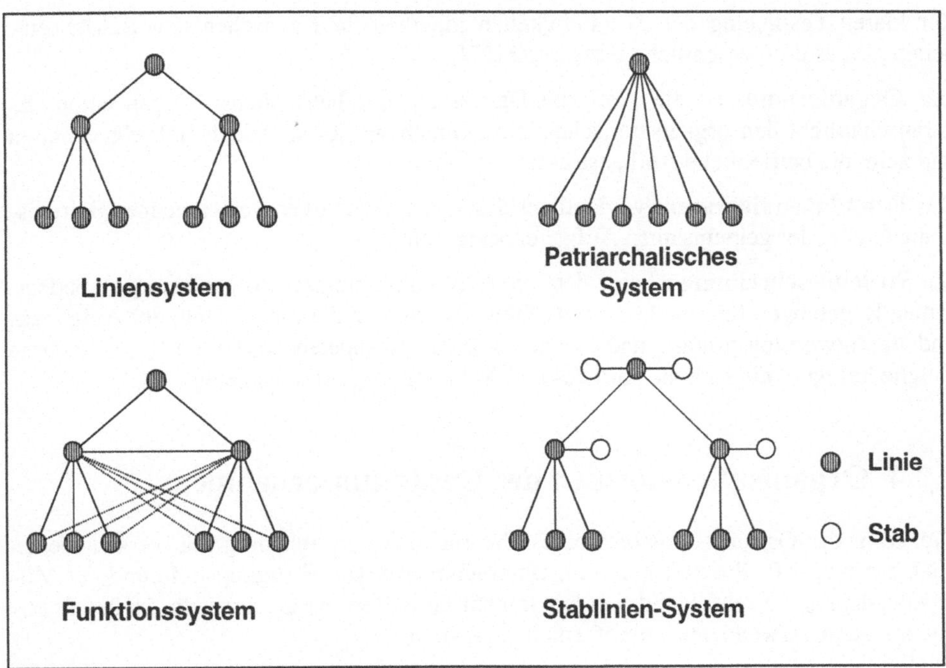

Bild 2.5: Leitungssysteme [6, 31]

Das **Funktions- oder Mehrliniensystem** (Bild 2.5) geht auf Taylors Funktionsmeister-prinzip zurück. Bei diesem Prinzip geben anstatt eines Universalmeisters mehrere ein-zelne spezialisierte Meister Anweisungen für bestimmte Aufgaben und sind nur für ihr Spezialgebiet weisungsbefugt. Jeder Untergebene erhält also von mehreren Personen Anweisungen, wobei aber die disziplinarische Zuordnung eindeutig ist. Das erfordert allerdings einen gegenseitigen Informationsaustausch unter den Meistern, um Interes-senkonflikten vorzubeugen.

Hauptvertreter einiger Sondertypen und in Industrieunternehmen am häufigsten anzu-treffen ist das **Stablinien-System** (Bild 2.5). Den einzelnen Instanzen des reinen Linien-systems werden Stäbe zugeordnet, die nur eine beratende Funktion haben und nicht weisungsbefugt sind. Ihre Hauptaufgabe besteht im Erarbeiten von Lösungsvorschlägen zu komplexen Problemen und in der Vorbereitung der Entscheidungsdurchsetzung zu einer bestimmten Lösung. Bei diesem System wird der Vorteil des klaren und straffen Liniensystems mit den Spezialkenntnissen des Stabes kombiniert. Demgegenüber steht jedoch die Tatsache, daß der Stab Entscheidungen herbeiführt, die er nicht verantworten muß, und die Gefahr der Unklarheit über das Weisungsrecht zwischen Linien- und Stabsstellen.

Zur klaren Festlegung der Zuständigkeiten innerhalb und zwischen den Betriebseinheiten gibt es drei wesentliche Hilfsmittel [27]:

Das **Organigramm** ist die grafische Darstellung der betrieblichen Organisation. Es veranschaulicht den organisatorischen Zusammenhang der einzelnen Betriebseinheiten und zeigt die betriebliche Aufbaustruktur.

Das **Funktionendiagramm** verdeutlicht das Zusammenwirken verschiedener Betriebseinheiten bei der gemeinsamen Aufgabenbearbeitung.

Die **Stellenbeschreibung** ist eine detaillierte Beschreibung aller organisatorisch bedeutsamen Regelungen für eine bestimmte Stelle. Es werden die Zielsetzung, der Aufgaben- und Verantwortungsumfang und die zugeordneten Kompetenzen der Stelle sowie deren Eingliederung in die formale Aufbau- und Ablauforganisation festgelegt.

2.3.4 Organisationsformen des Gesamtunternehmens

Die Wahl der Organisationsform eines Unternehmens ist abhängig von verschiedenen Faktoren, wie z.B. Produktspektrum, Unternehmensgröße, Fertigungstiefe und der Mitarbeiterstruktur. Nachfolgend werden sowohl Grundformen als auch die in der Praxis überwiegend verwendeten Mischformen vorgestellt.

2.3.4.1 Formale Organisation

Die Gliederung von Stellen und Abteilungen eines Unternehmens kann nach verschiedenen Gesichtspunkten erfolgen. Nachfolgend werden die wichtigsten Prinzipien kurz vorgestellt [6, 31].

Die „klassische" Organisationsform ist die **Gliederung nach den Funktionsbereichen** (Bild 2.6) eines Unternehmens. Charakteristisch für diese Organisationsform ist eine Zusammenfassung gleichartiger Aufgaben in einem Verantwortungsbereich und eine gleiche Zuständigkeit unterschiedlicher Unternehmensbereiche für alle herzustellenden Produkte.

Bewirkt wird eine hohe Spezialisierung auf die jeweilige Aufgabe und damit eine optimale Aufgabenerfüllung. Vorhandene Ressourcen, wie z.B. Fertigungsmittel, Material oder der Mensch als Produktionsmittel, können gut genutzt werden. Eine produktorientierte Erfolgskontrolle und Ergebnisverantwortung ist dagegen nur schwer zu realisieren. Des weiteren kommt es aufgrund des „Bereichsdenkens" häufig zu Kommunikationsproblemen zwischen den Abteilungen. In der Praxis ergibt sich für ein typisches Maschinenbau-Unternehmen eine Gliederung in die Bereiche Verwaltung, Beschaffung, Konstruktion, Arbeitsvorbereitung, Teilefertigung, Montage und Vertrieb.

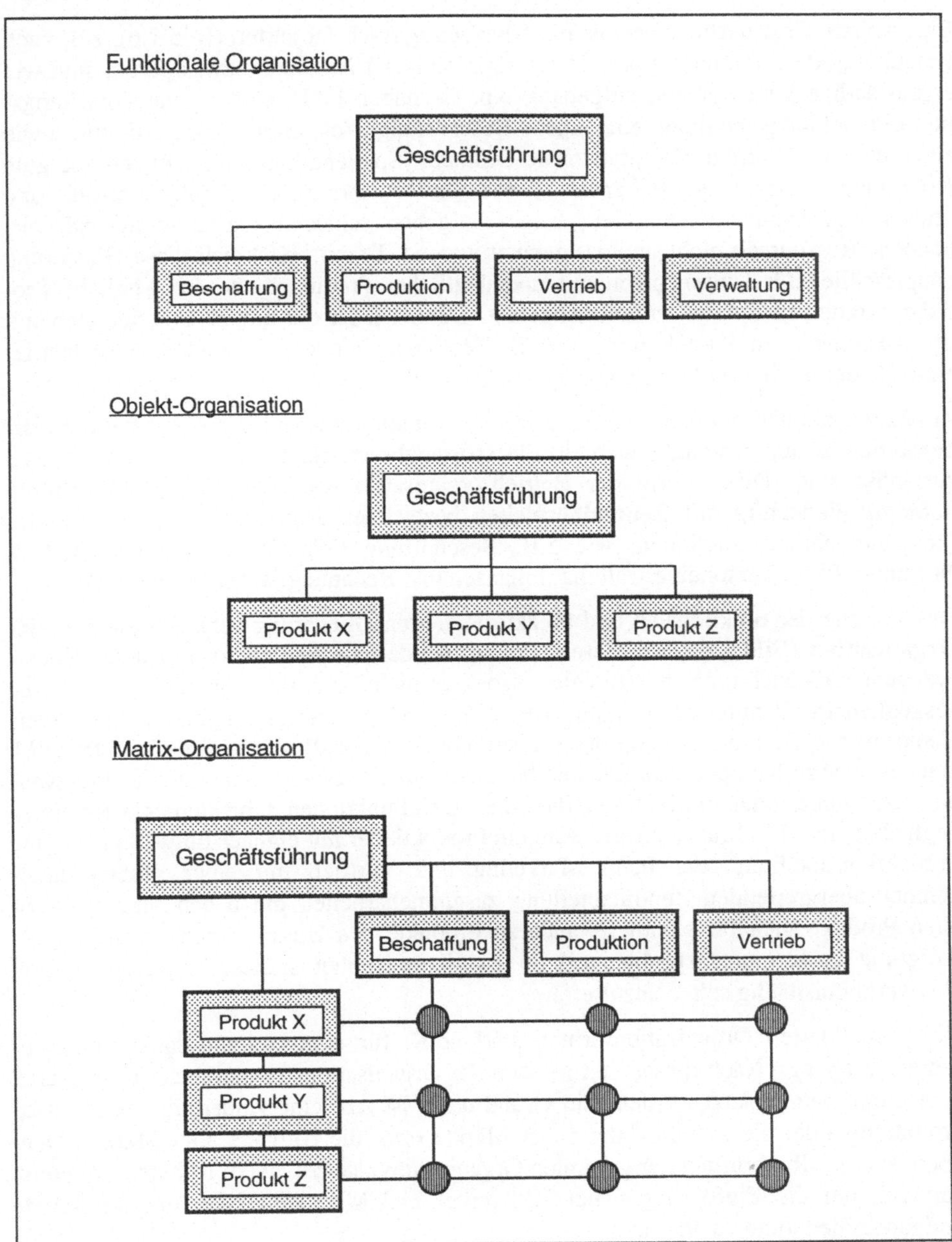

Bild 2.6: Grundformen des Gesamtunternehmens

2.3.4.2 Projektorganisation

Neben den routinemäßigen Aufträgen eines Unternehmens treten immer wieder einzelne Aufgaben auf, die sich nur sehr schwer im Rahmen der bestehenden Organisationsstruktur bewältigen lassen. Um diese Aufgaben effizient zu bearbeiten, wird eine Projektorganisation aufgebaut. Nach DIN 69 901 ist sie definiert als die *Gesamtheit der Organisationseinheiten und der aufbau- und ablauforganisatorischen Regelung zur Abwicklung eines bestimmten Projekts.*

Im Gegensatz zur formalen Organisation ist die Projektorganisation nicht auf eine Geltungsdauer von 5-10 Jahre ausgelegt, sondern meist auf einen wesentlich kürzeren Zeitraum - die Projektdauer. Hier besteht allerdings ein erheblicher Spielraum. In Abhängigkeit von Umfang und Komplexität des Problems variiert die Projektdauer von 2 Monaten bis 5 Jahren [3]. Problematisch bei der Projektorganisation ist die Frage, inwieweit die Mitarbeiter des Projektteams aus der bestehenden Organisationsstruktur herausgelöst und wie die Kompetenzen verteilt werden.

Es werden im wesentlichen drei Arten der Projektorganisation unterschieden (Bild 2.7) [5]:

Reine Projektorganisation: Alle Mitarbeiter des Projektteams sind zu einer organisatorischen Einheit zusammengefaßt (autonome Projektorganisation). Der Projektleiter hat die gesamte Weisungs- und Entscheidungsbefugnis und trägt damit die volle Verantwortung. Diese Art der Projektorganisation ist nur bei langfristigen Großprojekten sinnvoll, damit der hohe Aufwand zum Aufbau einer völlig neuen Organisationsdivision gerechtfertigt ist.

Einfluß-Projektorganisation: Alle Mitglieder des Projektteams bleiben ihrem bisherigen Disziplinarvorgesetzten weiterhin unterstellt. Der Projektmanager (hier: Projektkoordinator) hat nur beratende und koordinierende Funktion, entscheidungsbefugt sind die Linienstellen. Ein Vorteil ist demnach der Wegfall der Personalversetzungen zu Projektbeginn. Demgegenüber stehen die mangelnden Durchsetzungsmöglichkeiten des Projektkoordinators. Diese Art der Projektorganisation eignet sich besonders bei einer klar vorbestimmten Aufgabenteilung zwischen den ausführenden Stellen, so daß das Konfliktpotential bei der Aufgabenbewältigung klein ist.

Matrix-Projektorganisation: Der Projektleiter trägt die volle Verantwortung für das Projekt und hat die fachliche Weisungsbefugnis, disziplinarisch sind die Projektmitarbeiter aber weiterhin der Linienstelle untergeordnet. Deshalb kann es leicht zu Konfliktsituationen zwischen dem Vorgesetzten der Linienstelle und dem Projektleiter kommen, z.B. wenn dem Projekt vom Linienvorgesetzten eine geringere Priorität eingeräumt wird oder wenn um Personalressourcen gestritten wird. Daher bedarf es eines Regelwerkes zur Abgrenzung des Aufgabenbereiches und zur Festlegung von Priori-

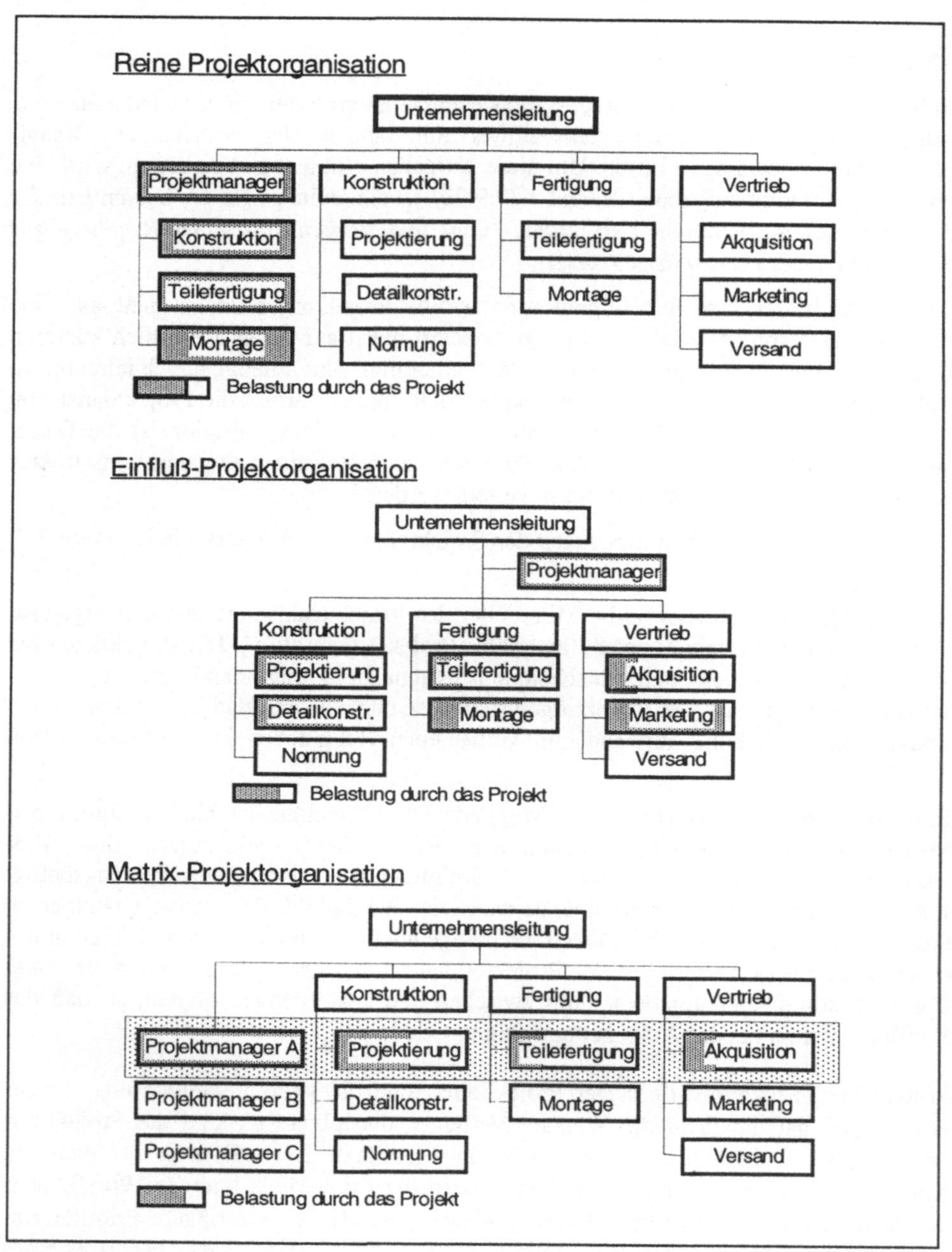

Bild 2.7: Organisationsformen der Projektorganisation

täten. Vorteil dieser Organisationsform ist, daß schnell Personal mit den richtigen Qualifikationen ohne disziplinarische Personalumsetzungen zusammengestellt werden kann.

2.3.4.3 Informale Organisation

Im Gegensatz zur formalen Organisation [vgl. Kap. 2.3.4.1], die quasi die offizielle, geplante Organisation darstellt, stellt sich in der Praxis eine inoffizielle, ungeplante Organisation von selbst ein. Diese informale Organisation entsteht aufgrund von persönlichen Beziehungen, Wünschen, Erwartungen und Gemeinsamkeiten zwischen Menschen. Zur Verdeutlichung der emotionalen Beziehungen in einer Organisation ist deshalb das **Soziogramm** entwickelt worden, in welchem die Anziehung, Abstoßung und Gleichgültigkeit zwischen Personen dargestellt wird. Bild 2.8 zeigt eine Arbeitsgruppe mit ihren emotionalen Verflechtungen.

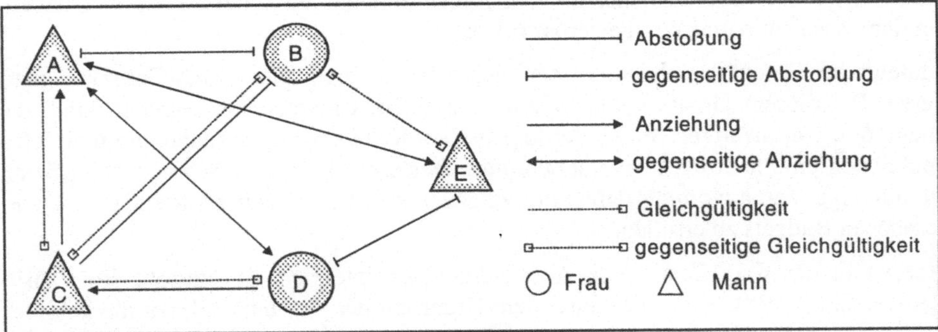

Bild 2.8: Soziogramm einer Arbeitsgruppe [16, 31]

Auf Mitarbeiterebene bildet sich daher eine Organisation durch **Selbstorganisation** [vgl. Kap. 2.4.1], die aufgrund der zwischenmenschlichen Beziehungen von der formalen Organisation abweichen kann. Eine weitere Ursache für die Entstehung von informalen Abläufen ist die mangelnde Praktikabilität der formalen Abläufe. So ist z.B. bei reinen Liniensystemen [vgl. Kap. 2.3.3] häufig auf Meisterebene der „kurze Dienstweg" anzutreffen, der den direkten Kontakt zwischen Meistern bei terminkritischen Vorgängen beschreibt, ohne daß der Vorgesetzte zwischengeschaltet ist. Dieses beschreibt die positive Wirkungsweise der informalen Organisation, die häufig von den Vorgesetzten geduldet oder sogar bewußt gefördert wird. Eine negative Erscheinung der informalen Organisation ist das **Mobbing**. Hier werden einzelne Mitarbeiter bewußt von anderen gemieden oder durch Gerüchte psychisch unter Druck gesetzt. Dieses kann zu erheblichen Produktivitätseinbußen und schlimmstenfalls zur Kündigung des Mitarbeiters führen. Durch Gespräche oder gegebenenfalls Personalversetzungen ist dem von betrieblicher Seite möglichst früh zu begegnen.

2.3.4.4 Strategische Geschäftseinheiten

Bei der Bildung Strategischer Geschäftseinheiten werden weitgehend voneinander unabhängige Aktivitäten des Unternehmens in Geschäftsfelder aufgeteilt. Eine Strategische Geschäftseinheit ist gegenüber anderen klar durch abgrenzbare Produkte oder Produktgruppen, eine kundenbezogene Marktaufgabe und einen eindeutig bestimmbaren Kreis von Wettbewerbern gekennzeichnet [5].

Die Strategieplanung und -durchführung kann selbständig und unabhängig durchgeführt werden. Zusätzlich ermöglicht die Bildung Strategischer Geschäftseinheiten eine produkt- und zielgruppenorientierte Marktbearbeitung bei raschem Erkennen und Berücksichtigen von Kostensenkungspotentialen [5]. Damit ist sie umfassender als eine Division in einer Objektorganisation. Zwischen den Strategischen Geschäftseinheiten existieren je nach Kundenbedürfnis und Marktverhältnissen Unterschiede in Qualität, Service, Wachstum und Wettbewerbsstruktur.

Strategische Geschäftseinheiten lassen sich z.B. als sogenannte **Cost-Center** organisieren. Bei diesem Organisationsprinzip wird einem Unternehmenssegment durch die Integration von mehreren Stufen der logistischen Kette sowie planenden und indirekten Funktionen eine hohe Kostenverantwortung übertragen [32]. Das Segment trägt damit die alleinige Verantwortung dafür, die vorgegebenen Leistungen im Rahmen des vorgesehenen Budgets zu erfüllen.

Werden in das Cost-Center alle Absatzaktivitäten integriert, so entsteht ein **Profit-Center**. Ein Profit-Center wird unter dem Kriterium der Gewinnmaximierung gebildet. Das bedeutet eine Gliederung nach z.B. Käufergruppen, Absatzgebieten oder Vertriebswegen. Gemessen wird das Profit-Center an seinem Deckungsbeitrag. Das erfordert eine Eingliederung des Vertriebs in das Profit-Center, da hier die Erlöse erwirtschaftet werden. Werden einzelne Unternehmensfunktionen, z.B. Entwicklung und Fertigung, wie ein Profit-Center organisiert, muß eine innerbetriebliche Leistungsverrechnung zwischen den Bereichen stattfinden. Das heißt, daß eine Abteilung einer anderen ihre Leistung zu einem marktähnlichen Preis „verkauft" („unechte" Profit-Center) [6].

Eine Weiterentwicklung der Idee und Grundsätze des Profit-Centers ist das **Investment-Center**. Hier wird der Gewinn in der Ergebnisrechnung des Profit-Centers zum eingesetzten Kapital ins Verhältnis gesetzt, um die Rentabilität auszuweisen.

Ein weiteres Beispiel für eine Strategische Geschäftseinheit ist das sogenannte **Fertigungssegment**, das im Kapitel 8.3.1 vorgestellt wird.

2.4 Neue organisatorische Ansätze

Auf einem Markt, der gekennzeichnet ist durch anspruchsvolle Kunden, weltweite Konkurrenz und leistungsfähige Anbieter aus Niedriglohnländern, kann ein Unternehmen mit „klassischen" arbeitsteiligen Strukturen auf Dauer nicht mehr bestehen. Die komplexen Organisationsstrukturen verhindern mit zunehmender Betriebsgröße kurze Durchlaufzeiten und schnelle Reaktionen auf einem sich rasch verändernden, turbulenten Markt. Zu viele Schnittstellen durch die Trennung einzelner Funktionen verursachen zu viele Informationsverluste und mindern dadurch die Arbeitsqualität.

Neue Abläufe und Strukturen sind notwendig, um auch in Zukunft ein Unternehmen gewinnbringend am Markt halten zu können. Zur Anpassung eines Unternehmens an die neuen Randbedingungen existieren zur Zeit viele verschiedene Konzepte. Kennzeichnend für diese Konzepte ist ihr Aufbau als Komponenten-Mix, denn alle diese Konzepte sind letztendlich eine Kombination aus mehr oder weniger neuen organisatorischen Einzelelementen des Organisationsinstrumentariums. Zur Reduzierung der Komplexität gegenwärtiger Organisationsstrukturen müssen die Einzelelemente eines Konzeptes i.d.R. aber auch als ein solcher Komponenten-Mix - also als ganzheitlicher Ansatz - angewendet werden, denn die Verwendung einzelner Elemente führt häufig nicht zum gewünschten Erfolg.

Hinter den Konzepten stehen zum Teil relativ ähnliche Ideen. Die nachfolgende Auflistung soll einen Überblick über die wesentlichen Gemeinsamkeiten geben:

Zunehmende Humanorientierung: Der Mensch ist nicht wie bei der Automatisierung das schwächste Glied der Produktion, sondern er stellt als einziger Produktionsfaktor die nötige Problemlösungskapazität bereit, um die Produktion effizienter zu gestalten [32]. Nur er kann bei zunehmender Technisierung die angestrebten Verbesserungen organisatorisch umsetzen.

Motivation der Mitarbeiter: Die Schaffung von größeren Handlungsspielräumen ist erforderlich, bedarf aber zugleich einer wachsenden Eigenständigkeit und Kompetenz der Mitarbeiter.

Verringerung von Schnittstellen: Ordnungskriterien zur Unternehmensorganisation sind damit nicht mehr Funktionen, sondern Unternehmensprozesse, die direkt aufeinanderfolgende Teilschritte einer Prozeßkette integrieren. Dadurch werden bisher zentral ausgeführte Tätigkeiten dezentralisiert. Es bilden sich kleine, schnell und flexibel auf Veränderungen reagierende Regelkreise, die das Innovationspotential der Mitarbeiter besser nutzen. Die dadurch vereinfachten Strukturen und Abläufe erhöhen

sowohl die Transparenz als auch die Effizienz der ganzen Unternehmung. Eine Schnitt-
stellenreduktion macht aber auch eine Integration der technischen Systeme nötig.

Integrierte Informationssysteme: Neuartige integrierte Informationssysteme sind notwendig, da teilautonome Produktionseinheiten einen hohen Informationsbedarf für qua-
lifizierte Entscheidungen und Handlungen haben. Diese Informationssysteme müssen
dynamisch, anpassungsfähig, problemorientiert und vor allen Dingen benutzerfreundlich
sein, da sie praktisch von jedem und nicht wie bisher fast ausschließlich von Spezi-
alisten genutzt werden.

Konzentration auf den Wertschöpfungsprozeß: *Der Wertschöpfungsprozeß umfaßt
alle Vorgänge, die zur Erfüllung des Kundenwunsches erforderlich sind. Er ist optimal
bei minimalem Ressourcenverzehr und gleichzeitiger Berücksichtigung von Durchlaufzeit und Qualität* [7].

Übergang von einer reinen Kostenorientierung zu einer ganzheitlichen Optimierung der
Wettbewerbsfaktoren **Kosten, Zeit, Qualität und Service**: Serviceoptimierung, d.h.
konsequente Kundenorientierung (darunter fällt auch eine innerbetriebliche Kunden-
Lieferanten-Beziehung), Zeitoptimierung meint konsequente Durchlaufzeitreduzierung.
Qualitätsoptimierung bedeutet gleichbleibend hohe Qualität, wobei Qualitätsbewußtsein
zum Selbstverständnis wird.

Im folgenden werden die verbreitetsten Neuansätze zur Neu- oder Umstrukturierung
eines Unternehmens oder seiner Teilbereiche vorgestellt.

Die Phasen eines Umstrukturierungsprozesses werden in Kapitel 4.3.1 noch gesondert
behandelt.

2.4.1 Modulare, Fraktale und Neue Fabrik

Zu diesen Namen erschienen drei Bücher, die die neuen organisatorischen Ansätze mit
unterschiedlichen Schwerpunkten und Zielrichtungen beschreiben.

Modulare Fabrik

Die modulare Fabrik verfolgt das Ziel, produktorientierte Organisationseinheiten zu
schaffen, die mehrere Stufen der logistischen Kette eines Produktionsprozesses umfassen und mit denen eine spezifische Wettbewerbsstrategie verfolgt wird [19].

Es wird eine Gruppenorganisation angestrebt, die für ein Produkt oder bestimmtes Segment die volle Kostenverantwortung trägt und kundennah sowie effizient produziert
[32]. In der modularen Fabrik werden diese Ziele durch eine Reorganisation der Produktion im Sinne der Fertigungssegmentierung [vgl. Kap. 8.3.1] angestrebt. Rückfüh-
rungen von indirekten Tätigkeiten in die direkten Bereiche ergeben eine Überführung

von Gemeinkosten in direkte Kostenbestandteile. Eine neuartige Ablauforganisation ermöglicht die Anwendung einfacher Informations- und Planungssysteme und damit die Übertragung dispositiver Tätigkeiten auf die Organisationseinheit [32].

Im Rahmen einer Studie zur Untersuchung der wirtschaftlichen Auswirkungen der Fertigungssegmentierung ergab sich im Durchschnitt eine Senkung der Durchlaufzeit um 62%, der Lieferzeit um 54%, der Bestände um 39% und der Qualitätskosten um 22% [32].

Fraktale Fabrik

Die fraktale Fabrik ist ein integrierender Ansatz. Ein Fraktal ist eine selbständig agierende Unternehmenseinheit, deren Ziele und Leistungen eindeutig beschreibbar sind [29]. Fraktale sind selbstähnlich. Das bedeutet, daß neben der organisatorischen Struktur auch die Art der Leistungserstellung und die Formulierung und Verfolgung von Zielen ähnlich sind. Die Teilung eines Unternehmens in mehrere Fraktale ist eher eine Zellteilung als eine Funktionsteilung. Bei einer Zellteilung spiegelt sich das Ganze stets in den Subsystemen wieder, da alle wesentlichen Funktionen mit übernommen werden. Damit ist das System sehr anpassungsfähig an dynamische Veränderungen einer instabilen Umwelt, da eine Zellteilung oder Verschmelzung der Fraktale ohne eine Veränderung der Gesamtstruktur möglich ist [17].

Fraktale funktionieren nach dem Prinzip der **Selbstorganisation** [vgl. Kap. 2.3.4.3] und Selbstoptimierung in kleinen schnellen Regelkreisen. Im Rahmen der operativen Selbstorganisation werden die Abläufe im Fraktal mittels angepaßter Methoden bestmöglich organisiert. Die taktische und strategische Selbstorganisation bedeutet eine eigenständige Umstrukturierung und selbständige Bildung und Auflösung. In einem dynamischen Prozeß erkennen und formulieren die Fraktale ihre Ziele sowie die internen und externen Beziehungen selber. Das Globalziel des Gesamtunternehmens steckt dafür den Rahmen. Wesentlich ist, daß ein Strukturierungsprozeß nicht von außen angeregt wird, sondern aus dem Fraktal selber erfolgt. Systemtechnisch [vgl. Kap. 4.1.1] muß der interne Fluß der Beziehungen an Material, Personal und Information stärker sein als nach außen [18]. Dennoch benötigen Fraktale zentrale Dienste des Gesamtunternehmens, wie die Bereitstellung von Spezialwissen oder die Unterstützung bei der Planung. Sämtliche Hilfsmittel der Gesamtorganisation sind für alle Fraktale verfügbar.

Ein weiteres Kriterium der fraktalen Fabrik ist die **Dynamik** und **Vitalität**. Vitalität ist die Fähigkeit, unter schnell veränderlichen Randbedingungen erfolgreich agieren zu können [29]. Ein Fraktal gruppiert seine Elemente ohne äußeren Zwang selbständig, so daß es im Endeffekt dem Ganzen dient. Das unterscheidet die fraktale Fabrik von statischen Konzepten wie der Fertigungsinsel [vgl. Kap. 8.3.2] oder der Fertigungssegmentierung [vgl. Kap. 8.3.1]. Bei diesen Prinzipien ist die Struktur von außen vorgegeben.

Die fraktale Fabrik kann als Ansatz betrachtet werden, horizontale Strukturen und
Abläufe - statt der konventionellen hierarchischen vertikalen Strukuren - zur Bildung
von Prozeß- und Geschäftsabläufen zu verwenden [28].

Neue Fabrik

Das Konzept der Neuen Fabrik soll überwiegend kleinen und mittleren Unternehmen
Wege aufzeigen, wie sie durch die Umsetzung von „schlanken" Unternehmensstruk-
turen erhöhte Wettbewerbsfähigkeit erlangen können. Der ganzheitliche Ansatz der
Neuen Fabrik berücksichtigt hierbei die Wechselwirkungen zwischen Organisation,
Personal und Technik und unterstützt die Unternehmen bei der Entwicklung eines
individuellen Umstrukturierungskonzeptes [19].

Im Mittelpunkt der Neuen Fabrik stehen eingebunden in eine prozeßorientierte Unternehmensorganisation folgende Organisationsprinzipien (Bild 2.9) [19]:

- Konsequente Kundenorientierung [vgl. Kap. 5]

- Mitarbeiterorientierung

- Wertschöpfungsorientierung [vgl. Kap. 2.4.3]

- Komplexitätsmanagement

- Kontinuierlicher Verbesserungsprozeß [vgl. Kap. 4.3.3].

Schwerpunkte des Konzeptes sind die Reorganisation der Fertigung und der fertigungs-
nahen Gemeinkostenbereiche. Dabei werden die Konzepte und Maßnahmen für die
gesamte Organisation aufeinander abgestimmt und so einzelne Bereichsoptima vermieden. Zur Umsetzung von wettbewerbsfähigen Organisationsformen und Personal-
strukturen werden Kernkonzepte wie

- die produktgruppenorientierte Gliederung des Unternehmens in kleine, schlag-
  kräftige **Fertigungssegmente** (in Profit- und Cost-Center) [vgl. Kap. 8.3.1],

- die Qualifizierung und Erweiterung des Aufgabenfeldes der Mitarbeiter der Fertigung bis hin zur **Gruppenarbeit** [vgl. Kap. 8.2.3] und

- die Optimierung des Materialflusses durch flußorientiertes Layout bis hin zu **Fertigungsinseln** [vgl. Kap. 8.3.2]

miteinander kombiniert [19].

Ein weiterer Schwerpunkt der Neuen Fabrik ist, den Weg in die Neue Fabrik aufzuzeigen, da die Schwierigkeiten bei der Schaffung möglichst selbständiger, aber koordinier-
ter Unternehmenseinheiten weniger in der Verfügbarkeit neuer Organisationskonzepte
als in deren Umsetzung liegen. Ein wesentlicher Erfolgsfaktor bei einer solchen Umstrukturierung zur Neuen Fabrik ist die Gestaltung struktureller (Organisation) und

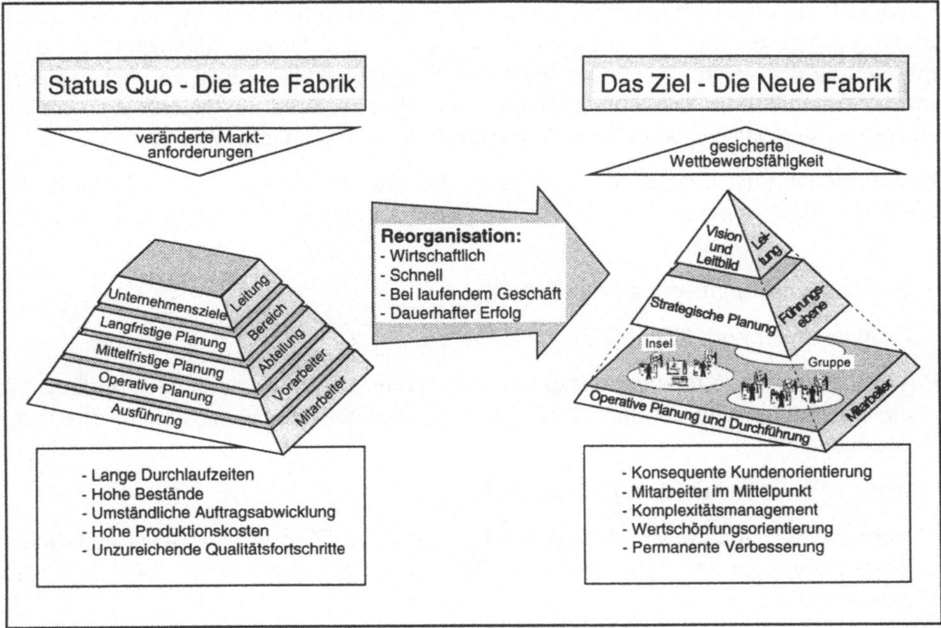

Bild 2.9: Die Neue Fabrik

kultureller (Personal) Veränderungen. Beide Veränderungsprozesse sind gleichzeitig (integriert) voranzutreiben und aufeinander abzustimmen. Besonders eignet sich hier eine breite Partizipation von Mitarbeitern während des Projektvorgehens, um eine enge Kommunikation zwischen Mitarbeitern und Planungsteam beim Projektfortschritt zu gewährleisten.

Der Weg in die Neue Fabrik wird in Kapitel 4.3.1 behandelt.

2.4.2 Lean Production und Lean Management

Der Begriff der **Lean Production** (schlanke Produktion) stammt aus einer MIT-Studie mit dem Ziel, einen betriebs- und volkswirtschaftlich motivierten Vergleich der Automobilindustrie in Japan, Nordamerika und Westeuropa durchzuführen [34]. Als Lean Production wird von den Autoren Womack, Jones und Roos in ihrem Buch „The Machine That Changed The World" (1990) das von TOYOTA als TPS (Toyota Production System [15]) in Japan entwickelte Organisations- und Technikkonzept für die Automobilproduktion bezeichnet. Als zwei der wesentlichen japanischen Urväter dieses Konzeptes sind Ohno und Shingo zu nennen.

Die Grundlage dieses Produktionssystems ist eine Gesamtbetrachtung des kompletten Leistungsprozesses im Unternehmen einschließlich des tätigen Managements. Eine Optimierung der Leistungskette des gesamten Unternehmens inklusive seiner externen Partner ermöglicht die Herstellung qualitativ besserer Produkte in kürzerer Zeit mit geringeren Kosten, als bei „klassischer" Organisation der Produktion [25].

Die Ausdehnung der Lean Production-Philosophie auf das gesamte Unternehmen führte zum **Lean Management**. Die wichtigsten Prinzipien des Lean Management sind [20, 25, 30]:

- Simultaneous Engineering [vgl. Kap. 7]

- Gruppenarbeit [vgl. Kap. 8.2.3]

- Verflachung der Aufbauorganisation mit Delegation der Entscheidungen dorthin, wo die Sachkompetenz ist und damit Stärkung des unteren Managements (Meister, Teamleiter)

- Just-In-Time Produktion [vgl. Kap. 10.1]

- Verwendung japanischer Managementtechniken wie Kaizen bzw. Kontinuierlicher Verbesserungsprozeß [vgl. Kap. 4.3.3] oder TQM [vgl. Kap. 5.4] in einem umfassenden Konzept

- Systematischer Arbeitsplatzwechsel der Montagearbeiter (job rotation) [vgl. Kap. 8.2.3]

- Integration von indirekten Arbeitstätigkeiten, wie z.B. Materialbereitstellung, Qualitätskontrolle und Fehlerdiagnose sowie Reinigungs- und Reparaturarbeiten [vgl. Kap. 8.3.2]

- Null-Fehler-Prinzip bzw. sofortige Beseitigung von Fehlerursachen [vgl. Kap. 5.4.1]

- Extreme „Rationalisierungsmoral", z.B. hinsichtlich der Produktionsverschwendungen

- Konsequente Marktorientierung mit aggressiver Kundenbetreuung

- Kooperation von Kernunternehmen und Zulieferern im Sinne der Fertigungstiefenverringerung [vgl. Kap. 10.1]

Signifikantes Merkmal des Lean Managements ist das permanente und konsequente Bemühen, Perfektion zu erreichen. Sind Produktionsunternehmen in westlichen Ländern bei Erreichen eines bestimmten Zieles meist zufrieden, wird in Japan konsequent an Verbesserungen gearbeitet und mit der Kaizen-Philosophie dauerhaft und unermüdlich nach Perfektion gestrebt. Die Japaner zielen bei allen ihren Optimierungsbemühungen mehr auf die technischen Kriterien, wie z.B. Qualität, Zeit, Flexibilität, Produktivität oder Bestandshöhe, und weniger auf die Wertebene, wie z.B. Kosten, Erlöse oder Rentabilität, wie es in westlichen Ländern der Fall ist.

Verschiedene Autoren [20, 30] sehen das Modell der Lean Production jedoch kritisch. Eine Entscheidung für diese Art der Produktionsorganisation bedeute nicht automatisch eine Entscheidung für menschengerechte Organisation der Produktionsarbeit. Nach Toyota ist Lean Production die flexibel-tayloristische Polarisierung der Produktionsarbeit, Arbeitsintensivierung und -extensivierung mit einem enormen Potential an Befindlichkeitsstörungen und Gesundheitsbedrohungen, Gruppen-Leistungsdruck und Diskriminierung von leistungsgeminderten Erwerbstätigen. Gruppenarbeit im europäischen Sinne darf deshalb nicht mit dem japanischen Modell der Gruppenarbeit gleichgesetzt werden.

2.4.3 Business Reengineering

*Gegenstand des **Business Reengineering** sind Unternehmensprozesse, nicht Organisationseinheiten* [11]. Business Reengineering ist eine Radikalkur, ein Neubeginn und keine Optimierung einer bestehenden Organisationsstruktur [11]. Der wesentliche Punkt dabei ist, daß nicht von einem Ist-Zustand zu einem Ziel-Zustand, sondern ausgehend von einem Ziel-Zustand ein Ist-Zustand entwickelt wird. Reengineering ist dabei das amerikanische Schlagwort für den Weg zu einer prozeßorientierten Unternehmensorganisation.

Ein **Prozeß** ist eine ablauforganisatorische Zusammenfassung von Aufgaben [9]. Definitionsgemäß hat er einen Input, eine Verarbeitung und einen Output. Mehrere Teilprozesse zusammen werden zu sogenannten **Prozeßketten** verknüpft, um Unternehmensaktivitäten übergreifend sowohl technisch als auch organisatorisch zu integrieren. Bild 2.10 zeigt eine Prozeßkette für das Beispiel des Produktgeschäftes.

Teilprozesse werden in **wertschöpfende** und **unterstützende** Aktivitäten unterschieden. Wertschöpfende Aktivitäten befassen sich direkt mit der Herstellung eines Produktes, dessen Verkauf, Distribution und Wartung. Sie sind durch einen meßbaren Marktwert gekennzeichnet. Unterstützende Aktivitäten stellen Ressourcen zur Verfügung, die für andere notwendig sind und die Wertschöpfung aufrecht erhalten (Personal, Finanzen, Instandhaltung, Information). Unterstützende Aktivitäten lassen sich nochmals in **Zentralaktivitäten** und **Querschnittsaktivitäten** unterteilen. Zentralaktivitäten sind notwendig zum Betrieb des Gesamtsystems in Hinblick auf übergeordnete Koordination, Planung und Kontrolle. Querschnittsaktivitäten werden von den einzelnen Prozessen benötigt und sind deshalb direkt unterstellt. Eine fachliche Koordination findet an zentraler Stelle statt [24].

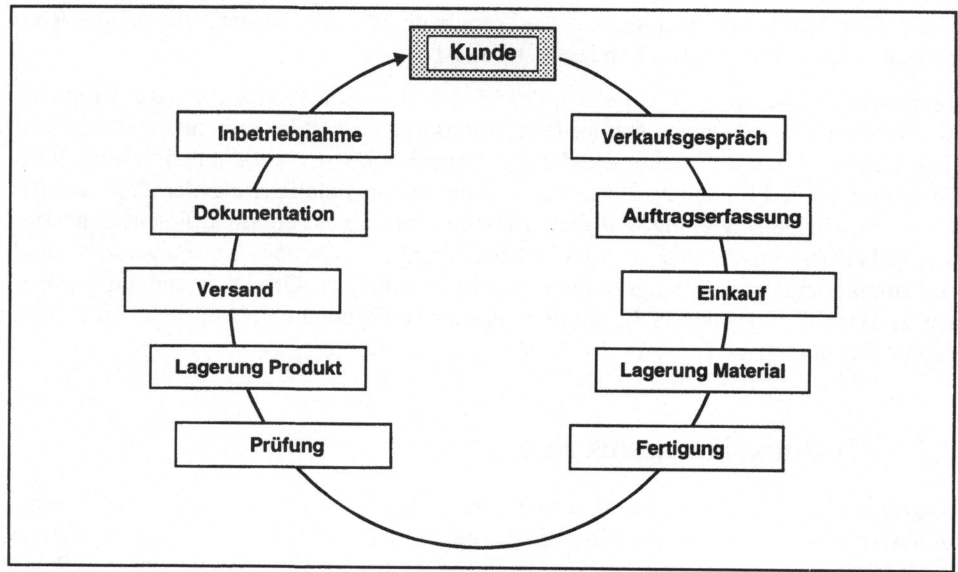

Bild 2.10: Prozeßkette Produktgeschäft

Die wesentlichen Gestaltungsmerkmale des Business Reengineering sind [7, 26]:

- Bildung abgegrenzter organisatorischer Einheiten mit maximaler horizontaler Autonomie (im Idealfall aus einem Mitarbeiter bestehend)

- Delegation von Entscheidungskompetenzen an die Mitarbeiter zur Erhöhung der vertikalen Autonomie und einer Reduzierung der Kontrolle durch übergeordnete Einheiten

- Abflachung der Hierarchie aufgrund des verringerten Koordinationsbedarfs der weitgehend autonomen Stellen

- Prozeßoptimierung zur Straffung und Verbesserung der Wertschöpfungsprozesse durch kritische Hinterfragung der Notwendigkeit einzelner Prozeßschritte, Reduzierung der Komplexität und die Standardisierung von Prozessen und Prozeßschritten

- Lösung von Abstimmungsproblemen zwischen einzelnen Prozeßeinheiten durch einen Prozeßmanager

- Prozeßorientierte Motivation der Mitarbeiter durch eine leistungsorientierte Entlohnung

- Etablierung neuer Führungskonzepte durch ein neues Vorgesetzten-Mitarbeiter-Verhältnis

- Einführung eines integrierten Informationssystems, um dem erhöhten Informationsbedarf der autonomen Einheiten gerecht zu werden

Die Organisationseffizienz des Business Reengineering hat in horizontaler Hinsicht die Prozeßeffizienz sowie in vertikaler Hinsicht die Nutzung der Problemnähe und des Detailwissens operativer Einheiten (Delegationseffizienz) als Handlungsmaßstab [11]. Jeder Prozeßoptimierung geht die Ermittlung und Gestaltung wettbewerbsfähiger Unternehmensprozesse voraus. Notwendig dazu sind die Vorgabe von umsetzbaren Zielen von Seiten des Managements, eine Definition der unternehmensspezifischen Kernprozesse zur Ermittlung derselben durch eine detaillierte Ablaufanalyse sowie eine Schwachstellenermittlung bezüglich der vorgegebenen Ziele [7].

Angestrebt wird ein Gesamtoptimum aus Kosten, Zeit und Qualität, denn ein Bereichsoptimum kann dazu durchaus im Widerspruch stehen. Zeitoptimierung erfordert eine detaillierte Prozeßbetrachtung und meint letztendlich Liegezeitverkürzung und Reduzierung von Iterationsschleifen. Unter Kostenoptimierung ist die Notwendigkeit einer Kostentransparenz hinsichtlich der Kostenverursacher zu verstehen. Qualitätsoptimierung bedeutet, Prozesse so zu gestalten, daß Fehler vermieden werden. Neben der reinen Produktqualität kennt man die Prozeßqualität (Qualität technischer Prozesse, Fähigkeit dienstleistender und planender Bereiche) und die Entwurfsqualität (Qualität des Entwurfes in der Planungsphase) [vgl. Kap. 5] [7].

Die Methode des Business Reengineering oder der Prozeßorganisation muß jedoch kritisch betrachtet werden, denn sie ist nicht das einzige, sondern nur ein wichtiges Element des Organisationsinstrumentariums. Business Reengineering ist nur so lange sinnvoll anwendbar, wie es sich um einfache, überschaubare Prozesse handelt. Sobald komplexere Probleme zu organisieren sind, wird es schwer, das Endziel mit einem geforderten radikalen Redesign zur erreichen. Insbesondere bleibt ungeklärt, wann eine Spezialisierung auf Prozesse und wann eine Spezialisierung auf Funktionen zu bevorzugen ist. Darüber hinaus ist der Entwurf einer Organisationsstruktur eines Unternehmens nur unter Rückgriff auf das Instrument des Business Reengineering nicht möglich, denn Business Reengineering setzt schon eine existierende, aus Stellen und Abteilungen bestehende, „klassische" Organisationsstruktur voraus [11]. Zudem besteht bei einer zu stark betonten prozeßorientierten Betrachtungsweise die Gefahr, daß die Ressourcen nur schwach ausgenutzt werden [7].

2.5 Lernfragen

1. Grenzen Sie die Begriffe Vision, Leitbild, Absicht und Ziel gegeneinander ab.

2. Erklären Sie die Begriffe Global- und Teilziel sowie Haupt- und Nebenziel.

3. Welche verschiedenen Strategiearten der Wettbewerbsvorteile und Marktabdeckung gibt es und worin liegen deren spezifische Vorteile?

4. Wie unterscheiden sich die drei Grundformen der Globalisierung? Beschreiben Sie diese.

5. Warum ist es wichtig, im Zusammenhang mit Outsourcing nicht nur die Fremdfertigungskosten mit den Eigenfertigungskosten zu vergleichen?

6. Was unterscheidet Aufbau- und Ablauforganisation?

7. Erläutern Sie die spezifischen Besonderheiten der verschiedenen Liniensysteme.

8. Nennen und begründen Sie die Vor- und Nachteile der drei Hauptprinzipien der formalen Organisation.

9. Worin unterscheidet sich die Projektorganisation von der formalen Organisation?

10. Wodurch entsteht die informale Organisation? Nennen sie jeweils ein Beispiel für eine postive und eine negative Wirkungsweise der informalen Organisation?

11. Worin liegen die Unterschiede zwischen Cost-Center, Profit-Center und Investment-Center?

12. Was sind die wesentlichen Merkmale von Fertigungssegmenten, welche Gestaltungsprinzipien kommen bei ihrer Durchführung zur Anwendung?

13. Zeigen Sie Gemeinsamkeiten und Unterschiede der Modularen-, Fraktalen- und Neuen Fabrik auf.

14. Wo liegen die Wurzeln des Lean Management und was sind die wichtigsten Prinzipien?

15. Was sind die Vorteile der prozeßorientierten Unternehmensorganisation und wo liegen ihre Grenzen?

16. Nennen und beschreiben Sie wesentliche Gestaltungsmerkmale des Business Reengineering.

2.6 Literaturverzeichnis

[1] Bettis, R. A./Bradley, St. P./Hamel, G.:
Outsourcing and industrial decline. In: Academy of Management Executive 1/1992, S. 7-22.

[2] Botschen, G./Stoss K.:
Strategische Geschäftseinheiten. Marktorientierung im Unternehmen organisieren. Wiesbaden: Gabler Verlag 1994.

[3] Burghardt, M.:
Projektmanagement. Leitfaden für die Planung, Überwachung und Steuerung von Entwicklungsprojekten. 2. Aufl. Berlin, München: Siemens AG 1993.

[4] Dieter, A./Reichle, W.:
Selbst Fertigen oder Kaufen? Strategische Überlegungen - Rechen- und Entscheidungsschema. 3. Aufl. Frankfurt a. M.: Maschinenbau-Verlag 1988.

[5] Ehrmann, H.:
Planung. Ludwigshafen: Kiehl Verlag 1995.

[6] Eversheim, W.:
Organisation in der Produktionstechnik. Bd. 1. 2. Aufl. Düsseldorf: VDI-Verlag 1990.

[7] Eversheim, W.:
Prozeßorientierte Unternehmensorganisation. Konzepte und Methoden zur Gestaltung „schlanker" Organisationen. Berlin, Heidelberg, New York: Springer-Verlag 1995.

[8] Gaitanides, M.:
Ablauforganisation. In: Frese, E. (Hrsg): Handwörterbuch der Organisation. 3. Aufl. Stuttgart: Poeschel-Verlag 1992.

[9] Gaitanides, M.:
Prozeßorganisation. Entwicklung, Ansätze und Programme prozeßorganisierter Organisationsgestaltung. München: Vahlen Verlag 1983.

[10] Hamel, W.:
Zielsysteme. In: Frese, E. (Hrsg.): Handwörterbuch der Organisation. 3. Aufl. Stuttgart: Poeschel-Verlag 1992.

[11] Hammer, M./Champy, J.:
Business Reengineering. Die Radikalkur für das Unternehmen. Frankfurt a. M., New York: Campus Verlag 1994.

[12] Jentner, B.:
Aspekte von Globalisierungsstrategien. In: Der Betriebswirt. Band 33 (1992). Heft 3, S. 25-31.

[13] Kosiol, E.:
Aufbauorganisation. In: Grochla, E. (Hrsg): Handwörterbuch der Organisation. Stuttgart: Poeschel-Verlag 1980.

[14] Kreikebaum, H.:
Strategische Unternehmensplanung. 3. Aufl. Stuttgart, Berlin, Köln: Kohlhammer Verlag 1989.

[15] Monden, Y.:
Toyota Production System. 2. Aufl. Norcross, Georgia: Institute of Industrial Engineer 1993.

[16] Moreno, J. L.:
Die Grundlagen der Soziometrie. 3. Aufl. Opladen: Leske + Badrich 1996.

[17] Müller, H.-E./Prangenberg, A.:
Outsourcing ist out. In: Mitbestimmung 4/96, S. 18-21.

[18] Müller, K.:
Management für Ingenieure. Grundlagen, Techniken, Instrumente. 2. Aufl. Berlin, Heidelberg, New York: Springer-Verlag 1995.

[19] Nedeß, Chr./Mallon, J./Strosina, Chr.:
Die Neue Fabrik. Handlungsleitfaden zur Gestaltung integrierter Produktionssyteme. Berlin, Heidelberg, New York: Springer-Verlag 1995.

[20] Pfeiffer, W./Weiß, E.:
Lean Management. Grundlagen der Führung und Organisation lernender Unternehmen. 2. Aufl. Berlin: Schmidt Verlag 1994.

[21] Rennings, K./Fonger, M./Meyer, H.:
Make or Buy. In: Beiträge aus dem Institut für Verkehrswissenschaften an der Universität Münster. Heft 129 Göttingen: Vandenbeck und Ruprecht Verlag 1992.

[22] Rühli, E.:
Leitungssysteme. In: Grochla, E. (Hrsg.): Handwörterbuch der Organisation. Stuttgart: Poeschel-Verlag 1980.

Eine weitere Organisationsform ist die **Gliederung nach Objekten** (Bild 2.6), z.B. nach Produkten oder Produktgruppen. Diese sogenannten Divisionen bzw. Sparten sind wie eigenständige Unternehmen aufgebaut, d.h. sie haben i.d.R. eine eigene Forschungs- und Entwicklungsabteilung, eine eigene Beschaffung, Verwaltung und Fertigung sowie einen eigenen Vertrieb. Die divisionale Ordnung (Spartenorganisation) bietet eine gute Koordination innerhalb der Sparte sowie eine entsprechende Erfolgskontrolle und -zuweisung. Dafür können gleichartige Aufgaben schlechter abgestimmt und vorhandene Ressourcen nicht optimal genutzt werden. Damit bietet sich diese Gliederung hauptsächlich für Unternehmen mit uneinheitlicher Produktpalette an. Ähnliche Produkte werden in Sparten zusammengefaßt. Demnach ist bei einem Unternehmen mit drei verschiedenen Produktgruppen (z.B. Textilien, Fahrzeugbau und Papierindustrie) eine Gliederung in drei Divisionen denkbar.

Zusätzlich können ähnliche Bereiche aus den Sparten ausgegliedert und zu **Zentralbereichen** zusammengefaßt werden, die spartenübergreifend für den ganzen Betrieb zuständig sind. Diese Form der Betriebsorganisation wird als **Divisionale Unternehmensgliederung mit Zentralbereichen** bezeichnet. Zentralstellen werden häufig für Unternehmensfunktionen, wie z.B. Beschaffung (Vorteil des Mengenrabattes), Normung, EDV, Personalverwaltung, Finanzen und Rechnungswesen, eingerichtet.

Die Vorteile der funktionalen und objektorientierten Gliederung vereinigt die **Matrix-Organisation** (Bild 2.6). Bei diesem Prinzip werden die Stellen sowohl unter objektbezogenen als auch unter funktionalen Aspekten mehrdimensional gegliedert. Auf eine ausgegliederte Parallelorganisation, z.B. Stäbe mit Weisungsbefugnissen, kann verzichtet werden. Da das Prinzip der Einheitlichkeit der Auftragserteilung verletzt wird, kann es aber zu Kompetenzproblemen kommen. Matrixorganisationen gibt es mit zwei- oder dreidimensionalen Strukturen, die i.d.R. nach Funktionen, Objekten oder Regionen gegliedert sind. Ein Praxisbeispiel wäre ein Produktleiter mit eigener Entwicklungs- und Produktionsabteilung, der beim Marketing und Vertrieb mit einer großen unternehmensübergreifenden Zentralabteilung zusammenarbeitet, die neben diesem speziellen Produkt auch für sämtliche anderen Produkte des Unternehmens zuständig ist. Aufgrund der Kompetenzproblematik im jeweiligen Knoten ist diese Organisationsform aber verhältnismäßig selten anzutreffen.

Die geschilderten Organisationformen sind i.d.R. für eine Geltungsdauer von 5-10 Jahren festgelegt. Nach dieser Zeit müssen die Organisationsformen meist überarbeitet oder durch neue ersetzt werden. Ein Grund dafür ist z.B. eine Änderung des Produktprogramms oder die Erschließung neuer Märkte bzw. die Aufgabe alter Märkte. Dennoch ist eine Überprüfung der gesamten Organisation auch zu einem früheren Zeitpunkt sinnvoll, um die Einführung neuer Hilfsmittel und Methoden oder eine veränderte Aufgabengliederung zu überdenken.

[23] Schertler, W.:
Unternehmensorganisation. 4. Aufl. München: Oldenbourg Verlag 1991.

[24] Schmidt, T./Schrödel, O.:
Ein methodischer Ansatz zur Analyse und Modellierung von logistischen Unternehmensabläufen. In: Wirtschaftsinformatik. Jg. 36 (1994), S. 478-487.

[25] Schneider-Winden K.:
Das neue Unternehmen. Der Weg zur Zukunftssicherung. Franfurt a. M.: Frankfurter Allgemeine Zeitung, Verlags-Bereich Wirtschaftsbücher 1994.

[26] Theuvsen, L.:
Business Reengineering. Möglichkeiten und Grenzen einer prozeßorientierten Organisationsgestaltung. In: Zfbf 48 (1/1996), S. 65-80.

[27] Warnecke, H.-J.:
Der Produktionsbetrieb 1. Berlin, Heidelberg, New York: Springer-Verlag 1993.

[28] Warnecke, H.-J.:
Die fraktale Fabrik. Effiziente Kommunikation für die Produktion von morgen. VDI-Jahrbuch 1992/1993.

[29] Warnecke, H.-J.:
Die fraktale Fabrik. Revolution der Unternehmenskultur. Berlin, Heidelberg, New York: Springer-Verlag 1992.

[30] Weber, G. W.:
Auswirkungen der „lean production" auf die Produktionsarbeit und humane Alternativen aus arbeitspsychologischer Sicht. In: CIM - Herausforderung an Mensch, Technik, Organisation. Mensch Technik Organisation. Bd.1. Hrsg.: E. Ulich. Stuttgart: Teubner Verlag 1993.

[31] Wiendahl, H.-P.:
Betriebsorganisation für Ingenieure. 3. Aufl. München, Wien: Hanser Verlag 1989.

[32] Wildemann, H.:
Die modulare Fabrik. Kundennahe Produktion durch Fertigungssegmentierung. München: gfmt Verlag 1988.

[33] Wöhe, G.:
Einführung in die Allgemeine Betriebswirtschaftslehre. 16. Aufl. München: Vahlen Verlag 1986.

[34] Womack, J. P./Jones, D. T./Roos, D.:
Die zweite Revolution in der Automobilindustrie. Konsequenzen aus der weltweiten Studie aus dem Massachusetts Institute of Technology. 7. Aufl. Frankfurt a. M. New York: Campus Verlag 1991.

[35] Wuethrich, H.-A./Winter, W.-B.:
Die Wettbewerbskraft globaler Unternehmen. In: Die Unternehmung. Bd. 48 (1994) Heft 5, S. 303-322.

3 Management und Führung

Jürgen Mallon, Stephan Thiesen

3.1 Einführung

Weder der Begriff „Führung" noch der Begriff „Management" ist heute in der deutschen Literatur einheitlich definiert. Für die nachfolgenden Ausführungen treffen folgende Beschreibungen zu:

Führung ist eine personenbezogene Handlung, bei der einzelne Personen oder Personenmehrheiten (Führende) auf andere Personen (Geführte) einwirken, um diese zu einem zielentsprechenden Handeln zu veranlassen [14].

Management heißt: Menschen umweltbezogen in einem dynamischen Analyse-, Entscheidungs- und Kommunikationsverfahren so zu führen, daß Ziele durch planvolles, organisiertes und kontrolliertes Leisten erreicht werden [17].

Der Ursprung des „klassischen" Managements ist in der Praxis zu suchen. Die zunehmende Trennung von Eigentum und Verfügungsgewalt sowie insbesondere die Einführung und Verbreitung der Arbeitsteilung erforderte die Entwicklung einer koordinierenden und steuernden Institution. Allgemein betrachtet ist Management überall dort erforderlich, wo Gruppen von Menschen gemeinsam Ziele verfolgen, sei es in der Industrie, in Behörden, in Vereinen, etc., d.h. also in Organisationen jeglicher Art. Dabei wird zwischen zwei grundsätzlichen Betrachtungsweisen unterschieden. Zum einen ist dies die Anschauung des **Managements als Institution**, d.h. als einen Personenkreis, der die Organisation leitet oder führt und dabei unabhängig von der jeweiligen Hierarchieebene ist. In diesem Fall wird der Begriff des Managements mit „Unternehmensführung" bzw. „Betriebsführung" ins Deutsche übersetzt. Zum anderen bezeichnet **Management als Funktion** die Gesamtheit aller Führungsaufgaben dieser Personen in einer Organisation, also z.B. Planung, Kontrolle und Menschenführung.

Bislang existiert keine allgemein anerkannte, umfassende „Management"- oder „Führungstheorie". Unter dem Begriff der „Managementlehre" werden die vielen verschiedenen Führungstheorien und Führungsmodelle zusammengefaßt. Obwohl bisher keine Gesetzmäßigkeiten im Sinne von Naturgesetzen gefunden worden sind, ist die Managementlehre als angewandte Wissenschaft zu sehen, die die Aufgabe hat, Handlungshilfen,

Regeln und Methoden zur Lösung von Problemen für die Praxis zu entwickeln [52]. Genauso vielfältig wie die Definitionen und verschiedenen Modelle sind auch die Meinungen über die Zusammenhänge von Management, Erfolg und Effizienz. Die Ergebnisse zahlreicher empirischer Untersuchungen auf diesem Gebiet, wie z.B. das 1977 auf der Basis von 62 besonders erfolgreichen US-Unternehmen erstellte 7S Modell von McKinsey [40], die Studien von Clifford/Cavannagh [5] oder die Untersuchungen verschiedener Branchen in Deutschland [39] sind widersprüchlich. Einigkeit besteht jedoch darin, daß kein direkter Zusammenhang zwischen bestimmten Management-Techniken und dem Unternehmenserfolg erkennbar ist.

Eine „richtige" und „effiziente" Führung der Mitarbeiter ist heute erheblich schwieriger als früher. Dieses ist unter anderem mit der veränderten Einstellung der Mitarbeiter zu ihrer Tätigkeit und der geringen persönlichen Bindung an den jeweiligen Betrieb zu erklären. Auch die gestiegenen Ansprüche an das Leben, die veränderten Wertvorstellungen sowie die größere wirtschaftliche Unabhängigkeit des einzelnen Mitarbeiters infolge höherer Einkommen und besserer Sozialleistungen tragen zu dieser Entwicklung bei.

Die sinkende Autorität älterer Mitarbeiter gegenüber Jüngeren bzw. die geänderte Auffassungen in bezug auf Autorität, Titel und Vorgesetztenverhältnis allgemein, sowie die kritischere Einstellung gegenüber den Vorgesetzten aufgrund eines deutlich höheren Informationsangebotes sind weitere Faktoren für eine Erschwerung des Führungsprozesses. Auf dieser Grundlage entstand die Forderung nach neuen Führungstechniken und Führungsstilen, die im Gegensatz zu autokratischen Führungsstilen den Mitarbeiter mit in den Entscheidungs- und Führungsprozeß einbinden. Folgerichtig ergab eine Befragung von Personal- und Weiterbildungsexperten nach erwünschten Fähigkeiten für zukünftige Führungskräfte in erster Linie Kommunikations-, Kooperations- und Teamfähigkeit, die Fähigkeit zur Selbst- und Fremdmotivation und persönliche Ausstrahlung (gewichtet in dieser Reihenfolge) [26].

Der Einsatz und die Führung von Mitarbeitern unter Berücksichtigung ihrer individuellen Eigenschaften und Fähigkeiten zur Verwirklichung gemeinsamer Ziele wird in Zukunft einen größeren Stellenwert einnehmen und zur Aufgabe jedes Vorgesetzen werden. Das Wesen der Mitarbeiterführung könnte daher mit einem Wort von Gottfried Keller beschrieben werden [11]:

Studiere die Menschen,
nicht um sie zu überlisten
und auszubeuten,
sondern um das Gute
in ihnen aufzuwecken
und in Bewegung zu setzen

3.2 Grundlagen des Managements

Die Einführung zergliederter Arbeitsprozesse führte dazu, daß die Anzahl der an der Fertigung eines Produktes beteiligten Personen stark anstieg. Zur Koordination der Arbeiten und zur Gewährleistung einer entsprechenden Effizienz wurde ein übergeordneter Mitarbeiter unerläßlich, der die Aufgaben definiert und den anderen die an sie gestellten Anforderungen verständlich vermittelt.

Weiterhin hat er die Aufgabe, Probleme und Unklarheiten zu beseitigen, Hilfestellungen bei der Durchführung der Arbeiten zu geben sowie durch den Vergleich von Sollvorgaben und erzielten Ergebnissen eine Kontrollfunktion zu übernehmen. Die Person, die mit der Wahrnehmung dieser Funktionen beauftragt ist, wird oft mit dem englischen Begriff „**Manager**" bezeichnet, was mit „Führender", „Verwaltender" oder „Leitender" ins Deutsche übersetzt werden kann.

Es stellt sich die Frage, wer solche Funktionen übernehmen kann bzw. welche Voraussetzungen ein erfolgreiches Management (auch wenn hierfür keine klare Definition vorliegt) begünstigen. Obwohl die Eigenschaftstheorie in der Führungslehre allgemein als gescheitert angesehen werden kann [vgl. Kap. 3.3.1], konnte Katz [21] in seinen Studien drei **Fähigkeiten** aufzeigen, welche bei gemeinsamem Auftreten die erfolgreiche Bewältigung der Aufgaben begünstigen. Diese sind im einzelnen (Bild 3.1):

- eine gute Sachkenntnis und die Fähigkeit, theoretische Methoden und Fachwissen in der Praxis konkret anzuwenden (**Technische Kompetenz**). Sie bilden die grundlegende Basis für eine Akzeptanz und die Verständigung zwischen dem Führenden und seinen Mitarbeitern.

- die als **soziale Kompetenz** bezeichnete Fähigkeit zu einer kooperativen Arbeit im Team. Sie gilt heute als eine der wichtigsten Voraussetzungen für eine erfolgreiche Menschenführung und hat in erster Linie die Aufgabe, trotz sozialer Unterschiede und eventueller Spannungen, eine effektive Arbeit zu ermöglichen.

- die Fähigkeit zu einer ganzheitlichen Denk- und Betrachtungsweise. Diese **konzeptionelle Kompetenz** ermöglicht trotz eventuell unterschiedlicher Anschauungen oder Interessen eine Koordination der Handlungen innerhalb und zwischen verschiedenen Bereichen im Unternehmen.

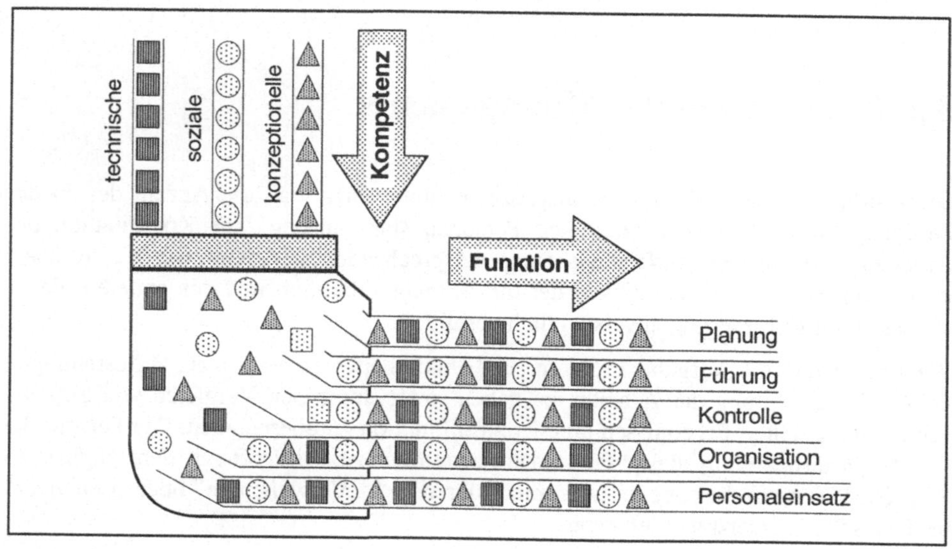

Bild 3.1: Managementkompetenzen als Grundlage der Managementfunktionen [47]

3.2.1 Der Managementprozeß

Als Pionier auf diesem Gebiet erkannte Fayol [8] im Rahmen seiner Untersuchungen, daß sich die **Funktionen des Managements** in den meisten Branchen ähneln und sie praktisch unabhängig von der Hierarchiestufe und der Organisationsstruktur sind. Er unterschied Planung, Organisation, Anleitung, Koordination und Kontrolle als die Grundfunktionen des Managements. Nach Koontz und O'Donnel [23], zitiert aus Müller [35], kann daher definiert werden: *Functions are the characteristic duties of managers.* Dieses Konzept ist vielfach weiterentwickelt worden, wie z.B. von L. Gulick in seiner POSDCORB-Klassifikation (Planning, Organizing, Staffing, Directing, Coordinating, Reporting, Budgeting) [10], so daß es mittlerweile eine fast unüberschaubare Anzahl von Management-Funktions-Katalogen gibt.

Im allgemeinen herrscht heute jedoch Übereinstimmung darüber, daß die 1955 in dem Standardlehrbuch von Koontz und O'Donnel [23] genannten fünf Funktionen die Basis und den Ablauf des Management-Prozesses in der unten angegebenen Reihenfolge darstellen (Bild 3.1). Die bei fast jeder Managementtätigkeit auftretenden Funktionen Koordination, Analyse, Kommunikation und Entscheidung werden aufgrund ihres funktionsübergreifenden Charakters in diesem Konzept nicht als eigenständige Funktionen angesehen.

1. Planung (Planning)

Der Planung [vgl. Kap. 4.2] wird die Rolle der Primärfunktion zugeschrieben, da sie am Anfang des „klassischen" Management-Prozesses steht und praktisch alle anderen Funktionen von ihr abhängig sind. Hier wird sowohl lang- als auch mittel- und kurzfristig festgelegt, was wie am besten erreicht werden kann und überhaupt erreicht werden soll. So werden z.B. die Gesamt- und Teilzielrichtungen sowie die Verfahrens- und Handlungsoptionen klar definiert, um auf dieser Basis später die anderen Managementfunktionen entsprechend angleichen zu können.

2. Organisation (Organizing)

In der Organisation wird ein erster Schritt in Richtung der Realisierung der bis dahin rein gedanklichen Pläne getan. Hier werden alle Aufgaben bzw. notwendigen Tätigkeiten anhand der Planung spezifiziert, in überschaubare Einheiten zerlegt und zusammen mit den entsprechenden Kompetenzen und Befugnissen delegiert. Dies ermöglicht in Verbindung mit der Schaffung eines effizienten Kommunikationssystems [vgl. Kap. 3.4] eine effektive Steuerung der Abläufe im Unternehmen.

3. Personaleinsatz (Staffing)

Planung und Organisation im Unternehmen sind kein Selbstzweck, sondern notwendige Voraussetzungen für die Ermöglichung einer strukturierten und konformen Handlungsweise in Richtung der gemeinsamen Ziele. Für eine effiziente Umsetzung der Planung bedarf es daher auch des Einsatzes von qualifiziertem Personal mit leistungsgerechter Entlohnung. Die Aufgabe des Human-Resources-Managements ist deshalb nicht nur die anforderungsgerechte Erstbesetzung der in den verschiedenen Aufgabenbereichen geschaffenen Stellen, sondern auch die kontinuierliche Entwicklung und Beurteilung des Personals zur Optimierung des Personaleinsatzes im Unternehmen.

4. Führung (Directing)

Diese Funktion beinhaltet die zielorientierte personelle Einwirkung auf das Verhalten von Mitarbeitern [24], also Menschenführung im eigentlichen Sinne [vgl. Kap. 3.3]. Während die ersten drei Funktionen des Managements, nämlich Planung, Organisation und Personaleinsatz, sich mehr auf die Schaffung der strukturellen Voraussetzungen für eine geregelte Produktion konzentrieren, kann durch die Führungsfunktion steuernd in die Arbeitshandlungen eingegriffen werden.

5. Kontrolle (Controlling)

Eine Kontrolle steht ausschließlich im Dienste der Verwirklichung der Ziele [46]. Sie kann permanent oder periodisch, ergebnis- oder ausführungsbezogen sein und sich z.B. unter dem Aspekt von Qualität, Leistung und Kosten auf das Produkt, die Produktion oder den Mitarbeiter beziehen, wobei letzterer jedoch meist nach Leistung und Verhalten beurteilt wird. Kontrolle läßt sich ähnlich der anderen Management-Funktionen nicht für sich alleine wahrnehmen, wobei hier besonders auf den Zusammenhang mit der Funktion des Planens hingewiesen werden soll. Für eine wirksame Kontrolle ist immer ein Maßstab erforderlich, der i.a. durch die in der Planung definierten operativen Ziele gebildet wird. So liefert z.B. ein Soll-Ist-Vergleich die Abweichungen zwischen den Plänen/Zielen und der Realität (sofern diese Größen eindeutig vergleichbar sind), und bietet damit eine gute Kontrollmöglichkeit. Die Ursachen und Zusammenhänge der Abweichungen, welche sich durch eine an die Kontrolle anschließende Abweichungsanalyse aufzeigen lassen, können wiederum in Planung und Führung einfließen.

Die Tatsache, daß der Managementprozeß unter dem Einfluß des kybernetischen und systemtechnischen Denkens somit als geschlossener (Regel-) Kreis angesehen werden kann [26], wurde zur Grundlage zahlreicher Management-Modelle, in denen die Beziehungen von Manager, Funktionen und Umwelt in einen möglichst kompakten Zusammenhang gesetzt werden.

Der 3-D Managementkreis von Mackenzie

Im Rahmen eines intensiven Literaturstudiums erstellte Mackenzie [31] eine sehr anschauliche Version des Managementkreises (Bild 3.2). Es gelang ihm, die verschiedenen Auffassungen und Begriffe zusammenzufassen und in ein strukturiertes Schema einzuordnen.

Er übernahm die Idee der fünf Basisfunktionen und ordnete sie entsprechend ihrer Abfolge auf einer dreidimensionalen Scheibe an, in deren Zentrum er die zu „managenden" drei Hauptelemente, nämlich Ideen, Dinge und Menschen, ansiedelte. Entsprechend gibt er die zugehörigen Grundaufgaben Führung, Verwaltung und Konzeptionelles Denken an und formuliert ähnlich wie bei den Basisfunktionen die jeweilige Definition im sich anschließenden Kreis. Des weiteren stellt er die drei kontinuierlichen Funktionen, nämlich Kommunizieren, Analysieren und Entscheiden, getrennt im inneren Kreis dar und unterstreicht so ihren funktionsübergreifenden Charakter.

3.2.2 Konzepte und Prinzipien

Ein Management-Konzept formuliert eine Sollvorstellung in bezug auf die Gestaltung der Führung oder des Managements im Unternehmen. Häufig wird auch der Begriff Management-Modell synonym verwendet, wobei dieses mit den wissenschaftlichen Modellvorstellungen i.a. nur wenig gemeinsam hat. Fast immer sind diese Modelle stark normativ und rezepthaft ausgeprägt [53], um durch diese Vereinheitlichung der Handlungsweisen, Handhabungen und Regeln eine Leistungssteigerung sowie eine Erhöhung der Effektivität zu erreichen. Eine besondere Stellung nehmen in diesem Zusammenhang die **Management-by-Prinzipien** ein, bei denen jeweils eine einzelne Management-

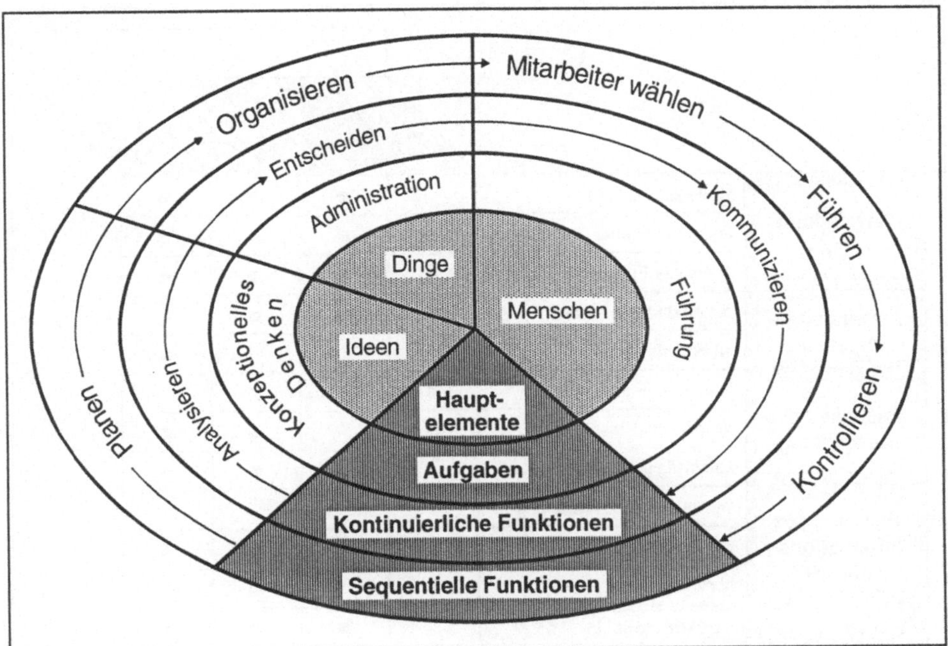

Bild 3.2: Der Managementprozeß [31]

Funktion betont und zum allgemeinen Prinzip erhoben wird. Mitte der 70er Jahre waren die Erwartungen an die Management-by-Prinzipien besonders hoch, aber weder diese noch andere Management-Konzepte konnten die an sie gestellten Erwartungen hinsichtlich einer Leistungssteigerung und Erhöhung der Effektivität erfüllen.

Es existieren mittlerweile über 35 verschiedene Ansätze von Führungsmodellen [41], wobei viele der Management-by-Ansätze jedoch lediglich Schlagworte oder zynische Parolen sind. Prinzipien wie Management-by-Hope (Hoffen, daß alles gut wird), Management-by-Terror (Ziele vorgeben, Mittel verweigern) oder Management-by-Champignon (Mitarbeiter im Dunkeln lassen, mit Mist zudecken und wenn sich Köpfe zeigen, sofort abschneiden) ist der Spott offensichtlich. Andererseits gibt es Modelle wie Management-by-Breakthrough, Management-by-Conflicts oder Management-by-wandering-around [vgl. Kap. 3.4.3], die eine bestimmte Einstellung des Managements verkörpern können, obwohl sich im ersten Moment der Gedanke an eine Parodie aufdrängt.

Darüber hinaus gibt es einige Management-by-Konzepte, die seit längerem bekannt sind und einen möglichen Ansatz für ein sinnvolles, modernes Managementsystem darstellen (Bild 3.3).

		Management by			
		System	Delegation	Objectives	Exception
Anwendung auf	strategischer Ebene		●	●	●
	taktischer Ebene	●	●	●	●
	operativer Ebene	●	●	●	●
Anwendungs-rhythmus	dauernde Anwendung	●	●	●	
	im Bedarfsfall				●
Fristigkeit der Auswirkung	langfristig (> 5 Jahre)	●		●	
	mittelfristig (2 bis 5 Jahre)	●		●	●
	kurzfristig (< 2 Jahre)		●	●	●
Richtung des Informations-flusses	vertikal ohne Rückkopplung				
	vertikal mit Rückkopplung	●	●	●	●
	horizontal	●			
Leistungskontrolle			●	●	●

Bild 3.3: Gegenüberstellung der Management-by-Prinzipien [7]

Management-by-System

Das Modell des Management-by-System stellt eine Gesamtschau der Unternehmensprozesse im Sinne eines kybernetischen Regelkreises dar. Es ist die Anwendung von systematisch gewonnenen Ergebnissen, Analysen und Zukunftsprognosen aus allen Unternehmensbereichen. Das System beinhaltet damit eine periodische Überprüfung des Führungs- und Managementprozesses, was insbesondere in bezug auf Dynamik in einem zunehmend turbulenten Umfeld von Relevanz ist. Dazu wird festgelegt, wer welche Arbeit wann zu tun hat. Die anzuwendenden Methoden für die Durchführung sowie die einzusetzenden Mittel werden dokumentiert. Management-by-System ist somit Führung durch Systemsteuerung.

Management-by-Delegation / Harzburger Modell

Das Modell des Management-by-Delegation wurde im deutschsprachigen Raum in den 70er Jahren besonders durch das Harzburger Modell von Böhme und Höhn [18, 19] bekannt. Kernstück des Modells ist die Delegation von Verantwortung auf die Mitarbeiter, wobei davon ausgegangen wird, daß der aktive Mitarbeiter gewillt ist, sich in seinem Bereich unternehmerisch zu verhalten und Verantwortung zu übernehmen. Dieser Grundgedanke ist ein wichtiger Teil fast aller heute praktizierter Managementsysteme. Grundsätzlich kann bei der Delegation von Verantwortung vorausgesetzt werden, daß die zur Aufgabe gehörigen Befugnisse ebenfalls delegiert werden. Wichtig ist es jedoch zu beachten, daß zwischen Führungsverantwortung, welche Dienstübersicht und Kontrolle beinhaltet, und Handlungsverantwortung, die nur wirksam wird, wenn Aufgabe, Weisungsbefugnis und Verantwortung übereinstimmen, unterschieden werden muß. Neben der Delegation von Aufgaben, Kompetenzen und Verantwortung sind das Verbot der Rückgabe bzw. Rücknahme derselben sowie die klare Abgrenzung durch Stellenbeschreibungen wichtige Grundelemente des Harzburger Modells.

Im Gegensatz zu den zwei folgenden, stark zielorientierten Ansätzen hat das Management-by-Delegation einen sehr aufgabenorientierten Charakter. Eine mangelhafte Zielsetzung, die fehlende Beteiligung der Mitarbeiter am Führungsprozeß, die Gefahr der unechten oder einseitigen Delegation sowie die Übertragung von Verantwortung ohne Kompetenz sind die Hauptprobleme dieses Modells, wodurch oft nicht die gewünschte Auflockerung der Hierarchie, sondern sogar eine Verfestigung resultierte.

Management-by-Objectives

Das Konzept der Zielbildung im Unternehmen, auch unter der englischen Bezeichnung Management-by-Objectives bekannt, stammt ursprünglich aus den USA und wurde schon vor mehreren Jahrzehnten in Europa eingeführt. Es ist das heute, vor allem in größeren Unternehmen, am weitesten verbreitete Management-Gesamtmodell [20]. Ähnlich dem bereits vorgestellten Management-by-Delegation, stützt sich auch das Konzept des Management-by-Objectives auf eine Entlastung der Unternehmensführung durch Delegation. Im Falle dieses „Management-durch-Zielvereinbarung" werden jedoch nicht spezifische Aufgaben, sondern nur die Ziele vorgegeben, wobei die Führung zwar an dem Prozeß der Zielbildung [vgl Kap. 2.1], nicht aber an der Zielerreichung im einzelnen beteiligt wird. Warum sollen diese Absichten überhaupt definiert werden? Ist die Festlegung von Zielen bei den sich heute so schnell ändernden Umgebungsbedingungen überhaupt noch sinnvoll?

Untersuchungen zeigen, daß jemand, der den Sinn seiner Arbeit nicht kennt, auch nicht motiviert sein kann [vgl. Kap. 3.5]. Wenn jedoch der größere Rahmen der Prozeßkette, in den eine Tätigkeit eingegliedert ist, überblickt wird, kann die eigene Tätigkeit als sinnvoll und befriedigend empfunden und damit eine Motivation sowohl für die eigene Arbeit als auch für das Erreichen der Gesamtziele angeregt werden. Um mit Zielsetzungen arbeiten zu können, ist es notwendig, einerseits die Bildung von Zielkonflikten zu vermeiden sowie die Ziele und die bei ihrer Erfüllung zu beachtenden Bedingungen klar und unmißverständlich zu definieren und zu vermitteln. Andererseits müssen die Gesamtziele ebenso wie die Teilziele der einzelnen Bereiche an den Gegebenheiten orientiert, d.h. realistisch und umsetzbar sein. Utopische Ziele verfehlen ihren Zweck und führen mitunter zur Demotivation.

Das Konzept beruht daher im wesentlichen auf der gemeinsamen Erarbeitung der Gesamt- bzw. Teilziele auf allen Ebenen. Die Zielvereinbarungen werden jeweils zwischen dem Führenden und einem Mitarbeiter getroffen, wobei sich der Vorgesetzte primär auf die Kontrolle der Zielerreichung beschränkt.

Die Umsetzung der Ziele, d.h. die Auswahl von geeigneten Mitteln und Maßnahmen, bleibt weitgehend dem freien Ermessen der Mitarbeiter überlassen, obwohl der Vorgesetzte in vielen Fällen noch konsultiert wird. Durch die Freiheit bei der Zielerreichung und die Mitwirkung der Mitarbeiter am Zielbildungsprozeß werden Eigeninitiative, Kreativität, Verantwortungsbereitschaft und partnerschaftliche Zusammenarbeit der Mitarbeiter gefördert [24].

Die Kritik an diesem Modell richtet sich insbesondere gegen die fehlenden empirischen Beweise für die Wirksamkeit dieses Systems [43], gegen den zeitaufwendigen, partizipativen Zielbildungsprozeß, die trotzdem oft nur mangelhafte Identifikation der Mitarbeiter mit den Zielen sowie gegen die methodisch schwierige Objektivierung der Vorgaben und Leistungen.

Management-by-Exception

Entsprechend dem Management-by-Objectives soll auch bei dem Konzept der „Führung nach dem Ausnahmeprinzip" die Unternehmensleitung durch eine Übertragung von Verantwortung und Entscheidungsbefugnissen an die Mitarbeiter entlastet werden. Im Vergleich zum Management-by-Objectives ist hier die Delegation von Verantwortung und damit der Entscheidungsspielraum für den Mitarbeiter noch weitergehender.

Während beim Management-by-Objectives der Vorgesetzte noch zu einem gewissen (wenn auch geringen) Grad an der Zielerreichung beteiligt ist, greift das Management bzw. der Vorgesetzte beim Management-by-Exception in einen Prozeß nur noch dann ein, wenn Abweichungen von den Zielen oder Ausnahmefälle (Exceptions) eintreten, die der Mitarbeiter alleine nicht bewältigen kann.

Genau dieser Punkt, nämlich, daß der Vorgesetzte alle interessanten und fordernden Probleme als „Ausnahmefall" selbst übernehmen kann, gibt aber auch Anlaß zur Kritik, weil die Initiative und Kreativität der Mitarbeiter unterdrückt werden. Die fehlende Definition von klaren Zielen sowie die durch eine strenge Kontrolle bedingte negative Auswirkung auf die Motivation der Mitarbeiter sind weitere Erklärungsansätze für die mangelnde Verbreitung dieses Modells in der Praxis.

3.3 Führen

3.3.1 Die Theorie zur (Menschen-) Führung

Grundsätzlich läßt sich der Begriff der Führung in zwei verschiedene Aspekte gliedern. Dies ist zum einen der **sachbezogene Aspekt** der Führung, dem z.B. die Erkennung und Analyse von Problemen, das Treffen strategischer und operativer Entscheidungen sowie deren Einleitung und Durchführung im Unternehmen zugeordnet werden [vgl. Kap. 2.2]. Im Rahmen dieses Kapitels ist jedoch besonders der **personenbezogene Aspekt** der Führung von Bedeutung. Diese sogenannte Menschenführung umfaßt verschiedene Tätigkeiten, wie z.B. die Förderung der Motivation der Mitarbeiter für die gemeinsamen Ziele, den Abbau von Spannungen und das Ausräumen von Interessenkonflikten.

Wie schon in der Einführung angedeutet, gibt es in der Literatur keine klare Abgrenzung des komplexen Begriffes der *Menschenführung*. Die folgende Zusammenfassung greift auf die von den Autoren Grunwald und Wunderer [56] zur umfassenden **Beschreibung des „Phänomens der Führung"** bewährten Merkmale zurück:

- Führung an sich ist kein Selbstzweck, sondern immer auf ein bestimmtes Ziel, Ergebnis oder eine bestimmte Aufgabe ausgerichtet, wobei der Begriff der „Führung" keine eigene Wertung hat. Sowohl Erfolg als auch Mißerfolg können das Ergebnis von Führung sein, weswegen i.a. zwischen erfolgreicher und versuchter Führung unterschieden wird. Das Maß, in dem die beabsichtigten Ziele erreicht werden, dient als Kriterium für die Effektivität der Führungsarbeit.

- Die Verhaltensweise von verschiedenen Personen in derselben oder einer sehr ähnlichen Situation ist keineswegs immer gleich, da das individuelle Verhalten von den persönlichen Eigenschaften, Erwartungen und Fähigkeiten des jeweiligen Menschen abhängig ist. Die Art der Führung muß daher laufend an die durch den ständigen Lernprozeß des Menschen bedingten Veränderungen angeglichen werden.

- Führung ist ein „interpersoneller Prozeß", der stets das Vorhandensein einer Gruppe voraussetzt. Die zwischenmenschliche (soziale) Interaktion beschreibt die gegenseitige Beeinflussung des Verhaltens der einzelnen Gruppenmitglieder sowohl aufgrund verbaler als auch sprachfreier Kommunikation. Auf dieser Basis bilden sich i.d.R. gemeinsame Normen und Werte, welche sich auf das Verhalten der gesamten Gruppe auswirken. Die Auffassungen und Standpunkte des Führenden in der Gruppe beeinflussen die Bildung dieser Werte besonders stark.

- Ziel der Menschenführung ist immer, die Einstellungen, Erwartungen und das Verhalten der geführten Mitarbeiter in eine gewünschte Richtung zu beeinflussen. Sowohl das Spektrum der eingesetzten Führungsmittel, welche von Lob bzw. Belohnung bis hin zu Tadel oder Sanktionierung reichen, als auch die Art der Willens- und Entscheidungsbildung kennzeichnen den zur Anwendung kommenden Führungsstil.

Bei der Betrachtung von Theorien über Menschenführung hat sich nach Neuberger [37] eine grundsätzliche Unterscheidung zwischen den Theorien des Führens und den Theorien des Geführtwerdens durchgesetzt.

Die **Theorien des Führens** heben die persönliche Beeinflussung der Mitarbeiter durch die Führungsperson hervor, wobei durch ein höheres Maß an Macht, Informationen und Fähigkeiten gegenüber den Geführten dem Vorgesetzten die Wahrnehmung seiner Führungsaufgabe ermöglicht wird. Da die Vorgesetztenfunktion dazu genutzt wird, die Einstellungen, Erwartungen oder das Verhalten der geführten Mitarbeiter in eine gewünschte Richtung zu beeinflussen, wird i.d.R. von einer zweiseitigen Beziehung gesprochen.

Die **Theorien des Geführtwerdens** gehen hingegen davon aus, daß der Führende in die Gruppe der Geführten integriert ist und sich qualitativ von seinen Mitarbeitern nicht unterscheidet. Er übernimmt in diesem Fall mehr eine Beratungs- als Vorgesetztenfunktion (informelle Führung), wodurch ein gegenseitiger Führungsprozeß auf der Basis gemeinsamer Ziele, Aufgaben, Normen und Werte durch die Bildung vernetzter Beziehungsstrukturen gefördert wird.

Allgemein dienen Führungstheorien der Erklärung von Führungsphänomenen. Sie versuchen möglichst genau, die Wechselwirkungen zwischen Führendem und Geführten während des Führungsprozesses zu erklären und auf einige wenige Einflußgrößen zurückzuführen. Zwei Theorien sollen im folgenden erläutert werden.

Die Eigenschaftstheorie

Der älteste Ansatz der Führungsforschung, der in der Literatur auch als „Trait Approach" bezeichnet wird, basiert auf der Annahme, daß sich die höhergestellte Position des Führenden allein aus seinen angeborenen oder erworbenen persönlichen Eigenschaften, unabhängig von den Umweltbedingungen, der Aufgabe und der zu führenden Mitarbeiter, ableiten läßt. Da so nur eine verhältnismäßig kleine Zahl an Menschen für die Einnahme von Führungsrollen prädestiniert wäre, richtete sich das Hauptaugenmerk der Führungsforschung auf die Evaluierung der für einen Führungserfolg relevanten persönlichen Merkmale. Der amerikanische Wissenschaftler Mann [32] faßte die Ergebnisse sämtlicher zwischen 1900 und 1957 zur Verfügung stehenden empirisch-statistischen Untersuchungen auf diesem Gebiet zusammen und fand mehr als 500 Eigenschaften, die von Relevanz für den Führungserfolg sein sollten. Obgleich viele der Studienergebnisse widersprüchlich waren und sich nur sehr wenige der ermittelten Eigenschaften in mehreren Untersuchungen gleichzeitig aufzeigen ließen, definierte Mann den folgenden Katalog von erwünschten persönlichen Eigenschaften:

<table>
<tr><td>

- Intelligenz
- geringer Konservatismus
- Extraversion
- Männlichkeit

</td><td>

- Anpassungsfähigkeit
- Sensitivität
- Dominanzstreben

</td></tr>
</table>

Die praxisorientierten Weiterentwicklungen der oben angesprochenen Untersuchungs-ergebnisse für die Beurteilung von (angehenden) Führungskräften in der Wirtschaft führen auf eine neue Liste von erwünschten Eigenschaften und Fähigkeiten, die trotz mangelnder empirischer Fundierung sowie methodischer und konzeptioneller Schwä-chen [45] auch heute noch in den Personal-Auswahlverfahren verschiedener Unter-nehmen wiederzufinden sind. Die Merkmale gliedern sich nach Worpitz [55] wie folgt:

<table>
<tr><td>

- Sach- und Fachkenntnis
- Selbstvertrauen
- Körperliche Leistungsfähigkeit
- Intelligenz
- Entscheidungsfreudigkeit
- Bereitschaft zum Risiko
- Konzeptionsfähigkeit
- Zuverlässigkeit

</td><td>

- Durchsetzungsvermögen
- Ausdauer
- Dynamik, Energie
- Urteilsvermögen
- Charakterstärke
- Einfühlungsvermögen
- Kontaktsicherheit
- Flexibilität

</td></tr>
</table>

- Bereitschaft zum Tragen von Verantwortung

Obwohl in der Literatur fast einheitlich davon ausgegangen wird, *daß trotz aller Bemühungen keine empirische Evidenz für die Eigenschaftstheorie besteht* [27], bleibt unumstritten, daß sie einen grundlegenden Baustein zur Erklärung der Mitarbeiter-führung liefert.

Die Situationstheorie

Die Einsicht, daß sich das Phänomen der Führerschaft nicht nur aus den persönlichen Eigenschaftsmerkmalen des Führenden ableiten läßt, führte zu einer genaueren Betrach-tung der Umgebungsvariablen, insbesondere der auf den Führenden wirkenden sozialen Einflüsse. Der Situationsansatz nach Lewin [30] geht davon aus, daß das Führungs-verhalten eine Funktion der Interaktion von Persönlichkeitsmerkmalen und Umwelt ist, woraus sich die These ableiten läßt, daß in unterschiedlichen Situationen ein unterschiedliches Führungsverhalten erforderlich ist. Der Erfolg des Beeinflußungsprozesses ist abhängig von den persönlichen Eigenschaften der Führenden und Geführten, den Struktureigenschaften des sozialen Systems und der unmittelbaren Situation, in der der Führungsprozeß stattfindet [47]. In der Führungs-Stil-Forschung wurde der Ansatz von Lewin besonders im 3-D Konzept von Reddin [vgl. Kap. 3.3.2.] und im Kontingenz-modell von Fiedler [9] aufgegriffen.

Die größte Einschränkung der Situationstheorie, auf die sich folgerichtig auch ein Großteil der Kritik bezieht, ist in der geringen Verallgemeinerungsfähigkeit der Unter-suchungsergebnisse begründet, welche durch die nur unzulängliche Definition des viel-schichtigen Begriffes der Situation hervorgerufenen wird. Nach dem Modell von Ulrich und Fluri [54] wird die jeweilige Situation durch die folgenden drei Arten von Ein-flüssen charakterisiert:

- personenspezifische Einflüsse

- aufgabenspezifische Einflüsse

- soziale/kulturelle Einflüsse

Aufgrund des großen Einflusses des Vorgesetzten-Mitarbeiter-Verhältnisses auf die Arbeitszufriedenheit [vgl. Kap. 3.5.3] sind in vielen Studien Charakterisierungs-möglichkeiten des Führungsverhaltens untersucht worden. Dabei wurden Verhaltens-merkmale zusammengefaßt und idealisiert und als Führungsstile definiert, aus denen sich Handlungsweisen ableiten lassen sollen.

3.3.2 Führungsstile

Unter dem Begriff Stil wird i.a. die Art und Weise eines Vorgehens, ein zeitlich konsistentes Verhalten oder eine bestimmte Lebensart verstanden. In diesem Zusam-menhang soll in Anlehnung an Bleicher [4] unter Führungsstil die allgemeine und spezifische Art, in der Führende aller Ebenen im Unternehmen zielgerichtet bei Ent-scheidungen, Leistungsmotivation und der Koordination der Einzelleistungen zur Gesamtleistung auf die zu Führenden einwirken, verstanden werden.

Die „klassischen" Führungsstile

Lewin [30] entwickelte die „klassische" Unterteilung der Führungsstile in drei Haupt-kategorien, nämlich in autokratische bzw. autoritäre, in demokratische bzw. kooperative und in laissez-faire (Gleichgültigkeits-) Führungsstile.

Der **autokratisch** führende Vorgesetzte gleicht in seinem Handeln einem Herrscher, der sich vor nichts und niemandem zu verantworten hat. Jedem Untergebenen erteilt er genaue Aufträge, ohne jedoch gleichzeitig auch Verantwortung und Kompetenzen zu

delegieren, und läßt bei Bewertungen keine genauen Maßstäbe erkennen. Demgegenüber rechtfertigt der **autoritäre** Führer seinen Führungsstil mit der Annahme, daß er
einen deutlichen Informations- und Erfahrungsvorsprung gegenüber seinen Mitarbeitern
hat, der es ihm erlaubt, nach freiem Ermessen zu delegieren.

Ähnlich dem autokratischen Stil kann sich kein produktives Lernklima einstellen, da
vorwiegend die Angst vor der Macht des Vorgesetzten als Motivationsquelle ausgenutzt
wird. Da die Mitarbeiter nicht an der Entscheidungsfindung beteiligt werden, ist ein
innerbetrieblicher Informationsfluß, insbesondere vom Unterstellten zum Vorgesetzten,
i.a. nur gering ausgeprägt. Ohne Rücksicht auf ihre demotivierende Wirkung findet eine
ständige Fremdkontrolle statt, wobei gleichzeitig zwischen den ausführenden und den
kontrollierenden Organen streng getrennt wird. Ein solcher Führungsstil wirkt sich
negativ auf die Gesamtleistung und Arbeitszufriedenheit aus und ist heute (wenn überhaupt) nur noch in Betrieben mit stark zergliederten Arbeitsprozessen zu rechtfertigen.

Ein freundlich wirkender Führungsstil nach dem Prinzip des **laissez-faire** birgt die
Gefahr, daß sich die anscheinende Passivität und Ziellosigkeit des Führenden auf die
Mitarbeiter überträgt und sich eine demotivierte Arbeitshaltung ausbreitet. Wie ver-
schiedene Motivationstheorien [vgl. Kap. 3.5.2] nahelegen, ist die Definition klarer
Unternehmensziele und die Identifizierung sowohl der Führenden als auch der Geführ-
ten mit ihnen eine der wichtigsten Voraussetzungen für eine hohe Motivation im
Betrieb.

Laissez-faire sollte nicht mit Autonomie verwechselt werden. Wo es möglich ist, sollte
Selbständigkeit und Initiative gefördert werden; hingegen sollte, wo es notwendig ist,
auf Disziplin bestanden werden. Daher wird zunehmend ein **kooperativer** Führungsstil
für den Einsatz im Unternehmen empfohlen. Hier fehlt die strenge Trennung zwischen
Ausführung und Kontrolle, wobei die Mitarbeiter soweit wie möglich in den Entscheidungsprozeß integriert werden. Eine Fremdkontrolle wird zwar immer nötig sein, jedoch
kann bei Verwendung eines demokratischen Stils vermehrt die Eigenkontrolle angewendet werden. Die innerbetriebliche Kommunikation wird gefördert, wobei auf den
Informationsaustausch mit Stellen auf gleicher Ebene und die Verständigung zwischen
Vorgesetztem und Mitarbeiter ein besonderes Augenmerk gelegt wird.

Die Untersuchungen von Lewin, Lippitt und White [30] zeigten, daß sich bei Verwendung eines autoritären Führungsstils eine etwas höhere Leistung ergab (allerdings nur,
wenn der Vorgesetzte vor Ort war!), während ein demokratisch-kooperatives Verhalten
des Führenden konsistent sowohl zu einer positiveren Einstellung der Mitarbeiter
gegenüber dem Vorgesetzten als auch zu einer höheren Beständigkeit, Originalität und
Qualität der Arbeit führte. Die folgende Grafik (Bild 3.4) soll den Zusammenhang
zwischen den erläuterten Führungsstilen und der Produktivität der Mitarbeiter verdeutlichen, wobei die Aussage, daß die Produktivität bei einem kooperativ-partizipativen
Stil am höchsten sei, von vielen Faktoren abhängig und daher nicht allgemein gültig ist.

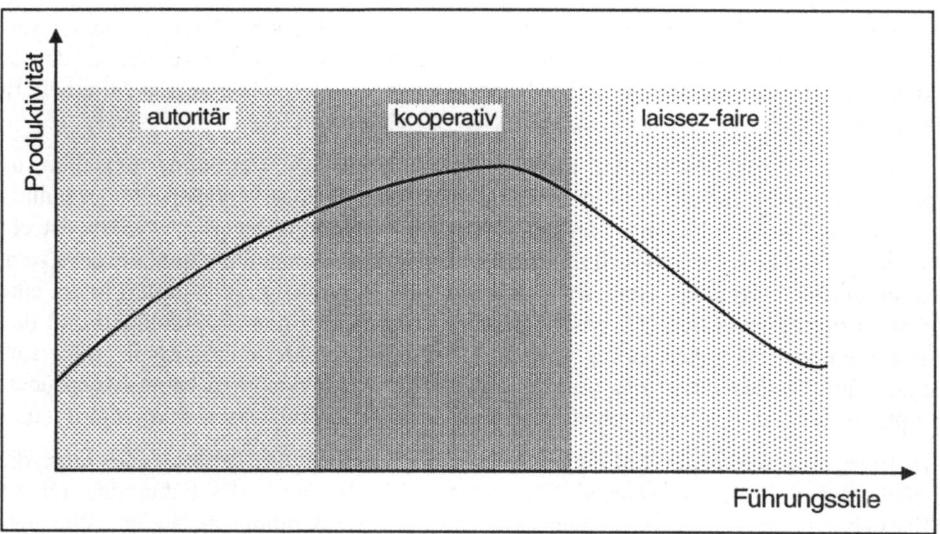

Bild 3.4: Produktivität versus Führungsstil [26]

Nach der Vorstellung der idealisierten Führungsstile stellte sich die Frage, ob ausgehend von den „klassischen" Beschreibungskriterien wie Autorität und Demokratie noch weitere Einflußgrößen berücksichtigt werden müssen. Dabei war auch zu klären, welcher Führungsstil für ausgewählte Praxissituationen zu empfehlen ist. In der Vergangenheit wurde deshalb eine Vielzahl verschiedener Ansätze entwickelt, von denen die wichtigsten im folgenden vorgestellt werden.

Eindimensionale Ansätze

Diese Ansätze unterstellen dem Führungsprozeß ein bestimmtes Anreiz-Handlungs-Modell und befassen sich, wie der Name schon sagt, mit nur einer Dimension des Führungsverhaltens. So werden z.B. die Charakteristika autoritär und demokratisch als Extrempunkte eines Führungsstil-Kontinuums gesehen (Bild 3.5).

Die eindimensionale Klassifizierung von Führungsstilen nach Tannenbaum/Schmidt [48] legt als einziges Merkmal die Art und den Umfang der Entscheidungsdelegation als stilbildend zugrunde. Am linken Rand ist die Beeinflussung des Mitarbeiters durch die Autorität des Vorgesetzten am größten und ein Entscheidungsspielraum für den Mitarbeiter praktisch nicht vorhanden. Entscheidungen werden einzig und allein vom Vorgesetzten getroffen, der von seinen Mitarbeitern die Vorgabenbefolgung bei der Ausführung verlangt. Hingegen liegt am rechten Rand ein ausschließlich demokratischer Führungsstil vor, der es ermöglicht, daß sowohl Analyse als auch Lösung eines Problems im Gruppenrahmen, mit dem Vorgesetzten als gleichberechtigtes Gruppenmitglied, erarbeitet werden.

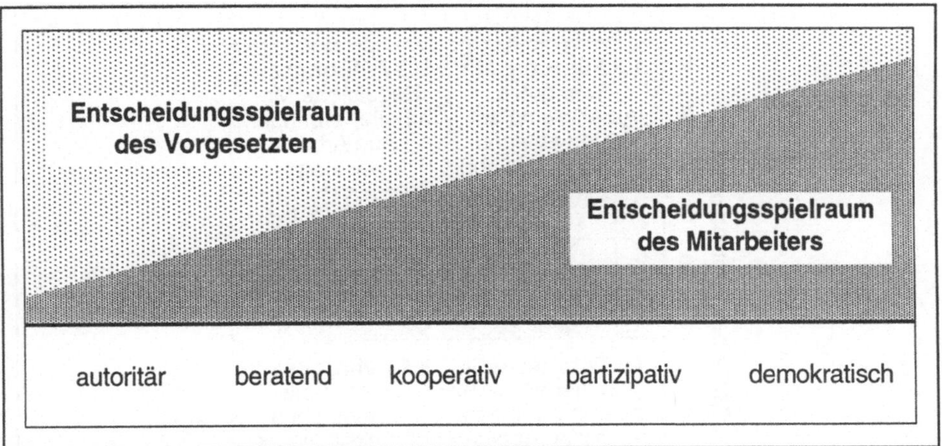

Bild 3.5: Klassifizierung von Führungsstilen[48]

Zweidimensionale Konzepte

Zweidimensionale Konzepte beschreiben das Führungsverhalten anhand von zwei Dimensionen mit allen sich daraus ergebenden Kombinationsmöglichkeiten. In einer graphischen Darstellung ergibt sich ein Zwei-Achsen-System, in welchem die zwei Grunddimensionen in verschieden starken Ausprägungen beliebig miteinander kombiniert werden können.

Die Untersuchungen über Führungsverhalten von Halpin und Winer [13] gegen Ende der 50er Jahre legen Consideration und Structure als die zwei unabhängigen Dimensionen nahe, die zu einer Typisierung des Verhaltens herangezogen werden können. Mit **Consideration** ist in diesem Zusammenhang das Ausmaß gemeint, in dem die Beziehung des Vorgesetzten zum Mitarbeiter durch gegenseitiges Vertrauen und Respekt, Rücksichtnahme auf persönliche Sorgen und Gefühle sowie menschliche Wärme geprägt ist. **Structure** hingegen bezeichnet das Ausmaß, in welchem der Führende versucht, das Verhalten seiner Mitarbeiter in bezug auf die Effektivität der Leistung zu strukturieren und in Richtung der gesetzten oder zu erreichenden Ziele zu beeinflussen.

Als Weiterentwicklung dieses Ansatzes entstand 1964 das außerordentlich populäre Verhaltensgitter zur Beschreibung des Führungsverhaltens in Organisationen nach Blake und Mouton [3], welches die Betonung des Menschen nach Mayo [34] und die Betonung der Produktion nach Taylor als Führungseinstellungen in einem integrierten Ansatz gegenübergestellt (Bild 3.6). Da die Skala den Grad der Betonung in neun Stufen einteilt, wobei die Betonung bei 1 am kleinsten und bei 9 am größten ist, ergeben sich insgesamt 81 Kombinationsmöglichkeiten, um einen Führungsstil zu beschreiben.

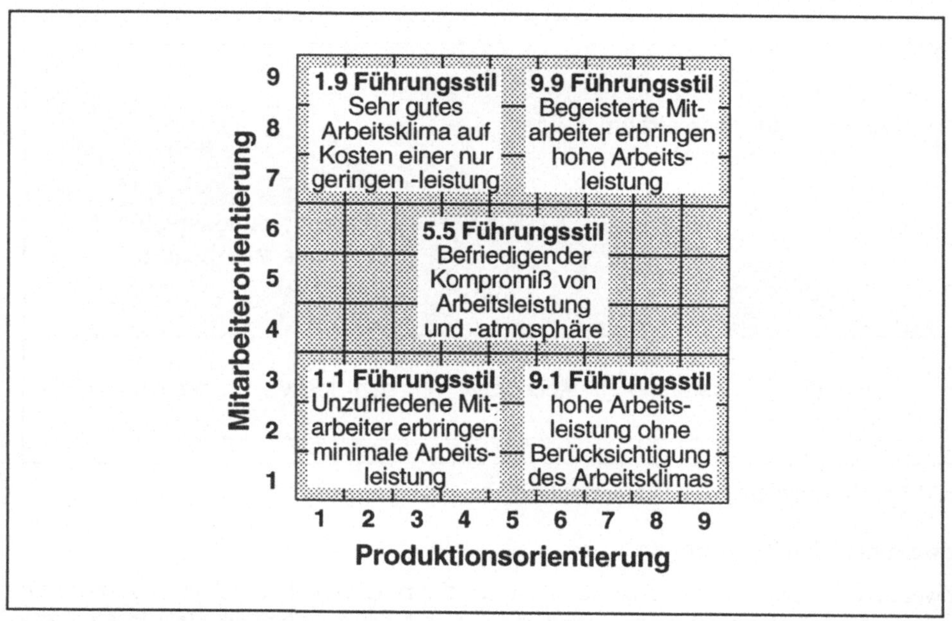

Bild 3.6: Das Verhaltensgitter nach Blake und Mouton [3]

Die Position 1.1 in der linken unteren Ecke des Gitters repräsentiert einen neutralen Führungsstil, der von minimaler Anstrengung und der Ablehnung von Verantwortung geprägt ist. Eine geringe Beachtung der Belange des Mitarbeiters bei gleichzeitigem Streben nach hoher Arbeitsleistung wird an der Position 9.1 im Gitter dargestellt. Der komplementäre Stil findet sich bei 1.9. Hier wird ein sehr angenehmes Arbeitsklima durch starke Berücksichtigung der Bedürfnisse der Mitarbeiter auf Kosten einer nur geringen Arbeitsleistung erkauft. In der Mitte des Verhaltensgitters findet sich die Position 5.5, die durch einen befriedigenden Kompromiß von erreichbarer Arbeitsleistung und Berücksichtigung der Mitarbeiterbelange charakterisiert werden kann. Begeisterte Mitarbeiter mit einer hohen Arbeitsleistung befinden sich in 9.9. Sie sind das Ergebnis eines idealisierten Führungsstils, der allerdings im betrieblichen Alltag nur selten anzutreffen ist.

Sowohl bei Halpin und Winer als auch in der Studie von Blake und Mouton wird ein einzelner Führungsstil als ideal und universell einsetzbar angesehen, wohingegen mittlerweile in verschiedenen Untersuchungen [28] gezeigt wurde, daß zwischen einem bestimmten Führungsstil und Kriterien wie Produktivität, Fehlzeiten und Arbeitszufriedenheit kein eindeutiger Zusammenhang besteht, sondern situative Variablen berücksichtigt werden müssen. Anhand der Positionen 5.5 und 9.9 wird auch deutlich, daß kein unbedingter Gegensatz zwischen personen- und aufgabenorientierter Handlung

besteht, ein Vorgesetzter sich also auch nicht entscheiden braucht, ob er sich leistungs-
oder mitarbeiterorientiert verhalten soll.

Der dreidimensionale Ansatz von Reddin

Eine Führungskraft soll in der Lage sein, Situationen zu erkennen und einzuschätzen,
um alsbald im Rahmen ihrer Möglichkeiten den Führungsstil bestmöglich an die jeweilige Situation anzupassen. Das ist jedoch nur realisierbar, wenn der Führende das Wissen und die Fähigkeit zur Veränderung seines Führungsverhaltens bzw. eine gewisse
Stilbandbreite, wie Reddin [42] es nennt, besitzt. Dieses **Situationsmanagement** ist Ziel
des 3-D-Konzeptes von Reddin (Bild 3.7), welches die Aussage der zweidimensionalen
Ansätze, daß ein idealer, für alle Situationen am besten geeigneter Führungsstil existiert,
zu einer „it all depends"-Führung in bezug auf die Situationsabhängigkeit relativiert.

Ähnlich dem Modell von Blake und Mouton sieht auch Reddin die Beziehungsorien-
tierung und Aufgabenorientierung als zwei Grunddimensionen des Führungsverhaltens
an, wobei er aber die **Effektivität** als weitere Dimension hinzufügt. Der Führungsstil
eines Vorgesetzten ist nach Reddin effektiv, wenn die Diskrepanz zwischen der erreichten Ist- und zu erwartenden Soll-Leistung der von ihm geführten Mitarbeiter möglichst
klein ist.

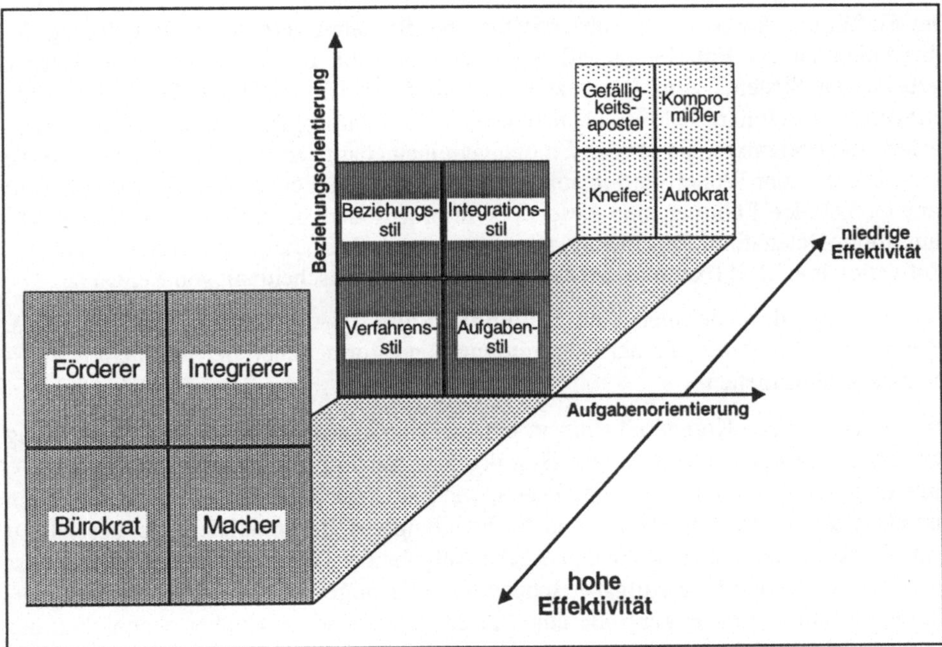

Bild 3.7: Das dreidimensionale Führungsstilmodell [42]

Reddin definiert vier grundsätzliche Führungsstile, den Verfahrens-, den Beziehungs-, den Aufgaben- und den Integrationsstil, wobei diese Grundstilformen zur Darstellung von Verhaltensweisen des Führenden dienen. Für jede dieser Kategorien sind charakteristische Merkmale und Gruppen von Indikatoren entwickelt worden, die eine Identifikation der Stile zulassen. Obwohl sich nicht alle auftretenden Arten von Führungsverhalten anhand dieser vier Kategorien klassifizieren lassen, erweisen sie sich als *allgemeiner Rahmen sehr nützlich* [42].

Die Effektivität der einzelnen Stile wird von der Situation, in der sie eingesetzt werden, beeinflußt. Daher ergibt sich für jede Grundstilform ein effektiveres und ein weniger effektives Äquivalent, die zusammen die gesamte Bandbreite der zur Verfügung stehenden Führungsstile aufspannen. Die von Reddin gewählten (stark wertenden) Bezeichnungen der einzelnen Führungsverhalten können der graphischen Darstellung des 3-D-Konzeptes entnommen werden.

3.4 Information und Kommunikation

Die Einführung kooperativer Führungsstile und die damit verbundene Beteiligung der Mitarbeiter an der Entscheidungsfindung erforderte die Bereitstellung eines deutlich verbesserten Systems zum Informationsaustausch im Unternehmen. Der Begriff der **Information** definiert sich im Themenbereich der Führung durch alle Aussagen, Tatsachen und Ereignisse, die für den Empfänger einen Neuigkeitswert besitzen und für die Aus-, Durch- oder Weiterführung einer Aufgabe notwendig oder nützlich sind [11]. Auf dem Gebiet der Führung sind besonders Informationen in bezug auf Planung, Organisation, Delegation, Entscheidungsvorbereitung und -findung, Steuerung, Kontrolle, Motivation und Modifikation einer bereits getroffenen Entscheidung von Relevanz.

Im Gegensatz dazu definiert sich **Kommunikation** als die Summe aller Verfahren, Regeln und Grundsätze, die der Übermittlung von Informationen innerhalb eines Informationssystems dienen.

Die Bedeutung der Kommunikation in einem Unternehmen wird aus der Betrachtung der Ergebnisse verschiedener Statistiken deutlich, nach denen Führungskräfte ca. 80% ihrer Zeit mit Kommunikationstätigkeiten, wie z.B. dem Beiwohnen von Konferenzen und Gesprächen, der Verbreitung und Aufbereitung von Informationen, etc. beschäftigt sind [6]. Kommunizieren ist die eigentliche Aufgabe der Führung, wobei Informationspolitik keine delegierbare Aufgabe, sondern eine wichtige Funktion eines jeden Vorgesetzten ist. Die laufende Vergrößerung und damit verbundene Unüberschaubarkeit des heutigen Informationsangebotes hat zur Folge, daß sich die Zielsetzung nicht mehr auf die reine Beschaffung, sondern vielmehr auf das Verwalten und Selektieren der relevan-

ten Informationen richtet, um das Individuum mehr denn je mit gezielten und vorab ge-
filterten Informationen zu versorgen. Erstrebenswert ist also nicht mehr ein Maximum,
sondern ein Optimum an Information. Jedoch stimmen i.d.R. Angebot und Nachfrage
von Informationen in einer Organisation nicht überein, was z.B. auf mangelnde Infor-
mationsinfrastrukturen, unzulängliche Verfahrens- bzw. Methodenkenntnisse oder auch
fehlende technische Erfassungsmöglichkeiten zurückgeführt werden kann [35].

3.4.1 Aufgaben und Anforderungen eines Informationssystems

Eine der heutigen Haupttätigkeiten von Unternehmensführungen ist es, die notwendigen
Informationen auf wirtschaftliche Art und Weise zu gewinnen, zu speichern, zu verarbeiten und zu übermitteln. Dieses wird durch ein **Informationssystem** realisiert, welches sich aus der Informationserfassung, Informationsverarbeitung und Informationsbereitstellung zusammensetzt und zur Aufgabe hat, die

- richtige Information,

- zum richtigen Zeitpunkt,

- in der richtigen Menge,

- in der richtigen Qualität,

- am richtigen Ort und

- auf wirtschaftliche Art und Weise zur Verfügung zu stellen.

Exakte, d.h. zum richtigen Zeitpunkt in einer angemessenen Quantität und Qualität vorliegende Informationen, sind Voraussetzung dafür, daß die Unternehmensführung
optimierend in das Betriebsgeschehen eingreifen kann. Ohne diese Voraussetzung zum
Eingreifen kann das Unternehmen auf kurzfristige Veränderungen des Marktgeschehens
nicht angemessen reagieren, d.h. es wird am Markt träge und inflexibel.

Um effizient agieren und reagieren zu können, muß daher auch ein reibungsloser Informationsfluß von der Spitze zur Basis und zwischen den einzelnen Abteilungen gewährleistet sein. Nur wenn das Informationssystem an die spezifischen Gegebenheiten eines
Unternehmens angepaßt ist, kann es effizient der Verwirklichung der **Ziele der Informationspolitik** dienen, die sich nach Haberkorn [11] im einzelnen wie folgt gliedern:

- Definition und Bekanntmachung der Unternehmensziele [vgl. Kap. 2.1]

- Information über die betriebliche Organisation, die Arbeitsverteilung und die Zusammenhänge

- Erklärung von Verfahrenstechniken, Materialfluß und anderen arbeitstechnischen Zusammenhängen im Unternehmen zum besseren Verständnis und dem damit geförderten Mitdenken der Mitarbeiter

- Vermittlung klarer Informationen zur Vermeidung der Bildung von Gerüchten

- Steigerung der Motivation und Arbeitszufriedenheit der Mitarbeiter

- Bereitstellung von Anreizen zur Förderung der Leistungsbereitschaft

Neben den oben genannten spezifischen Aufgaben eines Informationssystem stellen sich jedoch auch Anforderungen an das übergeordnete Kommunikationskonzept [36]. Die Wahl der verschiedenen Informationsmedien, -darstellungen und -inhalte sollte sich zur Realisierung einer effizienten Kommunikation an den folgenden Anforderungen orientieren:

- **Zielgruppenorientierung:** Die stark unterschiedlichen Aufnahmefähigkeiten verschiedener Zielgruppen, welche durch verschiedene fachliche und emotionale Voraussetzungen hervorgerufen werden, sind zu berücksichtigen.

- **Zeitorientierung:** Es ist von entscheidender Bedeutung, daß relevante Informationen so schnell wie möglich an die Mitarbeiter weitergegeben werden, um im Interesse von Motivation und Arbeitszufriedenheit Störungen durch Spekulationen und Bildung von Gerüchten frühzeitig entgegenzuwirken.

- **Zweckorientierung:** Da es praktisch nicht möglich (und erwünscht) ist, jeden Mitarbeiter an jedem Entscheidungsprozeß im Unternehmen zu beteiligen, existieren Grenzen der innerbetrieblichen Kommunikation. Vielmehr soll die Information und Kommunikation ein zielkonformes Verhalten aller Betroffenen ermöglichen.

Informationsmedien der firmeninternen Kommunikation

Die zur Informationsübermittlung im Unternehmen zur Verfügung stehenden Informationsmedien sollten, bevor sie für einen bestimmten Zweck eingesetzt werden, stets auf ihre Vor- und Nachteile hin geprüft werden. Verschiedene Medien schließen sich bei ihrer Anwendung zumeist nicht aus und können in einer sinnvollen Ergänzung verwendet werden.

Grundsätzlich wird zwischen schriftlichen und mündlichen Informationsmedien unterschieden, wobei die optischen Informationen, wie z.B. Bilder, Schaukästen, Plakate oder Informationsfilme, als Teil der schriftlichen Medien eine besondere Stellung einnehmen. Verbal schwierig zu erklärende Sachverhalte lassen sich visualisiert einfacher vermitteln [44]. Die wichtigsten Informationsmedien werden im folgenden vorgestellt [1, 6].

3.4.2 Schriftliche Informationsmedien

Die Führungsrichtlinie ist für Vorgesetzte von großer Bedeutung, da sie in schriftlicher Form die vom Unternehmen empfohlenen oder in manchen Fällen sogar verbindlich vorgeschriebenen Leitsätze für das Führungsverhalten festlegt und damit vereinheitlicht. Dieser auch als Führungsgrundsatz oder Führungsanweisung bezeichnete Leitfaden hilft der einzelnen Führungskraft, ihre Aufgaben im Betrieb entsprechend den Anforderungen wahrzunehmen.

Die **Mitarbeiterzeitung** bietet die Möglichkeit, die Mitarbeiter in umfassender, sprachlich ausgefeilter, verständlicher und sehr informativer Art und Weise über verschiedene Themen zu informieren. Um die Akzeptanz und das Interesse an der Zeitung zu fördern, muß darauf geachtet werden, daß alle Beiträge offen und ehrlich die Thematik darlegen und keine einseitige Stellung bezogen wird.

Aushänge am Schwarzen Brett sind insbesondere für die Bekanntmachung aktueller, in komprimierter Form dargestellter Informationen geeignet. Dies kann z.B. durch die Verwendung von Visualisierungs-Hilfsmitteln, wie z.B. Tabellen, Diagrammen oder anderer Grafiken, geschehen. Die Informationen müssen deutlich, präzise und leicht verständlich sein, damit der Interpretationsspielraum eingeschränkt wird.

Broschüren, Handzettel, Flugblätter, Rundschreiben oder Beilagen zur Lohn- und Gehaltsabrechnung bieten sich in erster Linie als Informationsmedium an, wenn ein gleichmäßiges Erreichen aller zu informierenden Personen von großer Wichtigkeit und/oder die Thematik sehr dringend ist, also auf das Erscheinen einer Mitarbeiterzeitung nicht gewartet werden kann. Auch hier sollte darauf geachtet werden, daß erklärendes und visualisierendes Bildmaterial in ausreichender Form und Menge verwendet wird.

Als weitere schriftliche Medien sind zu erwähnen [11]:
Informationsbriefe für das Führungspersonal, Fachzeitschriften und Presseartikel zum Umlauf, persönliche Briefe, Firmenhandbuch, Einführungsschriften für neue Mitarbeiter, Betriebsordnung und -vereinbarungen, Geschäfts-, Belegschafts-, und Sozialbericht, auslage- bzw. aushangpflichtige Gesetze und Verordnungen, Unfallverhütungsvorschriften und Tarifverträge.

Der Nachteil schriftlicher Informationsbereitstellung besteht in dem fehlenden, unmittelbaren Feedback des Empfängers, da es i.d.R. unmöglich ist, sofortige Rück- bzw. Verständnisfragen zu stellen. Außerdem ist diese Kommunikationsform wesentlich unpersönlicher und weniger motivierend als ein persönliches Gespräch. Von Vorteil sind jedoch die unangreifbaren, exakten Formulierungen sowie die Verbindlichkeit, Einheitlichkeit, Beweisbarkeit und Wiederholbarkeit zu jeder Zeit. Außerdem wird der Empfänger nicht mit einer zu großen Informationsfülle überschüttet.

3.4.3 Mündliche Informationsmedien

Die mündlichen Medien haben gegenüber den schriftlichen eine Reihe von Vorteilen, wie zu.B. die höhere Intensität des gesprochenen Wortes, die mögliche Einbeziehung bzw. sofortige Rückmeldung der Empfänger, das Ausräumen von Mißverständnissen, die Entstehung persönlicher Bindungen sowie die Möglichkeit einer (spontanen) Diskussion. Natürlich hat diese Form der Medien aber auch Nachteile. Hier sind insbesondere die Verfälschbarkeit, die Vergeßlichkeit der Zuhörer, die eventuell unpräzisen Formulierungen und insbesondere der mitunter sehr hohe Zeitaufwand für den Informierenden zu nennen. Außerdem besteht die Gefahr, daß der Inhalt mißverständlich ist oder der Empfang der Informationen abgestritten wird.

Um einen reibungslosen Arbeitsablauf im Betrieb zu gewährleisten, muß ein Vorgesetzter in der Lage sein, seinen Mitarbeitern eindeutig, zweifelsfrei und unmißverständlich mitzuteilen, was er von ihnen in bezug auf ihre Tätigkeit und Arbeitsleistung erwartet. Das traditionelle Mittel hierfür ist der sogenannte **Arbeitsauftrag**, der auch als Arbeitsanweisung oder -anordnung bekannt geworden ist.

Der Begriff **Mitarbeitergespräch** ist sowohl im Personalmanagement als auch bei Unternehmen mit strukturierten Führungsinstrumenten ein Oberbegriff für alle mitarbeiterorientierten Gespräche, wie z.B. eine spezielle Arbeitsunterweisung, das Beratungsgespräch oder das Kritikgespräch. Sofern nicht eine direkte, unmittelbare Anweisung erforderlich ist, kann praktisch jeder Vorgang, der den Informationsaustausch zwischen Vorgesetztem und Mitarbeiter voraussetzt, über die kooperative Gegenrede geregelt werden. Der über das Mitarbeitergespräch mögliche, intensive Austausch von Informationen soll nicht nur die kurzen, verbalen Arbeitsanordnungen der Vorgesetzten ohne Rückkopplung von den Mitarbeitern ersetzen. Es bietet auch eine gute Gelegenheit zur Erkundung von Potentialen, zur Förderung von Motivation und Identifikation, Gestaltung von Zielvereinbarungen und Kontrolle sowie Qualifikation und Entwicklungsplanung mit Hilfe eines intensiven Informationsflusses in beide Richtungen (offenes Feedback). Der Führende ist hier nicht unbedingt Vorgesetzter, sondern übernimmt die Rolle eines Ansprechpartners, beziehungsweise einer Vertrauensperson. Die Bereitschaft des Vorgesetzten zu einem offenen Gespräch mit dem Mitarbeiter ist daher neben der Beherrschung der grundlegenden Gesprächs-Techniken wichtigste Voraussetzung für den erfolgreichen Einsatz von Mitarbeitergesprächen im Unternehmen.

Betriebsversammlungen haben die Aufgabe, der gesamten Belegschaft die gleichen allgemeinen, inhaltlich unverfälschten Informationen sowohl seitens der Vertretungsorgane als auch seitens der Unternehmensleitung aus erster Hand zu übermitteln. Es sollte jedoch bedacht werden, daß bei einer solchen Veranstaltung aufgrund der großen Teilnehmerzahl nur eine geringe Informationstiefe übertragen werden kann und kaum die Möglichkeit zu Rückfragen und Diskussionen besteht. Daher bietet sich die ergänzende Anwendung von Gruppengesprächen oder Workshops für die Verbreitung detaillierter Informationen an. Gezielte Informationsveranstaltungen sind den Betriebsversammlungen sehr ähnlich, richten sich jedoch nicht an die gesamte Belegschaft, sondern nur an speziell ausgewählte Zielgruppen.

Die Durchführung firmeninterner Workshops mit einer überschaubaren Teilnehmerzahl bietet sich an, wenn aufgrund der Komplexität einer Thematik die Informationsweitergabe und Bearbeitung im Rahmen einer anderen Veranstaltung problematisch oder nicht möglich ist. Zudem kann durch die Klärung fachlicher Problemstellungen und persönlicher Konflikte die Teamentwicklung sowie eine Partizipation der Mitarbeiter gefördert werden.

Die starke Zergliederung der Arbeitsprozesse in vielen Großunternehmen erschwert dem Personal die Einschätzung ihres eigenen Anteils an der Produktionskette und verhindert damit das im Interesse der Identifikation mit den Unternehmenszielen erwünschte, ganzheitliche Produktdenken der Mitarbeiter. Durch **interne Betriebsbesichtigungen** können sie andere Abteilungen sowie deren Anforderungen an die eigene Arbeit kennenlernen und auf spezifische Probleme aufmerksam gemacht werden.

Die informelle Kommunikation

Die informelle Kommunikation gehört mit zur Informationsgesamtheit und darf bei der Entwicklung eines Kommunikationskonzeptes keinesfalls vernachlässigt werden. Gerüchte, falsche Informationen und Spekulation breiten sich über diese inoffiziellen Kommunikationswege erstaunlich schnell aus und können bei richtiger Einflußnahme durch die Unternehmensführung in sinnvoller Ergänzung zur formalen Kommunikation genutzt werden. Wenn dies nicht in ausreichendem Maße geschieht und die Informationen widersprüchlich sind, weil die offiziellen Informationen erst mit starkem Zeitverzug oder überhaupt nicht weitergegeben werden, können sich zwei Informations-Gegenpole entwickeln, die den organisatorisch geregelten Ablauf stören oder ihn sogar nachhaltig gefährden.

Um die informelle Kommunikation sinnvoll nutzen zu können, bieten sich zwanglose Begegnungen mit den Mitarbeitern an, bei denen die Führungskräfte keine Präsentationen oder geschliffene Statements abgeben, sondern vielmehr offen und ehrlich Fragen beantworten und insbesondere darauf achten sollten, was die Mitarbeiter wirklich bewegt und wo noch Bedarf an (richtigen) Informationen besteht. Die so gewonnenen Erkenntnisse sollten anschließend möglichst zügig in das formale Kommunikationskonzept eingebunden werden.

Möglichkeiten zu den oben angesprochenen zwanglosen Begegnungen bieten sich nach Doppler [6] z.B. durch das **wandering around**, bei dem sich Führungskräfte ausschließlich für den Informationsaustausch mit den Arbeitnehmern an die entsprechenden

Arbeitsplätze begeben, um so festzustellen, was in den „Herzen und Köpfen der Mitarbeiter" vorgeht. Die sogenannten **Kamingespräche**, in deren entspannten Rahmen am Rande von Bildungs- oder Informationsveranstaltungen ein zwangloses Gespräch möglich ist, eignen sich ebenso wie Feste und Ausflüge zum gegenseitigen Meinungsaustausch. Bei vielen Mitarbeitern hinterlassen solche natürlichen Begegnungen oft einen wesentlich nachhaltigeren und positiveren Eindruck als einige der aufwendigeren Veranstaltungen.

3.5 Motivation als Führungsziel

3.5.1 Motivation

Motivation ist ein Begriff der immer mehr den Charakter einer klingenden Parole für Erfolg im Management annimmt. Obwohl er häufig mit sehr unterschiedlicher Bedeutung verwendet wird, ist der Ursprung des Wortes im lateinischen „movere" zu suchen, welches mit „jemanden zu etwas anregen" oder „zu etwas veranlassen" übersetzt werden kann. Die Motivation hat einen starken Einfluß auf die individuelle Gesamtleistung eines Menschen [51], die sich im beobachtbaren Ergebnis aus Leistungsfähigkeit und Leistungsbereitschaft (=Motiviertsein) zusammensetzt (Bild 3.8) [26].

Im allgemeinen werden unter Motivation alle bewußten oder unbewußten psychischen Phänomene verstanden, die das menschliche Verhalten auf Ziele ausrichten bzw. der

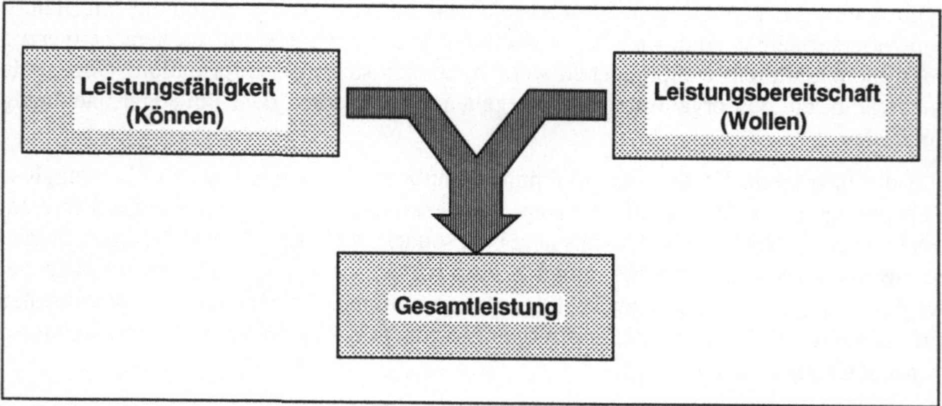

Bild 3.8: Motivation - Individuelle Gesamtleistung

Erklärung eines Verhaltens dienen. Dennoch kann von einem Verhalten nicht direkt auf eine bestimmte Motivation geschlossen werden. Als Beispiel sei ein junger Mann genannt, der zügig auf einem Fahrrad fährt. Abbau von Ärger, Vorbereitung auf einen Wettkampf, Freude am Radfahren, Transport, Fitneß, etc. - all dieses sind mögliche Handlungsmotive bzw. Motivationen. Eine eindeutige Zuordnung ist aus der Beobachtung aber nicht möglich, zumal sich die Motive auch nicht gegenseitig ausschließen.

Bedürfnisse sind der Kernpunkt jeglicher Motivationsbemühungen, d.h. um eine Person längerfristig effektiv zu motivieren, müssen ihre persönlichen Bedürfnisse angesprochen werden. Da letztere einer ständigen Veränderung unterliegen und zudem stark von Erziehung, Ausbildung und Umfeld beeinflußt werden, ist die Bedürfnisstruktur individuell verschieden. Folglich existiert auch kein absolutes Motiv oder Patentrezept, welches eine gute Arbeitsmoral und Produktivität aller Arbeitnehmer in allen Betrieben gewährleistet.

Motivation kann in bezug auf den Industrie-Betrieb somit auch als die Fähigkeit verstanden werden, durch geeignete Führungsmittel beim Mitarbeiter eine bestimmte Handlungsweise hervorzurufen.

3.5.2 Mitarbeiterverhalten

Um auf das Verhalten von Menschen - insbesondere von Mitarbeitern - einwirken zu können, wurden die relevanten Faktoren und Kriterien zur Beeinflussung in Modellen zusammengefaßt. Diese Modelle werden auch **Theorien über das Mitarbeiterverhalten** genannt und zur Beschreibung des menschlichen Verhaltens herangezogen.

Nach der Grundidee des Verhaltensmodells von Leavitt [29] geht das menschliche Verhalten auf Motive zurück, die auf Anreize aus Bedürfnissen oder Mangelempfinden basieren. Motivation, oder besser der Vorgang des Motivierens, ist kein abgeschlossener Zustand, sondern ein kontinuierlicher Prozeß, der in Bild 3.9 als stark vereinfachter Folgenkreis dargestellt ist. Es sei darauf hingewiesen, daß auf die unterschiedlichen Bedürfnisse verschiedener Individuen nicht eingegangen wird. Die fünf Stadien der Motivation werden hier deutlich: Ein Bedürfnis entsteht. Die sich aufbauende Spannung erzeugt freiwerdende Energien, die ein Verhalten oder eine Handlung verursachen. Während der Befriedigung des Bedürfnisses baut sich Spannung ab. Letztlich entsteht ein neues Bedürfnis.

Die nachfolgenden Modelle von Herzberg und Maslow sind **Inhaltstheorien**, die zum Ziel haben, die das Verhalten beeinflussenden Variablen zu identifizieren und somit zu bestimmen, welche Art von Bedürfnissen ein Individuum motivieren. Demgegenüber

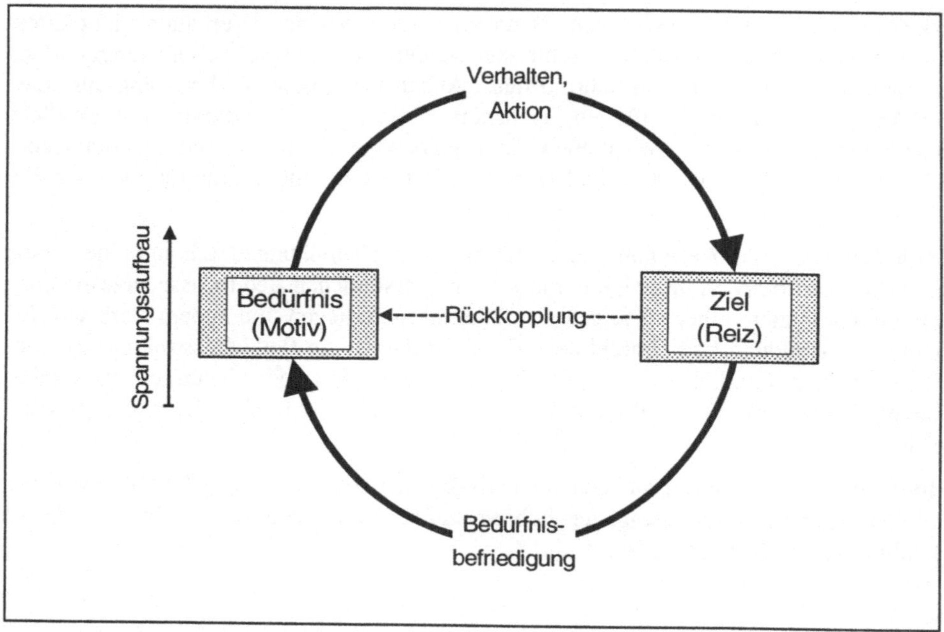

Bild 3.9: Folgenkreis der Motivation [50]

sollen die zu den neueren Motivationstheorien zählenden **Prozeßtheorien** darüber Aufschluß geben, welche Variablen an der Motivation beteiligt sind und vor allem wie sie zusammenwirken. Die Prozeßtheorien gehen einheitlich davon aus, daß die Intensität einer Handlungsmotivation abhängig von der Erwartungsstärke, der Attraktivität eines Sachverhaltes für den Handelnden und den daraus zu erwartenden Konsequenzen ist. So unterstellt z.B. die Theorie von Atkinson, daß die Leistungsmotivation eines Mitarbeiters durch die Faktoren Leistungsmotiv, Erfolgserwartung, d.h. Wahrscheinlichkeit bei der Lösung einer Aufgabe Erfolg zu haben, und Erfolgsanreizen bestimmt wird. Weitere Prozeßtheorien stammen z.B. von Adams (Equity Theorie), Tolman, Murray, Vroom oder Lawler (Instrumentalitätstheorie). Im folgenden sollen jedoch nur die Inhaltstheorien vorgestellt werden.

Die Bedürfnispyramide nach Maslow

Nach der 1954 von Maslow entwickelten Theorie lassen sich alle Arten von Bedürfnissen, die den Menschen und seine Handlungsweise beeinflussen, in zwei Gruppen kategorisieren: In Defizitbedürfnisse und Wachstumsbedürfnisse [33]. Die **Defizit- oder Mangelbedürfnisse** sind folgendermaßen gegliedert:

- **physiologische Grundbedürfnisse** wie Hunger, Durst, Schlaf, Witterungsschutz, etc. Diese ureigenen Bedürfnisse des Menschen sind heutzutage in unserem Lebensraum weitestgehend befriedigt oder können mit relativ geringem Aufwand befriedigt werden. Ihre Bedeutung für die Motivation von Mitarbeitern im Betrieb ist daher nebensächlich.

- **Sicherheitsbedürfnisse**, die die allgemeine Daseinssicherung und Zukunftsvorsorge sowie Schutz vor plötzlichen oder unvorhersehbaren Ereignissen (Unfall, Krankheit, Beraubung, Arbeitslosigkeit, etc.) umfassen. Ein Nichterfüllen dieser Bedürfnisse könnte die Befriedigung der physiologischen Bedürfnisse gefährden.

- **Soziale Bedürfnisse**, die Freundschaft, Beziehungen, Kontakt zu Kollegen und Vorgesetzten sowie das Bedürfnis nach mitmenschlicher Zuwendung beinhalten. Als weiterer wichtiger Gesichtspunkt sollte die Gruppenzugehörigkeit erwähnt werden, die sich im Betrieb in erster Linie als Wunsch nach Aufnahme bei seinesgleichen widerspiegelt.

- **Ich-Bedürfnisse**, für die Faktoren wie Anerkennung, Prestige, Selbstvertrauen, Selbständigkeit, also das Selbstwertgefühl und Achtung durch andere insgesamt eine entscheidende Rolle spielen.

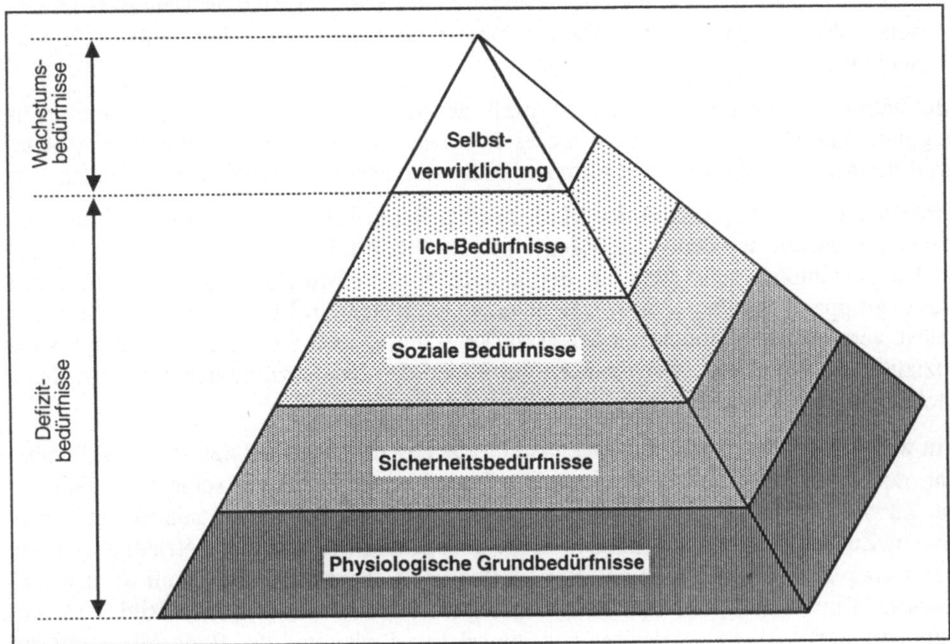

Bild 3.10: Die Bedürfnispyramide von Maslow [33]

Die **Wachstums- oder Progressionsbedürfnisse** stellen die zweite Gruppe dar. Sie beschreiben in erster Linie das Streben nach Selbstverwirklichung und den Wunsch nach der Entfaltung der individuellen Fähigkeiten. Eine Besonderheit der Bedürfnisse dieser Gruppe ist darin zu sehen, daß eine teilweise Erfüllung nicht zu einer Verringerung, sondern zu einer Verstärkung der Motivation führt und sie niemals abschließend befriedigt werden können. Des weiteren wird das Vorhandensein dieser Bedürfnisse den meisten Menschen während ihres gesamten Lebens nicht bewußt.

Zur Veranschaulichung der hierarchischen Ordnung stellt Maslow [33] die oben angegebenen Bedürfnisse in einer pyramidialen Struktur dar (Bild 3.10) und gibt zwei Grundregeln zur Erläuterung seiner Systematik an:

1) Die Bedürfnisebenen sind hierarchisch von unten nach oben, d.h. nach dem Inerscheinungtreten der Bedürfnisse, gegliedert.

2) Menschen streben danach, ihre Bedürfnisse zu befriedigen. Ein Bedürfnis wirkt erst dann handlungsmotivierend, wenn die Bedürfnisse niedrigerer Stufen weitgehend befriedigt sind. Eine einhundertprozentige Erfüllung ist demnach nicht notwendig. Ein Befriedigungsgrad von 65% - 70%, für die sozialen Bedürfnisse von mitunter auch nur 50%, reicht aus, um das nächsthöhere Bedürfnis handlungsbestimmend werden zu lassen. Die Stärke der Motivation durch ein bestimmtes Bedürfnis ist von seiner Bedeutung für die einzelne Person abhängig und daher individuell verschieden.

Motivation, so Maslow [33], ist ein Prozeß, der mit einem nicht befriedigten Bedürfnis beginnt. Eine Führungskraft kann dieses Potential nutzen, um die vorhandene Arbeitskraft des Mitarbeiters auf ein bestimmtes Unternehmens- oder Arbeitsziel zu lenken.

Trotz der großen Popularität der Maslowschen Bedürfnispyramide müssen Einschränkungen gemacht werden. Die Rangfolge der Bedürfnisse ist aufgrund der Untersuchungstechniken sehr stark an der amerikanischen Mittelschicht und bestimmten Berufsgruppen orientiert [35, 47]. Heutzutage kann sich ein Mensch, z.B. ein Musiker, selbst verwirklichen, indem er Musikstücke schreibt und vorträgt, gleichzeitig viele soziale Kontakte pflegt, aber dennoch am Rande des Existenzminimums ohne jegliche Sicherheit sein Dasein fristen.

Ein weiteres Problem stellt die ungenaue Festlegung des Begriffes Selbstverwirklichung dar, der wissenschaftlichen Messungen aufgrund seiner Natur nur schlecht zugänglich ist. Zuweilen sind die Bedürfnisse auch nicht einzeln zu betrachten, sondern stehen in engem Zusammenhang und können nicht unabhängig voneinander befriedigt werden. Als weiterer wichtiger Punkt soll der Einfluß des Lebensalters und damit die psychologische Entwicklung auf die Bedürfnisstruktur erläutert werden. Wie Bild 3.11 entnommen werden kann, verändert sich die relative Bedeutung der Bedürfnisse mit zunehmender Reifung des Individuums.

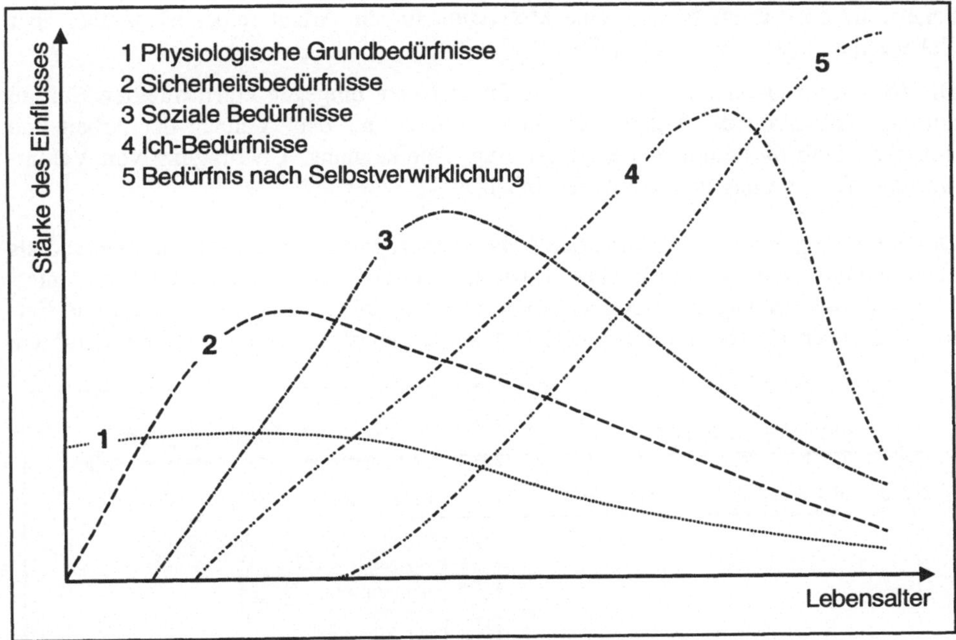

Bild 3.11: Zusammenhang zwischen der Stärke des Einflusses und dem Lebensalter [25]

Hygienefaktoren - Motivatoren. Die 2-Faktoren-Theorie nach Herzberg

Die Ergebnisse einer Befragung von Arbeitern und Angestellten [16] bilden die Grundlage der von dem amerikanischen Psychologen Herzberg entwickelten Theorie, die besagt, daß Arbeitszufriedenheit nicht das genaue Gegenteil von Arbeitsunzufriedenheit ist. Vielmehr, so Herzberg, sind Zufriedenheit und Unzufriedenheit zwei voneinander unabhängige Dimensionen, die von verschiedenen Faktoren beeinflußt werden.

Ausschlaggebend für die Unzufriedenheit sind die **Hygienefaktoren**, die in der Literatur auch Vermeidungsbedürfnisse genannt werden. Diese Faktoren hängen nicht mit der Arbeit selbst, sondern mit den Bedingungen der Arbeitsumwelt zusammen. Zu diesen Faktoren zählen in erster Linie die Beziehung zu Vorgesetzten und Kollegen, die Organisation und das Management des Betriebes inklusive der Unternehmenspolitik, die Führungstechnik der Vorgesetzten, die Arbeitsbedingungen und Arbeitsplatzsicherheit sowie Einflüsse aus dem Privatleben.

Herzberg stellte fest, daß zur Vermeidung von Demotivation oder Frustration die Hygienefaktoren ausreichend befriedigt sein müssen. Aufgrund ihres Charakters haben diese Faktoren aber auch bei noch so starkem Einsatz keine motivierende Wirkung. Die Anschaffung von Getränkeautomaten in den Pausenräumen z.B. wird von den Mitarbeitern als positiv empfunden, eine Motivation für die Arbeit selber ist darüber aber sicherlich nicht zu erreichen (Bild 3.12).

Die **Motivatoren** oder Entfaltungsbedürfnisse haben hingegen einen direkten Einfluß auf die Motivation der Mitarbeiter. Sie resultieren aus dem Vollzug der Arbeit und umfassen Selbstbestätigung, Leistungserfolg, Anerkennung, Übertragung von Verantwortung, Beförderung und den Arbeitsinhalt.

Des weiteren gibt es die Faktoren der **Zwischenkategorien**, die sowohl motivierend als auch demotivierend wirken können. Dazu zählen der Status, die Beziehung zu Untergebenen, die Entwicklungsmöglichkeiten und vor allem die leistungsgerechte Entlohnung. Nach Herzberg können sie kurzfristig zu einer höheren Zufriedenheit führen,

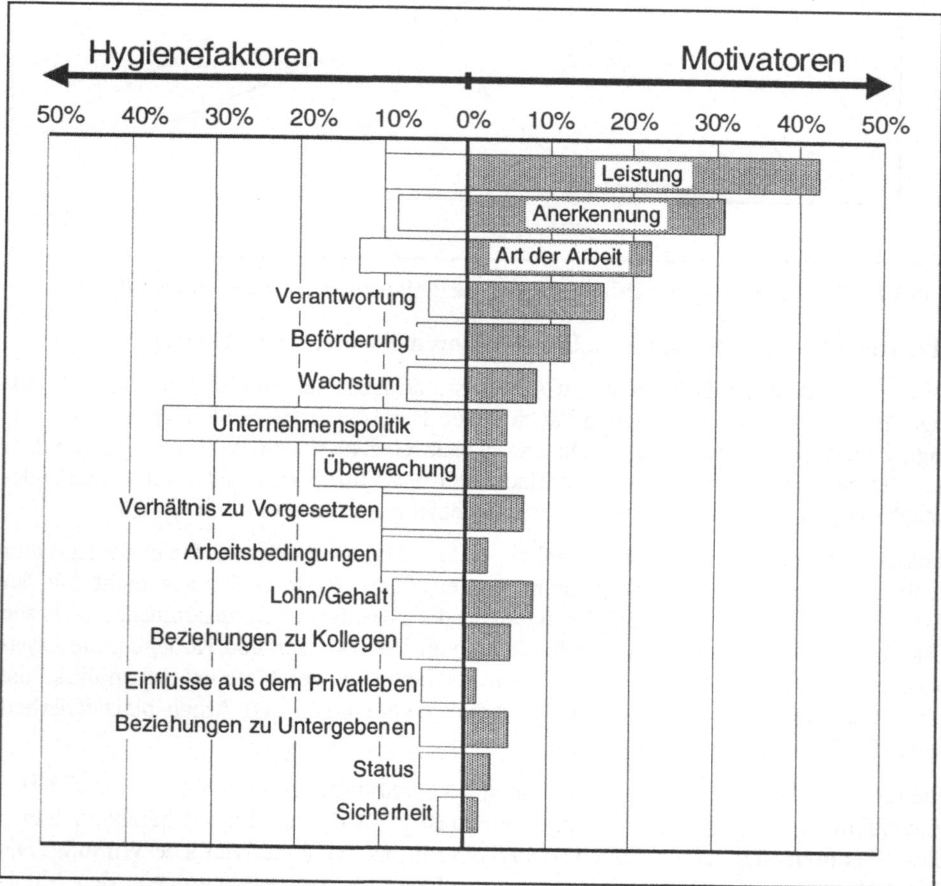

Bild 3.12: Die 2-Faktoren-Theorie der Motivation [16]

haben alleine aber keine dauerhafte Motivationswirkung. Er beugt damit dem Einwand vor, daß Geld alleine überhaupt keine intrinsische Anreizkraft besitzt. Das Modell von Herzberg kommt dem gesunden Menschenverstand sehr nahe und weist viele Gemeinsamkeiten mit der Maslowschen Theorie auf, jedoch kann im Gegensatz zu Herzberg nach Maslow jedes unbefriedigte Bedürfnis motivieren.

Obwohl Herzbergs Studien über betriebliche Motivation nicht unumstritten sind [22], hatten sie einen sehr großen Einfluß auf die Humanisierung in der Arbeitswelt und bilden auch heute noch das theoretische Fundament für Job Rotation Programme [vgl. Kap. 8.2.3] und praktische Handlungsanweisungen zur Mitarbeitermotivation [2, 38]. Die Kritik richtet sich primär an die Untersuchungsmethode und die vage Zuordnung und Formulierung der Faktoren, aber auch an die starke Vereinfachung der Wirklichkeit und die fehlende Berücksichtigung der jeweiligen Situation.

3.5.3 Arbeitszufriedenheit

Die bereits angesprochenen Motivationstheorien legen nahe, daß die Zufriedenheit eines Mitarbeiters mit seiner Arbeit einen großen Einfluß auf seine Motivation hat, wobei jedoch alle Versuche, eine genaue Beziehung mit Hilfe von empirischen Untersuchungen aufzuzeigen, bisher an der mangelnden Vergleichbarkeit und der schwierigen wissenschaftlichen Meßbarkeit von Zufriedenheit und Motivation scheiterten.

Der Begriff der Arbeitszufriedenheit soll hier nicht traditionell als ein Zustand befriedigter Bedürfnisse, sondern als eine **positive Einstellung** gegenüber dem Unternehmen und der Arbeitstätigkeit selbst verstanden werden, die sowohl für den Arbeitnehmer als auch für das Unternehmen von Vorteil ist. Entstanden ist diese Interpretation aus der Erkenntnis, daß nicht das Ausmaß der Befriedigung an sich, sondern vielmehr die Diskrepanz zwischen erwarteter und wirklich erreichter Erfüllung der persönlichen Bedürfnisse ausschlaggebend ist. Wichtig ist in diesem Zusammenhang auch der soziale Vergleich von Kollegen untereinander, der von Krech [25] unter dem Konzept der Relativen Deprivation behandelt wurde. Eine bedürfnisrelevante Anreicherung des Arbeitsinhaltes, die sich hauptsächlich auf eine Erweiterung des **Handlungsspielraums** des Mitarbeiters bezieht, ist das heute am weitesten verbreitete Konzept zur Förderung der Motivation. In Kapitel 8.2.3 wird eine Auswahl arbeitsorganisatorischer Konzepte wie Job Rotation, Job Enlargement und Job Enrichment vorgestellt, deren Ziel es ist, eben diesen Spielraum zu vergrößern.

Eine Erweiterung der Theorie des Handlungsspielraumes stellt das **Job-Characteristics-Model** von Hackman und Oldham [12] dar, daß im Gegensatz zu anderen Konzepten die Möglichkeit zur Messung der Arbeitszufriedenheit und somit auch zur Beurteilung von eingesetzten Maßnahmen bietet. Es nennt insbesondere die Aufgabenvielfalt, die Rückkopplung, die Autonomie des Handelns, den Ganzheitscharakter sowie den

Bedeutungsgehalt der Aufgabe als die fünf Kerndimensionen, auf die bei einer Umgestaltung der Arbeitsorganisation ein Hauptaugenmerk gelegt werden sollte.

Zur Förderung der Arbeitszufriedenheit gibt es kein Patentrezept, sondern nur eine Reihe von **Faktoren** [47], die, obwohl sie wiederum für jedes Individuum verschieden sind, einen Einfluß auf die Zufriedenheit haben:

Eine größere Variation der Tätigkeiten und ein höherer Grad an Komplexität, also eine stärkere **Abwechslung**, wirken sich i.a. positiv auf die Zufriedenheit aus. Gleiches gilt für die Möglichkeit, die Arbeitsumgebung und -bedingungen selbst zu beeinflussen und in einem gewissen Spielraum Entscheidungen über den Arbeitsablauf zu treffen, d.h. eine bedingte **Macht** über die eigene Situation zu haben. Stark aufgeteilte Arbeitsprozesse in der Tradition Taylors [49] lassen die **Sinnhaftigkeit** der Arbeit für den Einzelnen nur schwer erkennen, wodurch eine Unzufriedenheit mit der Tätigkeit hervorgerufen werden kann.

Das Pflegen **sozialer Kontakte** bei der Arbeit steigert i.a. die Zufriedenheit, wenngleich hierüber die Auffassungen variieren. Auch die Möglichkeit zur **Entfaltung der Persönlichkeit** wird in der Mehrzahl der Fälle als positiv empfunden. Die **Entlohnung** nimmt ähnlich wie in den Motivationstheorien eine besondere Stellung ein, da die Zufriedenheit der Mitarbeiter nicht an einer absoluten Gehaltshöhe festzumachen ist. Zu sehr fließen Variablen wie das soziale Umfeld und der Vergleich zu anderen Mitarbeitern in die Meinungsbildung ein. Das **Vorgesetztenverhalten** kann die Arbeitszufriedenheit sowohl im positiven als auch im negativen Sinne beeinflussen. Schon rein anschaulich liegt die Vermutung nahe, daß ein unterstützendes, freundliches und faires Verhalten des Vorgesetzten die Zufriedenheit des Mitarbeiters steigert; eine These, die auch in zahlreichen Untersuchungen bestätigt werden konnte.

Des weiteren fiel auf, daß sich eine höhere **Position im Betrieb** positiv in der Arbeitszufriedenheit widerspiegelt, was darauf zurückzuführen ist, daß sich mit steigender Position viele Kriterien wie Selbstwertempfinden, Status und Macht vergrößern und sich vor allem auch der Arbeitsinhalt positiv verändert. Nur am Rande erwähnt sei die in diesem Zusammenhang aufgestellte These [47], daß weibliche Mitarbeiter durch die traditionelle Rollendefinition ein geringeres Anspruchsniveau haben. Obwohl sich dieser Zusammenhang in der Vergangenheit bestätigen ließ, spielt heute der Einfluß des **Geschlechts** des Arbeitnehmers auf seine Zufriedenheit kaum eine Rolle.

Die Kenntnis der o.a. Faktoren zur Beeinflussung der Arbeitszufriedenheit hat sich für Führungskräfte als hilfreich erwiesen, da eine Unzufriedenheit der Mitarbeiter unter bestimmten Umständen **Handlungskonsequenzen** auslöst, die einen effizienten Betriebsablauf nachhaltig gefährden können [47].

Es erscheint logisch, daß die Neigung einer Person, ihren Arbeitsplatz zu wechseln, **(Arbeitsplatzfluktuation)** mit steigender Arbeitszufriedenheit sinkt. Obwohl diese Tendenz empirisch bestätigt werden konnte, ist die Streuung der Einzelergebnisse groß, da Variablen wie Arbeitsmarktlage und das Vorhandensein günstigerer Alternativen einen starken Einfluß haben.

Ähnlich verhält es sich bei den **Fehlzeiten** von ein bis zwei Tagen. Auch hier konnte bisher kein direkter Zusammenhang mit der Arbeitszufriedenheit in empirischen Untersuchungen belegt werden, wobei aber auch angemerkt werden muß, daß objektive Kriterien wie Verkehrs- oder Haushaltsunfälle, echte Krankheit, persönliche Beziehungsprobleme, usw. das wissenschaftliche Meßergebnis verfälschen. Die Vermutung, daß bei einer höheren Arbeitszufriedenheit der Mitarbeiter eine geringere Abwesenheit durch Krankheit aufweist, liegt jedoch nahe.

Mit einem gesteigerten Interesse und damit erhöhter Aufmerksamkeit während der Arbeit wird die durch eine hohe Arbeitszufriedenheit verringerte **Unfallhäufigkeit** im Betrieb begründet. Ebenso konnte durch empirische Untersuchungen gezeigt werden, daß die Zufriedenheit mit der Arbeit der entscheidende Faktor für **Lebenszufriedenheit** insgesamt ist, weswegen Arbeitsleid auch nicht durch attraktive Freizeit kompensiert werden kann. Hingegen konnte aufgrund der schlechten Meßbarkeit ein direkter Zusammenhang zwischen Zufriedenheit und **Arbeitsproduktivität** nicht empirisch bestätigt werden.

3.6 Lernfragen

1. Erläutern Sie den Begriff der Menschenführung.

2. Erklären Sie, warum die Führung von Mitarbeitern heute schwieriger als früher ist und welche neuen Anforderungen an zukünftige Führungskräfte gestellt werden?

3. Welche Fähigkeiten bzw. Kompetenzen einer Führungskraft begünstigen die erfolgreiche Bewältigung der an sie gestellten Aufgaben?

4. Geben Sie die fünf Grundfunktionen des Managements an und erläutern Sie diese.

5. Nennen Sie vier Managementprinzipien und grenzen Sie diese gegeneinander ab.

6. Wie unterscheiden sich die Konzeptionen der Eigenschaftstheorie und der Situationstheorie?

7. Erläutern Sie kurz die „klassischen" Führungsstile.

8. Gibt es einen universell einsetzbaren, optimalen Führungsstil? Beeinflußt der eingesetzte Führungsstil die Produktivität der Mitarbeiter? Begründen Sie ihre Antworten.

9. Erklären Sie die Aufgaben eines Informationssystems, und geben Sie Beispiele für die Ziele der Informationspolitik eines Unternehmens an.

10. In welche Kategorien gliedern sich die innerbetrieblichen Informationsmedien? Geben Sie jeweils einige Beispiele an.

11. Was wird unter dem Begriff der Motivation verstanden, und wie kann sie beeinflußt werden?

12. Erläutern Sie jeweils den Grundgedanken der Motivationstheorien von Maslow und Herzberg. Wie unterscheiden sie sich?

13. Erklären Sie den Begriff der Arbeitszufriedenheit.

14. Welche Faktoren beeinflussen die Arbeitszufriedenheit, und welche möglichen Konsequenzen kann eine hohe Arbeitsunzufriedenheit hervorrufen?

3.7 Literaturverzeichnis

[1] AWF:
Integrierte Fertigung von Teilefamilien. Werkzeuge und Methoden zur Planung und Einführung von Fertigungsinseln. Bd. 2. Köln: Verlag TÜV Rheinland 1990.

[2] Birkenbihl, M.:
Führungsbrevier 2000. Karlsruhe: Bratt Institut für neues Lernen 1981.

[3] Blake, R./Mouton, J. S.:
Verhaltenspsychologie im Betrieb. Düsseldorf, Wien: Econ Verlag 1968.

[4] Bleicher, K.:
Organisation. Formen und Modelle. Wiesbaden: Gabler Verlag 1981.

[5] Clifford, D. K./Cavannagh, R. E.:
Spitzengewinner. Strategien erfolgreicher Unternehmen. Düsseldorf, Wien, New York: Econ Verlag 1986.

[6] Doppler, K./Lauterburg, C.:
Change Management. Frankfurt a. M., New York: Campus Verlag 1994.

[7] Eversheim, W.:
Organisation in der Produktionstechnik. Bd. 1. Düsseldorf: VDI-Verlag 1980.

[8] Fayol, H.:
Administration industrielle et generale. Paris: Dunod Verlag 1970.

[9] Fiedler, F.:
A Theory of Leadership Effectiveness. New York: McGraw Hill Verlag 1967.

[10] Gulick, L. H.:
Notes on the theory of organizations. In: Gulick, L. H./Urwick, L. F. (Hrsg.): Papers on the science of administration. New York 1937.

[11] Haberkorn, K.:
Praxis der Mitarbeiterführung, 6. Aufl. Renningen-Malmsheim: Expert Verlag 1988.

[12] Hackman, J. R./Oldham, G./Janson, R./Purdy, K.:
A new strategy for job enrichment. In: California Management Review 17, 1975.

[13] Halpin, A. W./Winer, B. J.:
A factorial study of the LBDQ. In: Stogdill, P./Coons, A. (Hrsg.): Leader behavior. Ohio State University 1957.

[14] Heinen, E.:
Betriebswirtschaftliche Führungslehre. Grundlagen, Strategien, Modelle. 2. Aufl. Wiesbaden: Gabler Verlag 1984.

[15] Hentze, J./Brose, P.:
Organisation. Landsberg am Lech: Verlag Moderne Industrie 1985.

[16] Herzberg, F./Mausner, B./Snyderman, B. D.:
The motivation to work. 2. Aufl. New York: Wiley Verlag 1967.

[17] Hesse, P.:
Management Bildungskonzept in 4 Stufen. Deutsche Management Gesellschaft. Eigenverlag 1976.

[18] Höhn, R.:
Führungsbrevier der Wirtschaft. Bad Harzburg: WWT-Verlag 1967.

[19] Höhn, R./Böhme, G.:
Stellenbeschreibung und Führungsanweisung. 4. Aufl. Bad Harzburg: WWT-Verlag 1970.

[20] Hopfenbeck, W.:
Allgemeine Betriebswirtschafts- und Managementlehre. 8. Aufl. Landsberg am Lech: Verlag Moderne Industrie 1995.

[21] Katz, R. L.:
Skills of an effective administrator. In: Harvard Business Review 52 Nr. 5, 1974.

[22] King, N.:
Classification and evaluation of the two factor theory of job satisfaction. In: Psychological Bulletin 74, 1970.

[23] Koontz, H./O'Donnel, C.:
Principles of Management, 4. Aufl. New York: McGraw Hill Verlag 1968.

[24] Korndörfer, W.:
Unternehmensführungslehre. Wiesbaden: Gabler Verlag 1979.

[25] Krech, D./Crutchfield, R. S.:
Grundlagen der Psychologie. Bd. 9. Weinheim, Basel: Beltz-Verlag 1985.

[26] Kühn, G.:
Mitarbeiterführung für Ingenieure. 3. Aufl. Berlin: vde-Verlag 1993.

[27] Kunczik, M.:
Der Stand der Führungsforschung. In: Kunczik, v. M. (Hrsg.): Führung, Theorien und Ergebnisse. Düsseldorf, Wien: Econ Verlag 1972.

[28] Larson, L. L./Hunt, J. G./Osborn, R.:
The great hi-hi leader behavior myth. In: Academy of Management Journal 19, 1976.

[29] Leavitt, H. J.:
Managerial Psychology. 3. Aufl. Chicago: University of Chicago Press 1972.

[30] Lewin, K./Lippit, R./White, R. K.:
Patterns of aggressive behavior in experimentally created social climates. In: Journal of Social Psychology 1939.

[31] Mackenzie, R. A.:
The Management Process in 3-D. Harvard Business Review 1969.

[32] Mann, R. D. A.:
A review of the relationship between personality and performance in small groups. Psychological Bulletin 1959.

[33] Maslow, A.:
Motivation and Personality. New York: Harper & Row Verlag 1954.

[34] Mayo, E.:
The Social Problems of an Industrial Civilization. London: Routledge & Kegan Paul Verlag 1949.

[35] Müller, K.:
Management für Ingenieure. 2. Aufl. Berlin, Heidelberg, New York: Springer-Verlag 1995.

[36] Nedeß, Chr./Mallon, J./Strosina, Chr.:
Die Neue Fabrik. Handlungsleitfaden zur Gestaltung integrierter Produktionssysteme. Berlin, Heidelberg, New York: Springer-Verlag 1995.

[37] Neuberger, O.:
Führen und geführt werden. 3. Aufl. Stuttgart: Enke-Verlag 1990.

[38] Neuberger, O.:
Führungsverhalten und Führungserfolg. Berlin: Duncker & Humblot Verlag 1976.

[39] N.N.:
Industriebank AG. Geschäftsbericht 1983/84.

[40] Peters, J. T./Waterman, R. H.:
In Search of Excellence. New York: Harper & Row Verlag 1982.

[41] Raidt, F.:
Die Konstruktion der Wirklichkeit. Management-Wissen 2. Bern, Stuttgart: Haupt-Verlag 1985.

[42] Reddin, W. J.:
Das 3-D-Programm zur Leistungssteigerung. Oldenbourg, München: Verlag Moderne Industrie, 1977.

[43] Schmid, E. W.:
Probleme des Management by Objectives in der Praxis. In: Hentsch, B./Malik, F. (Hrsg.): Systemorientiertes Management. Bern, Stuttgart: Haupt-Verlag 1973.

[44] Schrader, E./Straub, W. G.:
Darstellungstechniken und Techniken zur Auswahl und Verdichtung von Informationen. In: RKW-Handbuch Führungstechnik und Organisation. Berlin 1978.

[45] Seidel, E./Jung, R./Redel, W.:
Führungsstil und Führungsorganisation. Bd. 1. Darmstadt: Wissenschaftliche Buchgesellschaft 1988.

[46] Siegwart, H./Menzl, I.:
Kontrolle als Führungsaufgabe. Bern: Haupt Verlag 1978.

[47] Steinmann, H./Schreyögg, G.:
Management. Wiesbaden: Gabler Verlag 1990.

[48] Tannenbaum, R./Schmidt, W. H.:
How to choose a leadership pattern. In: HBR March/April 1958.

[49] Taylor, F. W.:
The Principles of Scientific Management. New York: Verlag Wirtschaft und Finanzen 1915.

[50] Timmermann, M.:
Personalführung, Führungsstil, Motivation, Mitbestimmung. Stuttgart, Berlin, Köln, Mainz: Kohlhammer Verlag 1977.

[51] Uhlendorff, W./Osterroth, T.:
Führungslehre. 2. Aufl. Stuttgart, München, Berlin, Weimar: Boorberg Verlag 1982.

[52] Ulrich, H.:
Management. Bern, Stuttgart: Haupt Verlag 1984.

[53] Ulrich, H./Krieg, W.:
Das St. Gallener Management-Modell. In: Hentsch, B./Malik, F. (Hrsg.): Systemorientiertes Management. Bern, Stuttgart: Haupt Verlag 1973.

[54] Ulrich, P./Fluri, E.:
Management. Bern, Stuttgart: Haupt Verlag 1975.

[55] Worpitz, H.:
Wissenschaftliche Unternehmensführung. Frankfurt a. M.: Frankfurter Allgemeine
Zeitung, Verlags-Bereich Wirtschaftsbücher 1991.

[56] Wunderer, R./Grunwald, W.:
Führungslehre. Bd. 1. Berlin, New York: de Gruyter Verlag 1980.

4 Organisationsgestaltung

Sven Meyer, Andreas Warner

Im Kapitel Unternehmensorganisation wurden die Begriffe Unternehmensziel und Unternehmenstrategie eingeführt und sowohl konventionelle als auch neuartige Konzepte der Unternehmensorganisation vorgestellt. Darauf aufbauend vermittelt das Kapitel Organisationsgestaltung, wie diese neueren Konzepte in eine bestehende Unternehmensorganisation implementiert, effizient genutzt und ständig weiterentwickelt werden können.

Das Kapitel Grundlagen der Organisationsgestaltung vermittelt dabei die zum Verständnis nötigen theoretischen Grundlagen. Anschließend wird im Kapitel Unternehmensplanung gezeigt, wie in den bestehenden Organisationsstrukturen Unternehmensaktivitäten geplant und gesteuert werden. Der Weg zum neuen Unternehmen stellt am Beispiel der Neuen Fabrik dar, wie eine Organisationsumstrukturierung abläuft, und zeigt Konzepte zur kontinuierlichen Verbesserung im Rahmen der bestehenden Strukturen auf. Die Unternehmensmodellierung ist dabei ein wichtiges Instrument.

4.1 Grundlagen der Organisationsgestaltung

Die Kenntnis theoretischer Grundlagen ist für die Analyse komplizierter Prozesse meist unerläßlich. Die wesentlichen Grundlagen für den Bereich der Organisationsgestaltung vermittelt das vorliegende Kapitel.

Ein Kernelement der Organisationsgestaltung ist das Systemdenken, welches die systematische Lösungsfindung bei schwierigen Problemen unterstützt. In einer immer komplexer werdenden Unternehmenswelt kommt dem Systemdenken heute eine zunehmende Bedeutung zu. Mit Hilfe dieses Ansatzes können die den Problemen zugrunde liegenden Systeme und deren Verbindungen zur Umwelt erfaßt, analysiert und optimal gestaltet werden [13]. Die Systemtheorie bietet hierzu eine Beschreibungsmöglichkeit, deren Schwerpunkt auf der ganzheitlichen Betrachtungweise von Problemen liegt und so konkrete, aber suboptimale Bereichslösungen vermeidet [25].

In diesem Kapitel werden deshalb zuerst der für die Organisationsentwicklung wichtige Systemgedanke und auf dieser Grundlage nachfolgend der Problemlösungszyklus vorgestellt. Eine Auseinandersetzung mit dieser Thematik ist insofern wichtig, als es unternehmerische Entscheidungen zu systematisieren hilft und diese nicht mit Vokabeln wie strategisch untersetzt, wenn tatsächlich „aus dem Bauch heraus" gehandelt wird.

4.1.1 Systemdenken

Ein **System** ist die Gesamtheit von Elementen, die miteinander durch Beziehungen verbunden sind. Das durch diese Beziehungen entstandene abstrakte Anordnungsmuster der Elemente bildet die **Struktur** eines Systems. Erst die ganzheitliche Betrachtung der Systemelemente und ihrer strukturellen Anordnung ermöglicht ein Systemverständnis und läßt erkennen, daß dieses mehr ist als nur die Summe seiner Einzelteile [3]. Die Elemente eines Systems wiederum können aus Teilen zusammengesetzt sein. Diese Teile bilden **Subsysteme** (Untersysteme) und leisten zusammen mit den Elementen einen Beitrag für die Funktion des Systems [13]. Beliebige weitere Unterteilungen in noch kleinere Systemteile sind durchaus möglich, wobei die kleinste Stufe einer solchen Systemunterteilung als **Elementstufe** bezeichnet wird [3]. Bild 4.1 veranschaulicht diese Zusammenhänge.

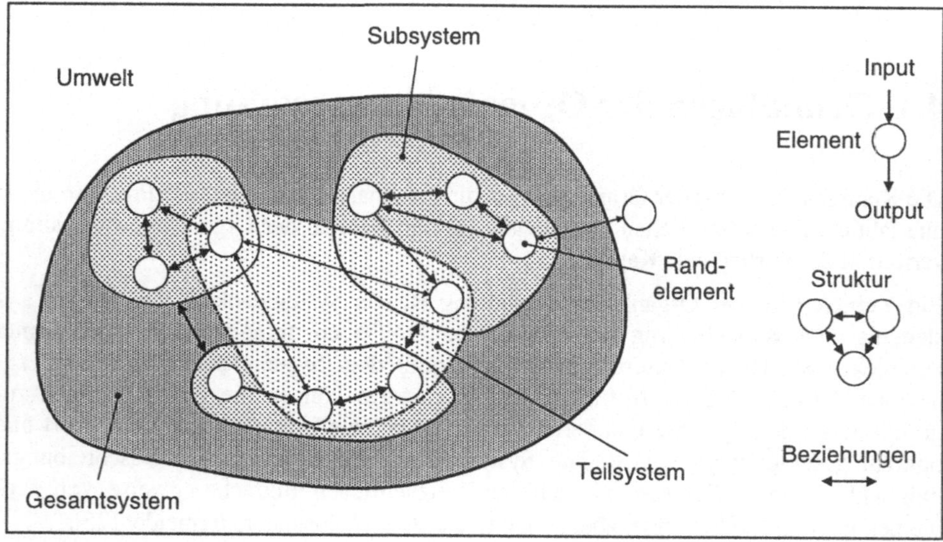

Bild 4.1: Grundbegriffe zur Systemdefinition [3, 26]

Eine weitere Möglichkeit, ein System zu analysieren, ist die Teilsystem-Betrachtung. Mit **Teilsystemen** werden die unter einem ausgewählten Aspekt betrachteten Systembestandteile (Untersysteme und Elemente) und deren Beziehungen zueinander bezeichnet. Das Teilsystem unterscheidet sich dabei vom Subsystem, weil es systemübergreifend, d.h. auch subsystemübergreifend, nur einige einzelne Merkmale eines vollständigen Systems betrachtet. Das Subsystem ist ein vollständiger Ausschnitt aus dem Gesamtsystem und erfaßt in diesem Ausschnitt alle vorkommenden Elemente. Folgendes Beispiel verdeutlicht diesen Sachverhalt: Wird der Betrieb als System betrachtet, so lassen sich die Subsysteme Beschaffung und Fertigung mit den Teilsystemen Materialfluß, Informationsfluß und Energiefluß bilden.

Systeme, die über Verbindungselemente, sogenannte **Randelemente**, Kontakt zur Umwelt haben, werden **offene Systeme** genannt. Ein **geschlossenes System** hat im Gegensatz dazu keine Beziehungen zur Umwelt. Die Systemtheorie betrachtet vorwiegend offene, dynamische Systeme. Ein System ist **dynamisch**, wenn sich seine Elemente in einem ständigen Anpassungsprozeß befinden. So können beispielsweise Veränderungen in den Systemstrukturen, also in der Anordnung der Elemente zueinander, oder der Art und Intensität der Beziehungen zwischen Umwelt und System auftreten. Diese dynamische Betrachtungsweise fördert Funktionsweisen und Verhalten der Systeme hervor [3, 13].

Jedes Systemelement hat mindestens einen **Input** (Eingangsgröße) und mindestens einen **Output** (Ausgangsgröße). Ein- und Ausgangsgrößen können z.B. der Material-, Informations- oder Energiefluß sein. Diese Strömungsgrößen fließen in die Elemente hinein (Inputs), erfahren dort eine Umwandlung und verlassen das Element wieder (Outputs) [3]. Kann diese Umwandlung mathematisch berechnet werden, also bestimmt werden, welcher Input nötig ist, um einen bestimmten Output zu erreichen, oder welcher Output aufgrund eines bestimmten Inputs zu erwarten ist, so wird von einer Übergangsfunktion gesprochen [3]. Auf diese Weise lassen sich sowohl die qualitativen als auch die quantitativen Wirkungen in einem System beschreiben.

Bei Betrachtung eines Systems über der Zeit lassen sich vier Lebensphasen unterscheiden. In der **Entwicklungsphase** werden mögliche Problemlösungen entworfen und die dazu erforderlichen Voraussetzungen sowie die sich daraus ergebenen Konsequenzen herausgearbeitet. Auf dieser Basis wird ein Gesamtkonzept erarbeitet, das die weitere Entwicklung und Realisierung in einem geordneten Rahmen ermöglicht. Dabei werden Prioritäten für den Systemaufbau und für die Durchführung von weiteren Detailstudien festlegt. Die **Realisierungsphase** enthält den Aufbau eines Systems und dessen Installation beim Anwender. Ein Systemaufbau kann z.B. das Herstellen eines Gerätes oder die detaillierte Vorbereitung organisatorischer Maßnahmen durch das Entwickeln einer Bedienungsanweisung bedeuten [3]. Inhalt der abschließenden **Nutzungsphase** ist im Rahmen einer Erfolgskontrolle die kritische Analyse der effektiven Wirkungsweise des

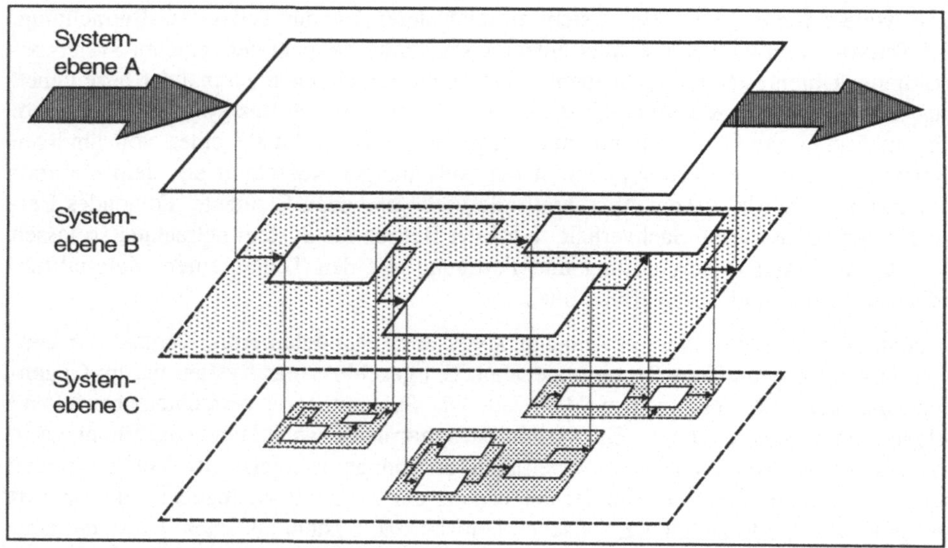

Bild 4.2: Betrachtung verschiedener Systemebenen [3]

Systems sowie des Ablaufs der Entwicklungs- und Realisierungsphase. Auf dieser Basis wird entschieden, ob eine Um- oder Neugestaltung des Systems erforderlich ist [3]. Am Ende des Lebenszyklus eines Systems steht die **Sterbephase**. Hierbei ist zwischen einer unplanmäßigen und einer planmäßigen Außerbetriebnahme zu unterscheiden. Während ungeplante Außerbetriebnahmen zwar den Vorteil einer maximalen Nutzungsdauer haben, ist der Nachteil dabei der unstetige Übergang zum nachfolgenden System. In beiden Fällen ist jedoch die Abfallverwertung zu berücksichtigen [vgl. Kap. 6].

Bei der Anwendung des Systemdenkens in der Praxis ergeben sich folgende Vorteile:

- Abstrakte Systemmodelle schaffen durch ihr Gerüst einen Zwang zur Systematisierung und Strukturierung bei der Planung. Hierdurch läßt sich z.B. ein Zeitplan mit Etappenzielen bei der Erstellung des Gesamtkonzeptes ableiten.

- Der Systemansatz ist die Basis zur Quantifizierung und mathematischen Behandlung des Systemverhaltens. Die Folgen der Systementwicklung lassen sich so bereits in der Entwicklungsphase abschätzen.

- Der Ansatz des ganzheitlichen Systemdenkens erweitert den Betrachtungshorizont und erkennt Probleme als Symptome des Fehlverhaltens eines umfassenden Systems. Die Gefahr, Probleme durch die Betrachtung eines viel zu kleinen Systemausschnitts lediglich an den Symptomen und nicht an den Ursachen zu lösen, wird dadurch reduziert.

- Das Systemdenken ermöglicht die Bildung von Analogien und dadurch die Übertragung von Erkenntnissen eines Objektbereiches auf einen anderen. Dieses führt zu erheblichen Zeiteinsparungen bei der Systemrealisierung.

Eine ganzheitliche Betrachtungsweise ermöglicht eine erhebliche Problemreduzierung. Die Unterteilung relevanter Teilaspekte des umfassenden Systems in verschieden fein aufgelösten Systemebenen hilft bei der geordneten Bewältigung komplexer Zusammenhänge. Es wird möglich, das System sowohl als ganzes als auch Teilbereiche zu betrachten, ohne daß dabei der Gesamtzusammenhang verlorengeht (Bild 4.2). Folgendes Beispiel verdeutlicht diesen Sachverhalt: Auf Systemebene-A wird das Gesamtsystem mit den Ein- und Ausgangsgrößen gesehen, auf Systemebene-B werden die Untersysteme als Black-Box nur mit ihren Beziehungen zueinander und ihren Ein- und Ausgangsgrößen dargestellt und auf Systemebene-C wird die Black-Box-Betrachtung zugunsten einer strukturorientierten Betrachtungsweise aufgegeben.

4.1.2 Problemlösungszyklus

Der Problemlösungszyklus ist ein Konzept zur systematischen Lösung von Problemen jeglicher Art und kann in allen Lebensphasen des Systems angewendet werden. Der Ausgangspunkt dieses Zyklus ist das Problem, welches aus einer unbefriedigenden Situation in der Gegenwart oder in der Zukunft resultiert [3]. Hierbei lassen sich die drei Phasen **Zielsuche**, **Lösungssuche** und **Lösungsauswahl** voneinander abgrenzen (Bild 4.3) [3].

Im Rahmen der Zielsuche hat die **Situationsanalyse** die Aufgabe, das Problem anhand seiner Symptome zu verstehen und dessen Ursachen zu ermitteln. Dabei ist es vielfach zweckmäßig, Probleme durch ganzheitliches Denken als Bestandteil eines umfassenden Systems zu sehen und diesen großen Betrachtungsauschnitt erst allmählich einzuengen. Erst wenn das Problem genau definiert ist, wird entschieden, ob es weiter verfolgt werden soll. Die **Zielformulierung** beschreibt lösungsneutral und vollständig alle Anforderungen an den zu optimierenden Bereich oder das zu optimierende System. Dabei werden sachliche und interessenbedingte Zielkonflikte aufgedeckt und versucht, diese zu lösen.

In der anschließenden Lösungssuche hat die **Synthese** die Aufgabe, auf systematische Art Lösungsvarianten zu entwickeln, die auf der betrachteten Systemebene denkbar sind. Diese Lösungen müssen denselben Detaillierungsgrad aufweisen, damit die einzelnen Varianten miteinander verglichen werden können. Die **Analyse** ermittelt den Zielerreichungsgrad und die Randbedingungen, unter denen eine optimale Funktionsfähigkeit der Lösung erreicht wird. Nicht zufriedenstellende Lösungen müssen, falls dieses Erfolg verspricht, ein weiteres Mal die Synthese durchlaufen.

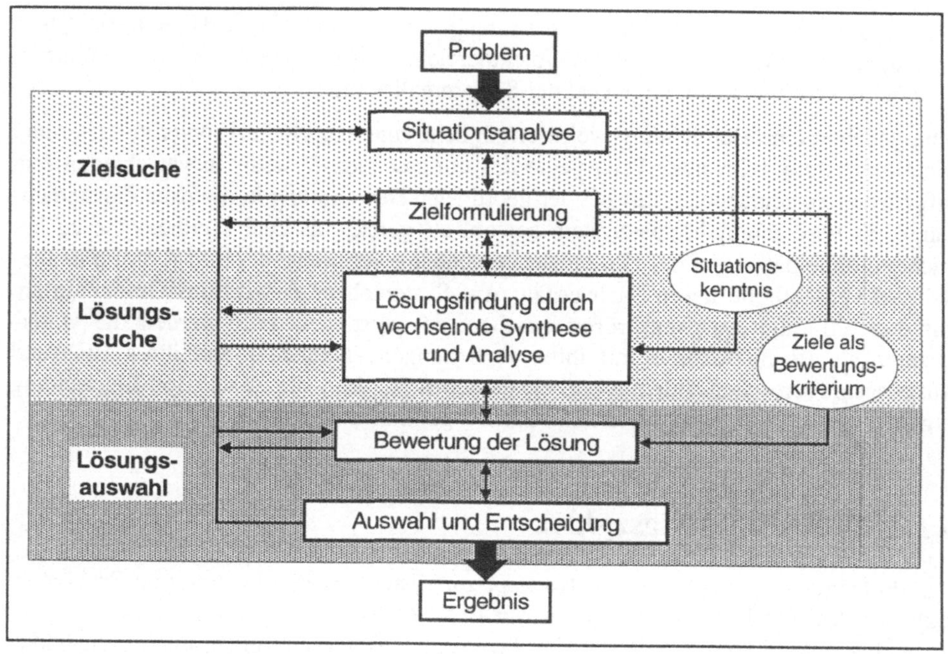

Bild 4.3: Problemlösungszyklus [3, 26]

Die Lösungsauswahl liefert durch eine formale **Bewertung** anhand der in der Zielformulierung festgelegten Kriterien mit anschließender **Auswahl und Entscheidung** als **Ergebnis** die beste Konzeptvariante. Hierbei können auch unternehmenspolitische Überlegungen, wie z.B. Liquiditätsüberlegungen oder personelle Konsequenzen, mit in die Entscheidung einfließen [26].

Die verschiedenen Phasen des Problemlösungszyklus laufen i.d.R. nicht linear hintereinander ab. Ein mehrmaliges Durchlaufen einer Phase in verschiedenen Konkretisierungsstufen oder Rücksprünge aufgrund veränderter Zielvorstellungen sind die Regel [3].

4.2 Unternehmensplanung

Eine systematische Unternehmensplanung wird heute aufgrund der zunehmenden Vielfalt und Dynamik der Abläufe sowohl innerhalb als auch außerhalb der Unternehmen immer wichtiger. Aufgabe der Unternehmensplanung ist es, über die Zielerreichung im

Vorwege qualitative und quantitative Aussagen zu machen. Dafür müssen die benötigten Ressourcen eingeplant und die Risiken für das Unternehmen abgeschätzt werden. **Planung** ist der gedankliche, systematische Entwurf einer Ordnung, nach der zukünftige betriebliche Prozesse ablaufen sollen [7].

Die **Unternehmensplanung** hat als Führungsinstrument eine bedeutende Stellung im Unternehmen. So prägen strategische Entscheidungen und das wirtschaftliche Handeln das systematische Vorgehen der Unternehmensplanung. Diese problem- und problemlösungsorientierte Vorgehensweise ermöglicht das frühzeitige Erkennen und Strukturieren von Problemen und hilft dadurch bei der Entwicklung, Variation und Koordination von Zielen [5]. Dennoch muß bei der Unternehmensplanung beachtet werden, daß nicht von unrealistischen Zielen ausgegangen wird, und die Unternehmensplanung oftmals mit einem sehr hohen Aufwand verbunden ist.

Eine enge Verbindung besteht zwischen der Unternehmensplanung und der Organisation. So legt die Unternehmensplanung das zukünftige Handeln fest, welches anschließend in neue Organisationsstrukturen und -abläufe einfließt.

4.2.1 Aufgaben und Ablauf

Es ist die vornehmliche Aufgabe der Unternehmensplanung, terminierte und quantifizierte Ziele [vgl. Kapitel 2.1] sowie Mittel- und Verfahrensstrategien festzulegen, um das Unternehmen an zukünftige Umweltveränderungen anzupassen. Grundlagen dafür sind Prognosen über die zukünftige Unternehmens- und Umweltentwicklung. Zur Erreichung optimaler Planungsergebnisse hat sich ein systematisches Vorgehen nach einem festen Schema bewährt [6]. Der Ablauf der Unternehmensplanung gliedert sich in die folgenden Teilschritte (Bild 4.4) [6, 11, 18, 25]:

- Zielplanung

- strategische Unternehmensplanung

- operative Unternehmensplanung

Die **Zielplanung** legt in Abstimmung mit den prognostizierten Umweltveränderungen und den zur Verfügung stehenden Unternehmenspotentialen die Ziele der Unternehmensplanung fest. Solche Prognosen erfordern umfassende Situationsanalysen der wesentlichen Umweltfaktoren des Unternehmens, wie z.B. Entwicklung des Bruttosozialprodukts, der Energiepreise oder der Altersstruktur. Des weiteren ist eine Unternehmensanalyse hinsichtlich der Marktstellung, der Produkte sowie der technischen, organisatorischen und finanziellen Stärken und Schwächen nötig. Auch zukünftige allgemeine Faktoren, die durch das Unternehmen nur bedingt beeinflußt werden können, wie z.B. Löhne, Arbeitszeit oder Rohstoffpreise, müssen berücksichtigt werden.

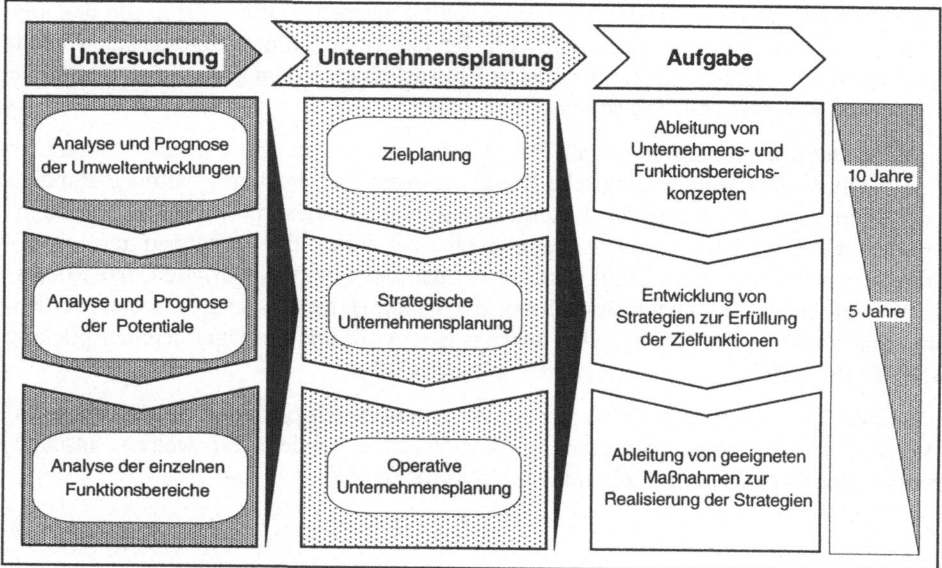

Bild 4.4: Teilschritte der Unternehmensplanung [6]

Bei der Zielplanung wird in Abhängigkeit vom betrachteten Planungshorizont zwischen kurz-, mittel- und langfristigen Planungszielen unterschieden.

Während **langfristige** Planungsziele für einen Zeitraum von bis zu zehn Jahren festgelegt werden, beträgt die Reichweite **mittelfristiger** Planungsziele nur bis zu fünf Jahren. Beide Ziele haben einen strategischen und gleichzeitig grundlegenden Charakter. Ein typisches Beispiel für ein langfristiges Planungsziel ist die Sicherung der wirtschaftlichen Unternehmensexistenz. Die mittelfristige Zielplanung paßt das Unternehmen an Einflüsse aus dem wirtschaftlichen und sozialen Umfeld an, indem z.B. das Produkt- und das Firmenimage gefördert oder neue Betriebsstätten errichtet werden. **Kurzfristige** Planungsziele haben einen Planungshorizont von ein bis zwei Jahren und weisen im Vergleich zu lang- und mittelfristigen Zielen einen operativen Charakter und die größte Planungsgenauigkeit auf. Ziel der kurzfristigen Planung ist die Koordination von Teilbereichen und -plänen, wie z.B. die Festlegung des Jahresbudgets oder des Produktionsprogrammes. Der zukünftige Zielzustand ist damit durch den Zielinhalt, das angestrebte Ausmaß und den Zeitbezug festgelegt.

Aufgrund der Dynamik des Unternehmensprozesses ist es erforderlich, die Pläne und Ziele ständig zu überprüfen. Für kurz- und mittelfristige Pläne reicht ein Planungszyklus von mehreren Monaten bis zu einem Jahr, für die langfristige Planung ist eine jährliche Planrevision erforderlich. Je kürzer die Planungszyklen sind, desto flexibler ist das Unternehmen, wobei zu berücksichtigen ist, daß häufige Planrevisionen sehr hohe

Anforderungen an Planungsorganisation und Planungsträger stellen. Ergeben sich signifikante Abweichungen zwischen Ist- und Planwerten, so müssen entweder die Ziele überarbeitet oder Gegenmaßnahmen eingeleitet werden.

Die **strategische Planung** formuliert und bewertet mögliche Strategien zur zieladäquaten Umsetzung der zuvor in der Zielplanung definierten Ziele [6]. Sie hat die Aufgabe, neue unternehmerische Erfolgspotentiale, wie z.B. innovative Produkte, zu schaffen und bestehende Potentiale zu erkennen, zu nutzen und zu erhalten [5]. Eine Quantifizierung dieser Potentiale erfolgt durch Analyse der einzelnen Funktionsbereiche und einer anschließenden Verknüpfung dieser Einzelpotentiale zum Unternehmenspotential. Die Stärken und Schwächen einzelner Funktionsbereiche hängen unmittelbar mit den Schwachstellen einiger Potentialarten, wie z.B. der relativen Produktqualität oder der Kapazitätsauslastung, zusammen. Aus diesem Grund müssen potentialbezogene Einzelstrategien erarbeitet werden, die bei Bedarf getrennt an die Funktionsbereiche anzupassen sind [6].

Der Prozeß der Strategiebildung beginnt mit der Erarbeitung von mehreren Strategien [vgl. Kap. 2.2], die im zweiten Schritt anhand ihres Zielerfüllungsgrades bewertet, gewichtet und ausgewählt werden. Bewertungsmethoden oder -instrumente sind hierbei z.B. Punktbewertung, Kosten-Nutzen-Analyse oder Nutzwertanalyse [5].

Die **operative Planung** erarbeitet und bewertet auf der Basis der bestehenden Unternehmenspotentiale geeignete Vorgaben bzw. Maßnahmen zur Umsetzung der zuvor in der strategischen Planung ausgewählten Strategien. Dabei werden diese auf ihre Auswirkungen und Verknüpfungen hin untersucht. Die operative Planung hat die Aufgabe, so präzise und detailliert wie möglich darzustellen, was, wie, womit, wann, von wem und unter welchen Bedingungen getan werden muß, um die angestrebten Ziele zu erreichen [5]. Hierfür müssen die Planungsergebnisse einen ausreichenden Konkretisierungsgrad aufweisen.

Für die im Rahmen der operativen Planung erarbeiteten Maßnahmen werden sowohl die Einsatzmengen, wie z.B. Arbeitskräfte, Informationen und Betriebsmittel, als auch die Leistungsmengen, meist Stückzahlen, abgeschätzt. Anschließend werden die Maßnahmen hinsichtlich ihrer Effektivität und Wirtschaftlichkeit gewichtet und im Rahmen der Ausführungsplanung in einem Maßnahmenplan zusammengefaßt [5].

Die operative Planung wird jährlich überarbeitet. Dabei werden aus den Jahreszielen für einzelne Unternehmenseinheiten konkrete Monatsziele, wie z.B. ein geplanter Monatsumsatz, abgeleitet, so daß ein Controlling des Tagesgeschäfts anhand eines Soll-/Ist-Vergleichs möglich wird.

Ergebnis der Unternehmensplanung sind funktionsorientierte Einzelpläne, wie z.B. der Absatzplan und der Investitionplan, die auf den unteren Planungsebenen eine hohe Planungsgenauigkeit aufweisen und einer ständigen Aktualisierung unterliegen [25].

Auf diese Teilbereiche der operativen Unternehmensplanung wird im folgenden Kapitel eingegangen.

4.2.2 Teilbereiche der operativen Unternehmensplanung

Das operative Planungssystem eines Unternehmens setzt sich zusammen aus einer Reihe von Einzelplänen. Im folgenden werden der Absatz-, Entwicklungs-, Produktions-, Investitions-, Personal-, Erfolgsplan und die Finanzplanung beschrieben. Bild 4.5 verdeutlicht die Zusammenhänge dieser Einzelpläne.

Für die Erstellung des **Absatzplans** ist eine systematische Analyse des Marktes erforderlich. In praxi wird dabei segmentweise überprüft, inwieweit der Markt vollständig bedient werden kann und zu welchen Teilen er aus globalisierungsstrategischen Gründen [vgl. Kap. 2.2.2] oder Importbeschränkungen zugänglich ist. Ergebnis dieser Analyse ist das gegenwärtige Markt- und Kundenpotential, mit deren Kenntnis sich der Absatzplan aufstellen läßt.

Der Hauptinhalt des Absatzplans ist ein nach Mengen und Wert bewertetes Absatzvolumen pro Absatzmarkt, Produktbereich und vorgesehene Planperiode. In die Bewertung

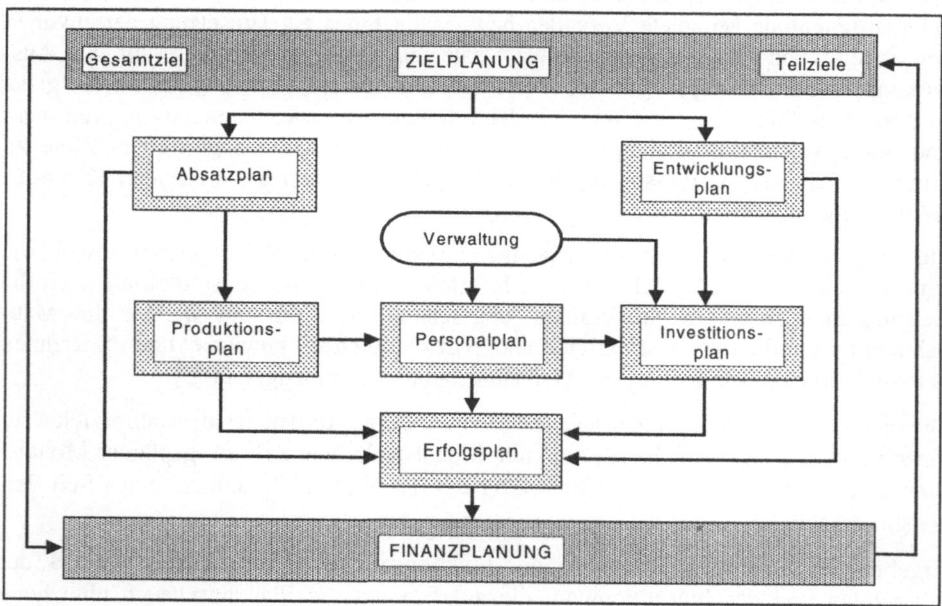

Bild 4.5: Aufbau der Unternehmensplanung eines Produktionsunternehmens [26]

fließen die prognostizierten Marktveränderungen sowie die absatzrelevanten Auswirkungen von Innovationen ein. Der Absatzplan liefert damit die Basis für den Produktionsplan.

Der **Entwicklungsplan** enthält die spezifischen Potentiale für die verschiedenen Produkte und Produktgruppen, wie z.B. die Vereinfachung der Bedienbarkeit. Auf der Basis dieser Daten lassen sich technische Entwicklungsmöglichkeiten, wie z.B. die Weiterentwicklung einer Baureihe aufgrund neuer Marktentwicklungen, ableiten. In Kooperation mit dem Verkauf sind diese Entwicklungsideen bezüglich ihrer Erfolgschancen auf dem Markt zu bewerten und ein Entwicklungsbudget zu planen. [26]

Führt die Bewertung zu einer Entscheidung für die Entwicklungsidee, so enthält der Entwicklungsplan den Inhalt und Termin sowie das gewünschte Ergebnis der geplanten Entwicklung [13]. Die dazu nötigen Investitionen werden im Investitionsplan berücksichtigt.

Die Produktionsplanung hat die Aufgabe, das Produktionsprogramm und den Produktionsablauf zu definieren [5]. In diesem Produktionsprogramm werden die Zahlen aus Absatz- und Entwicklungsplan unter zusätzlicher Berücksichtigung der Ersatzteilbereitstellung und des Eigenbedarfs umgesetzt. Die daraus resultierenden Produktionsstunden sind im **Produktionsplan** getrennt nach Eigen- und Fremdfertigung [vgl. Kap. 2.2.3] zu berechnen und nach der Art der Leistung, z.B. getrennt nach Fertigungs- und Montageaufwand, aufzugliedern. Auf dieser Basis lassen sich die zu erwartenden Über- oder Unterkapazitäten einzelner Bereiche erkennen und Rationalisierungsmaßnahmen sowie Verfahrensverbesserungen durch z.B. Investitionen oder Verlagerungen planen [13].

Aus dem Produktionsplan wird der Personalbedarf in den direkten Bereichen abgeleitet. Eine zusätzliche Berücksichtigung des Personals in den indirekten Bereichen, wie z.B. der Arbeitsvorbereitung oder der Konstruktion, liefert den **Personalplan**. Dieser Personalplan enthält detaillierte Angaben zur Sicherung, Betreuung und Veränderung des Personalbestandes sowie nötige Aus- und Fortbildungsmaßnahmen und Schritte zur Einstellung neuer Mitarbeiter [13]. Zusätzlich liefert der Produktionsplan den Bedarf an Betriebsmitteln, die zusammen mit den Investitionen für die Verwaltung in den Investitionsplan eingehen.

Die Aufgabe der Investitionsplanung ist das Erkennen und Beurteilen von Investitionsmöglichkeiten. Aufgrund der meist beschränkten finanziellen Mittel eines Betriebes können nicht alle Investitionsvorhaben in einer Planungsperiode umgesetzt werden, weshalb eine Bewertung erforderlich ist. Dabei werden in Abhängigkeit vom betrachteten Planungshorizont verschiedene Schwerpunkte gebildet. Im **Investitionsplan** wird die geplante Verwendung der zur Verfügung stehenden Mittel dokumentiert. Damit legt er fest, in welche neuen Gebäude, Maschinen und Anlagen investiert werden soll. Unterschieden wird bei den Investitionen zwischen Ersatz- und Neuinvestitionen, die sich hinsichtlich ihrer voraussichtlichen Laufzeit unterscheiden können [26]. So verfolgt die kurzfristige Investitionsplanung eher operative Ziele, wie z.B. kleinere Rationalisierungsinvestitionen in Vorrichtungen oder Ersatzinvestitionen von einzelnen Maschinen, während die langfristige Investitionsplanung stärker an strategischen Zielen, wie z.B. die Marktausweitung mit den damit verbundenen Investionen in neue Fertigungsstätten, ausgerichtet wird [25].

Im **Erfolgsplan** werden die Ergebnisse der Teilpläne zusammengeführt und ganzheitlich betriebswirtschaftlich betrachtet. So werden z.B. dem Ertrag aus dem Absatzplan die Kosten der anderen Teilpläne gegenübergestellt, um ein Soll-Ergebnis zu ermitteln, welches mit dem Renditeziel des Unternehmens [vgl. Kap. 2.1] übereinstimmen sollte. Dafür sind jedoch i.d.R. mehrere Anläufe notwendig, in denen die Erfolgspläne der einzelnen Produkte immer wieder überarbeitet werden [25, 26]. Abweichungen treten insbesondere dann auf, wenn die Unternehmensleitung aus strategisch-taktischen Gründen oder aufgrund einer unsicheren Finanzierung abweichend vom Plan entscheidet. Der Erfolgsplan bildet damit die Basis für die nachfolgende Finanzplanung.

Bei der **Finanzplanung** wird geprüft, ob und wie das benötigte Kapital aufgebracht werden kann. Zu diesem Zweck wird die Liquidität des Unternehmens durch die Gegenüberstellung der Einnahmen mit den Ausgaben ermittelt. Kann der Finanzbedarf durch das zur Verfügung stehende Eigenkapital nicht gedeckt werden, so ist die Möglichkeit einer Aufstockung der Kapitaldecke durch eine Kreditaufnahme oder Eigenkapitaleinlage zu prüfen. Läßt sich auf diesem Wege keine geeignete Finanzierungsmöglichkeit finden, muß ein neuer Planungsdurchlauf unter Berücksichtigung der begrenzten finanziellen Möglichkeiten angesetzt werden [5, 26]. Absatz-, Entwicklungs- und Produktionsplan sind für jedes Produkt getrennt aufzustellen. Sind die Produktionsbereiche für einzelne Produkte voneinander abgrenzbar, läßt sich für jedes Produkt ein getrennter Investitions- und Personalplan aufstellen.

4.3 Der Weg zum neuen Unternehmen

Die Unternehmen sehen sich im Vergleich zu vergangenen Jahren heute mit einer völlig veränderten Herausforderung konfrontiert. Diese Herausforderung für das einzelne Unternehmen lautet: *Schnellere und wirtschaftlichere Bewältigung einer zunehmenden Vielfalt sich rasch verändernder Aufgaben* [4]. Die zur Begegnung dieser Herausforderung notwendigen Voraussetzungen können viele Unternehmen nur mit einer neuen internen Struktur realisieren. In Kapitel 2.4 wurde eine Reihe von Konzepten, wie z.B. Business Reengineering, Prozeßorganisation oder Lean Management, mit dieser Zielsetzung vorgestellt.

Hat ein Unternehmen eine neue Struktur implementiert, so ist damit die Basis für den weiteren wirtschaftlichen Erfolg gelegt. Aus zwei Gründen ist die Umstrukturierung an dieser Stelle noch nicht abgeschlossen: Zum einen erfordert die Dynamik im Umfeld des Unternehmens eine ständige Anpassung, die aufgrund der Kurzfristigkeit nicht Grundlage einer umfangreichen Planung sein kann. Zum anderen lassen sich wegen der vorhandenen Planungsungenauigkeiten nicht alle Optimierungspotentiale vollständig erschließen. Methoden wie der Prozeß der Kontinuierlichen Verbesserung und das Betriebliche Vorschlagswesen helfen dem Unternehmen, diese Optimierungspotentiale durch die Nutzung der Wissens- und Erfahrungspotentiale seiner Mitarbeiter zu erkennen.

In diesem Kapitel wird zuerst der grundlegende Ablauf eines Umstrukturierungsprojektes behandelt. Anschließend wird das traditionelle Betriebliche Vorschlagswesen und seine Weiterentwicklung zum Kontinuierlichen Verbesserungsprozeß vorgestellt.

4.3.1 Ablauf eines Umstrukturierungsprojektes

Es gibt verschiedene effiziente Wege ein Unternehmen umzustrukturieren, die z.B. vom Produktionstyp des Unternehmens und der daraus resultierenden Planungsgestaltung mit spezifischen Planungsschwerpunkten abhängen. Die Neue Fabrik [vgl. Kap. 2.4.1] ist das Ergebnis einer solchen Umstrukturierung. Das Vorgehensprinzip der Neuen Fabrik soll im folgenden vorgestellt werden.

Der **Weg in die Neue Fabrik** [14] führt über die Gestaltung von strukturellen (Organisation und Technologie) und kulturellen (Personal) Veränderungen. Anfangs liegt die Veränderung stärker auf der kulturellen Ebene. Neben einer verbesserten Kommunikation im Betrieb und einer verstärkten Mitarbeiterpartizipation muß bei allen Beteiligten insbesondere eine Motivation für die Veränderung und Verbesserung erzeugt werden. Jeder Mitarbeiter muß erkennen, daß das Wohl des Unternehmens und sein eigenes eng verbunden sind und Geben und Nehmen Prozesse sind, die beide Seiten betreffen. Später verlagert sich der Schwerpunkt stärker auf die strukturelle Ebene. Auf diese Weise werden Veränderungen zuerst in den Köpfen der Mitarbeiter vorbereitet und erst dann in der Fabrik umgesetzt. In der Regel läßt sich die beste Abstimmung dieser beiden Prozesse erreichen, wenn bei der Planung eine enge Kommunikation zwischen dem Planungsteam und den betroffenen Mitarbeitern stattfindet. Bild 4.6 zeigt ein Schema für einen solchen Veränderungsprozeß. Dieses Schema gliedert ein Umstrukturierungsprojekt in vier Phasen und verdeutlicht, mit welcher Intensität in den verschiedenen Projektphasen die kulturellen und strukturellen Veränderungen vorangetrieben werden. Die Länge der Planungszeiträume kann sich dabei unternehmensspezifisch unterscheiden.

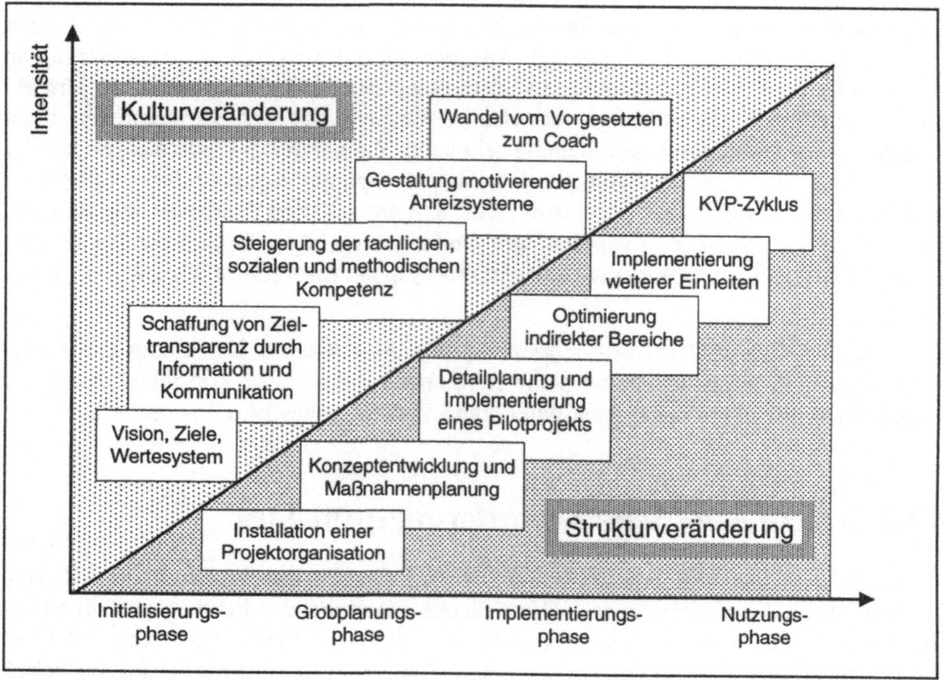

Bild 4.6: Intensitätsverschiebung kultureller und struktureller Maßnahmen im Projektverlauf [14]

In der **Initialisierungsphase** liegt der Schwerpunkt im kulturellen Bereich. Im Rahmen einer lösungsneutralen Vorstudie werden qualitativ die Hauptstärken und -schwächen der umzustrukturierenden Bereiche und deren Zusammenhänge erfaßt, um darauf aufbauend verständliche und präzise Ziele zu entwickeln, die alle wichtigen Anforderungen an die gewünschte Lösung enthalten. Im weiteren hat es sich bei umfangreichen Umstrukturierungsprojekten bewährt, eine eindeutige Projektorganisation zu installieren. Diese legt den Projektablauf und -aufbau mit Kompetenzen und Verantwortungen fest und schafft damit einen Orientierungsrahmen. Die in dieser Projektorganisation zusammengefaßten Mitarbeiter entwickeln und implementieren im nächsten Schritt ein Informations- und Kommunikationskonzept, das den hohen Informationsbedarf der einzelnen Unternehmenseinheiten befriedigt und eine breite Informationszugänglichkeit ermöglicht. Mit Hilfe dieses Kommunikationskonzeptes soll ein Problembewußtsein geschaffen werden. Dieses geschieht unter anderem im Rahmen von Informations-veranstaltungen, auf denen den Mitarbeitern die Ziele vermittelt und die Umstrukturierungsnotwendigkeiten aufgezeigt werden sollen [14].

Die **Grobplanungsphase** beginnt mit einer Situationsanalyse, die die gesammelten Daten anhand spezifischer Kriterien bewertet, um die Ursachen für aufgedeckte

Schwachstellen zu finden. Auf der Grundlage dieser Ergebnisse werden anschließend die Umstrukturierungsziele konkretisiert und die Projektmitarbeiter mit der unternehmensspezifischen Konzeptentwicklung und Maßnahmenplanung beauftragt. Im Falle der Neuen Fabrik lassen sich durch Kombination der Kernkonzepte Fertigungssegmentierung [vgl. Kap. 8.3.1], Fertigungsinselbildung [vgl. Kap. 8.3.2] und Gruppenarbeit [vgl. Kap. 8.2.3] sehr unterschiedliche Gestaltungsformen realisieren, die betriebsspezifisch entwickelt werden müssen. Allgemein muß im Rahmen dieser Entwicklung geprüft werden, ob die gewählten Konzepte geeignet sind, die in der Initialisierungsphase entwickelten Ziele zu erreichen, und ob sie sich effizient im spezifischen Unternehmen umsetzen lassen. Anhand dieser Bewertungsergebnisse wird entschieden, welches Konzept umgesetzt werden soll. Im Anschluß an diese Phase empfiehlt es sich, ein Pilotprojekt durchzuführen, um Erfahrungen mit der neuen Struktur zu sammeln [4, 14].

Eine detaillierte Planung und Implementierung des Pilotprojektes findet in der **Implementierungsphase** statt. Zunächst wird festgelegt, wann und nach welchen Kennzahlen eine Beurteilung des laufenden Pilotprojektes durchzuführen ist, um das Verbesserungspotential zu messen und Vergleiche mit anderen Bereichen durchführen zu können. Mittels eines Qualifizierungskonzeptes werden fachliche, soziale und methodische Kompetenzen der Mitarbeiter gefördert. Parallel zur Planung der Pilotgruppe werden die indirekten Bereiche, wie z.B. Arbeitsplanung oder Qualitätssicherung, optimiert und an die veränderten Anforderungen der Pilotgruppe angepaßt [14].

In der **Nutzungsphase** erfolgen überwiegend strukturelle Veränderungen. Auf der Basis der mit dem Pilotprojekt gesammelten Erfahrungen werden weitere Einheiten implementiert, wobei das Arbeitszeit- und Entlohnungskonzept zur Schaffung von motivierenden Anreizsystemen schon frühzeitig an die neue Struktur angepaßt werden sollte. Besondere Anforderungen werden in dieser Phase an die Führung gestellt. Bis sich ein stabiles Arbeitssystem entwickelt hat, erfordert die Arbeit in den neuen ungewohnten Strukturen eine längere Übungs- und Optimierungsphase. Während dieser Phase ist eine intensive Betreuung durch den Vorgesetzten erforderlich. Später, wenn die Gruppe selbständig arbeitet, hat der Vorgesetzte die Funktion eines „Coachs", d.h. er wird meistens nur noch als beratende Instanz benötigt.

Das Ergebnis dieser Umstrukturierung ist im Falle der Neuen Fabrik ein reorganisierter Betrieb mit der Fähigkeit zur ständigen Weiterentwicklung (Kontinuierliche Verbesserung) [14].

4.3.2 Betriebliches Vorschlagswesen

Die Wurzeln des **Betrieblichen Vorschlagswesens** (BVW) liegen im letzten Jahrhundert. Folgende Thesen haben zu der Entwicklung des BVW geführt [10, 21]:

- Die Mitarbeiter besitzen ein großes Wissens- und Erfahrungspotential und entwik-keln darauf aufbauend Verbesserungsideen. Diese Ideen, bezogen auf die heutige Zeit, können der Optimierung von Arbeitsabläufen, der Qualitätssteigerung, der Unfallvermeidung, der Steigerung der Rentabilität durch Kosteneinsparungen sowie der Förderung der Zusammenarbeit aller Mitarbeiter im Betrieb dienen.

- Diese Ideen stellen die Mitarbeiter dem Unternehmen nicht freiwillig zur Verfügung. Es sind daher materielle Anreize nötig, um die Mitarbeiter zu bewegen, ihre Ideen zu äußern.

- Für die Förderung, Beurteilung, Anerkennung und teilweise auch für die Umsetzung wird eine Institution benötigt.

Das BVW bietet allen Mitarbeitern die Möglichkeit, sich einzeln oder in Gruppen, aktiv durch Einbringung von **Verbesserungsvorschlägen** an einer innerbetrieblichen Opti-mierung zu beteiligen. Der Verbesserungsvorschlag als Kernelement des BVW ist eine freiwillige, prämierbare Sonderleistung, die zu einer Verbesserung, d.h. einer den Unter-nehmenszielen dienenden Veränderung führt, und den genauen Lösungsweg aufzeigt. Durch eine klare Zielformulierung läßt sich die Qualität der Vorschläge erhöhen und damit der Aufwand verringern. Es wird versucht, jeden eingereichten Vorschlag um-zusetzen und zu einem neuen Standard zu machen [9, 23].

Es werden im wesentlichen zwei verschiedene Modelle des BVW unterschieden [23] (Bild 4.7):

Das **Klassische Modell** ist das einfachste BVW-Modell, das durch eine zentrale Stabs-stelle oder -abteilung organisiert wird [vgl. Kap. 2.3.3]. Die Schwachstellen dieses Modells liegen im zwar einfachen, aber sehr bürokratischen zentralen Aufbau.

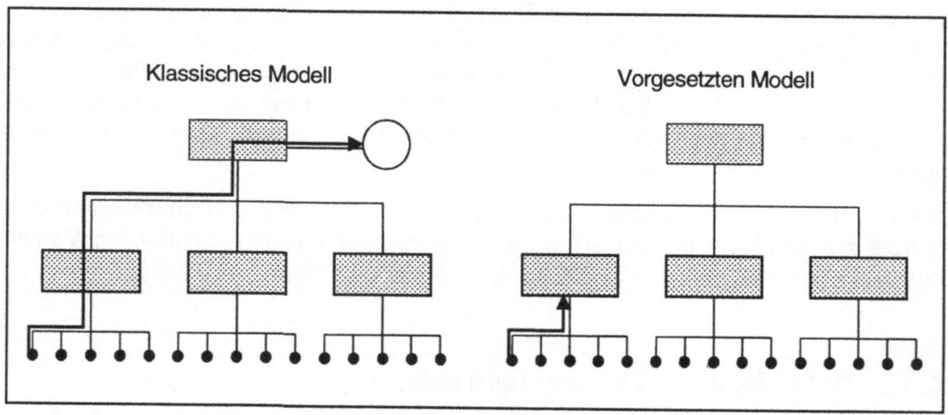

Bild 4.7: Grundmodelle des BVW

Eine Dezentralisierung des organisatorischen Prozesses findet beim **Vorgesetzten-modell** statt. Dabei werden die Verbesserungsvorschläge direkt vom Abteilungsleiter ausgewertet und prämiert. Dieses Modell beschleunigt den Ablauf zwar erheblich, erfordert aber eine aufwendige Schulung der zuständigen Abteilungsleiter. Gemessen an der Beteiligungs- und Annahmequote hat das Vorgesetztenmodell einen größeren Nutzen als das Klassische Modell, benötigt allerdings bei der Einführung einen erheblich größeren Investitionsaufwand für Dezentralisierungs- und Schulungsmaßnahmen [23].

Es darf jedoch daran gezweifelt werden, ob das BVW in der ursprünglichen Form mit seinem hierarchischen Denk- und Organisationsmodell noch zeitgemäß ist. In einer Zeit, in der Management und Belegschaft einen engen Dialog pflegen und dicht vernetzt zusammenarbeiten, sollte es zur Ideenentwicklung keiner finanziellen Anreize bedürfen. Wesentlich dabei ist, daß durch die Auslobung von Prämien keine Ideen entstehen, sondern bestehende Ideen den Mitarbeitern abgekauft werden. Wenn die Mitarbeiter jedoch nur durch Prämien zu motivieren sind, ihre Ideen zu äußern, hat eine Gewichtsverschiebung vom Interesse an der Sache zum Interesse an der Belohnung stattgefunden. Dann müssen unternehmenskulturelle Fragen nach der innerbetrieblichen Gesprächskultur und der Loyalität, dem Engagement und der Identifikation der Mitarbeiter mit dem Betrieb gestellt werden [21].

Das vorher Gesagte steht nicht im Widerspruch zu der Tatsache, daß sich Arbeit lohnen muß. Die Mitarbeiter haben ein Anrecht darauf, am Unternehmenserfolg beteiligt zu werden, wenn sie auch im Falle des Mißerfolgs davon betroffen sind.

Eine Weiterentwicklung des BVW ist daher nötig. Ziel muß es sein, daß die Verbesserungen selbstverständlich und alltäglich werden. Für die schnelle und unbürokratische Umsetzung der Ideen sind dem Mitarbeiter als permanenten Problemlöser in einem gewissen Rahmen Handlungskompetenz und Verantwortung zu übertragen. Verbesserungsvorschläge dürfen nicht dazu führen, daß sich der Vorgesetzte oder der Mitarbeiter, in dessen Aufgabenbereich eine solche mögliche Verbesserung fällt, angegriffen und abgewertet fühlt. Nicht einzelne Gedankenblitze sind zu prämieren, sondern die gemeinsame, hierarchieunabhängige und dialogorientierte Arbeit an alltäglichen Optimierungsprozessen [21]. Diese Anforderungen führen zur Methode des **K**ontinuierlichen **V**erbesserungs**p**rozesses (KVP).

4.3.3 Kontinuierlicher Verbesserungsprozeß

Der KVP kann als eine Weiterentwicklung des Betrieblichen Vorschlagswesens betrachtet werden, wobei er jedoch seine Wurzeln im Prinzip des japanischen KAIZEN hat, das wörtlich übersetzt *ununterbrochene Verbesserung* heißt [14]. Durch eine unbürokratische und schnelle Verbesserung in kleinen Schritten erreicht der KVP eine kostengünstige Optimierung des gegenwärtigen Zustands, ersetzt dabei aber nicht den Innovationsprozeß [9]. Unter Innovation ist dabei die sprunghafte Entwicklung von Systemen zu verstehen, die sich beispielsweise durch die Einführung neuer hochwertiger Produkte und/oder technisch weiterentwickelter Produktionsanlagen ergibt [8] [vgl. Kap. 7.1.2]. Das Prinzip des KVP hat das Ziel, eine ständige Verbesserung aller Abläufe, Arbeitsplätze, Produkte sowie der internen und externen Kundenbeziehungen zu erreichen [14]. Hierfür sind häufig Änderungen im Verhalten und Denken der Mitarbeiter erforderlich. Dieser Wandel wird bei den Mitarbeitern nur erreicht, wenn die Vorgesetzten über eine ausreichende fachliche, methodische und soziale Kompetenz verfügen. Zwischen Mitarbeitern und Vorgesetzten muß ein Vertrauensverhältnis aufgebaut werden, welches auf gegenseitigem Respekt basiert. Hinzu kommt, daß der Umdenkprozeß *top down* geschieht, d.h. die notwendigen Verhaltensveränderungen müssen vom Management „vorgelebt" werden [1].

Der Mitarbeiter wird beim KVP als Spezialist seiner eigenen Tätigkeit angesehen, die er am besten kennt und daher am ehesten verbessern kann [1]. Unternehmenskulturelle Grundlage für diese Verbesserungen ist eine offene Kommunikation mit einem Problemverständnis, das jedem erlaubt, Fehler zu machen, Probleme anzusprechen, Ideen anderer zu akzeptieren und Problemursachen auf den Grund zu gehen [9, 13, 20]. Jedes Problem muß als Chance zur Verbesserung erkannt und kein Zustand darf als nicht mehr verbesserungsmöglich eingeschätzt werden [12, 14]. Eine kritische Betrachtung des eigenen Umfeldes kann nur dann erfolgen, wenn die Mitarbeiter ein Gespür für mögliche Problemfelder bekommen. Eine veränderte Sichtweise auf die Arbeitsumgebung kann durch die Unterscheidung in wertschöpfende und verschwenderische Tätigkeiten erreicht werden. Eine Tätigkeit ist wertschöpfend, wenn sie zur Erfüllung der Kundenanforderungen beiträgt und verschwenderisch, wenn sie nicht zur Erfüllung von Kundenanforderungen beiträgt.

Im folgenden werden einige verschwenderische Tätigkeiten aufgeführt, die es im Rahmen des KVP zu reduzieren bzw. durch wertschöpfende Tätigkeiten zu ersetzen gilt [14]:

<table>
<tr><td>• hohe Bestände</td><td>• übermäßiger Energiebedarf</td></tr>
<tr><td>• lange Transportwege</td><td>• Ausschuß und Nacharbeit</td></tr>
<tr><td>• Verringerung des Ordnungsgrades</td><td>• mangelhafte Ressourcennutzung</td></tr>
<tr><td>• unnötige Rüstvorgänge</td><td>• unangemessene Administration</td></tr>
<tr><td>• Störzeiten</td><td>• fehlerhaftes Arbeiten</td></tr>
</table>

Der sogenannte **KVP-Zyklus** ist ein festgelegter Ablauf für die sofortige Umsetzung der geprüften Verbesserungsvorschläge. Diese Vorgehensweise lehnt sich stark an den in Kapitel 4.1.2 vorgestellten Problemlösungszyklus an, geht jedoch noch über ihn hinaus.

Ist ein Problem erkannt und Maßnahmen zu dessen Behebung festgelegt, werden diese Maßnahmen sofort als Experiment in der Praxis getestet. Dieses schnelle Umsetzen von Verbesserungsmaßnahmen ist eine zusätzliche Motivation für zukünftige KVP-Aktivitäten. Erfolgreiche Verbesserungen werden als Standards in Arbeits- und Prüfanweisungen übernommen und bilden so eine Ausgangsbasis für weitere Verbesserungen.

4.4 Unternehmensmodellierung

Die **Unternehmensmodellierung** hat einerseits die Aufgabe, die gewachsenen und dadurch häufig sehr komplizierten Strukturen auf ein optimales Maß zu reduzieren, wofür andererseits dem Anwender alle wesentlichen Elemente des Unternehmens mit den dazugehörigen Verbindungen, Abläufen und Eigenschaften realitätsnah und übersichtlich dargestellt werden müssen. Sie ist als eine Querschnittsaufgabe zu betrachten, die eine einheitliche Modellierungssprache zur integrierten Beschreibung von Objekten und Prozessen, Regeln zur Modellierung sowie eine Integrationsmethodik bereitstellt [22]. Darüber hinaus läßt sich die Unternehmensmodellierung zur Prozeßoptimierung nutzen. Anhand des aufgestellten Modells lassen sich Schwachstellen im Unternehmen aufzeigen und Lösungsmöglichkeiten entwickeln.

Es gibt eine Vielzahl von Modellierungsmethoden. Exemplarisch wird in Kapitel 4.4.3 die ARIS-Methode vorgestellt.

4.4.1 Grundlagen

Ein **Modell** ist ein System, das ein anderes, reales System abbildet, wobei die wesentlichen Systemeigenschaften im Modell nachempfunden werden [24]. Modelle sind notwendig, um komplexe Systeme hinsichtlich einer relevanten Problemstellung vereinfacht darstellen zu können. Diese Probleme werden mittels einer **Modellierungsmethode** formuliert, die beschreibende Konstrukte und eine auf die konkrete Problemstellung gerichtete Vorgehensweise enthält.

Betrachtet wird in diesem Zusammenhang das System des Produktionsunternehmens. In einem **Unternehmensmodell** werden die grundlegenden Unternehmenselemente mit ihren Beziehungen zueinander und ihrem Informationsbedarf beschrieben (Bild 4.8).

Z.B. können innerbetriebliche Prozesse oder die Aufbauorganisation des Unternehmens modelliert werden und aus dem entstandenen Unternehmensmodell Informationen über

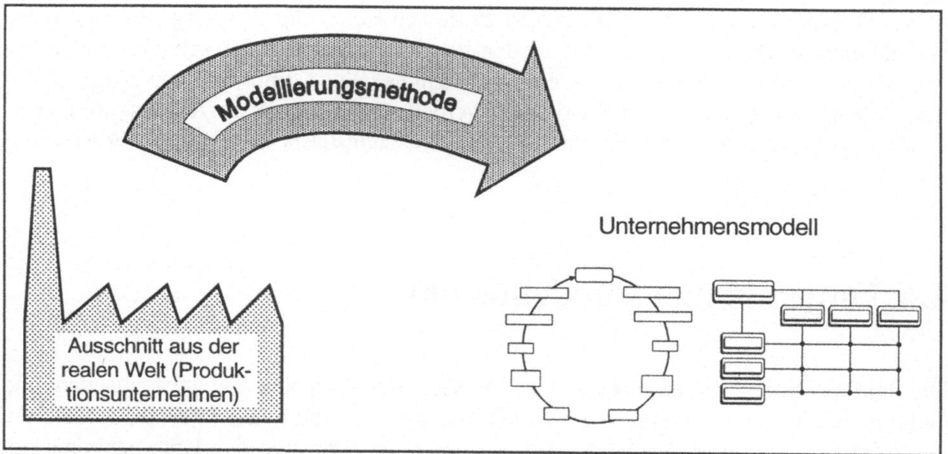

Bild 4.8: Realität und Modell

die Anforderungen an ein integriertes Informationssystem abgeleitet werden [19, 24]. Die Unternehmensmodellierung wird in unterschiedlichen Bereichen durchgeführt. Sie setzt sich zusammen aus Geschäftsprozeßmodellierung, Systementwicklung und Umsetzung [24]:

Das Ziel der **Geschäftsprozeßmodellierung** ist die Entwicklung eines konzeptionellen Modells, das die Geschäftsprozesse eines Unternehmens hinsichtlich Struktur und Verhalten beschreibt. Damit wird ein Plan für die Systementwicklung geliefert, der Anforderungen definiert und Entscheidungen vorbereitet.

Die **Systementwicklung** liefert die detaillierte Definition des betrachteten Unternehmensausschnitts, so daß Lösungen entwickelt oder ausgewählt werden können. Damit definiert und spezifiziert die Systementwicklung die zur Implementierung der definierten Geschäftsprozesse erforderlichen Systeme.

Die **Umsetzungsphase** umfaßt den Aufbau und den Betrieb des Systems. Als Basis dienen dazu die definierten Geschäftsprozesse und die zur Ausführung spezifizierten Systeme.

4.4.2 Leistungsumfang

Die Hauptaufgabe der Unternehmensmodellierung liegt in der Abbildung der wesentlichen Unternehmenselemente, -abläufe und -verknüpfungen. Das Unternehmen wird dafür vereinfacht und möglichst realitätsnah in einem Modell abgebildet. Unterschieden wird zwischen einer isomorphen, d.h. originalgetreuen, und einer homomorphen, d.h.

strukturähnlichen, Modellierung. Dabei ist eine Abbildung folgender Merkmale möglich [24]:

- **Funktionen** bilden Teilaufgaben mit ihren Verbindungen zum Produktionsprozeß ab. Auf diese Weise lassen sich Verknüpfungen mit Abläufen darstellen.

- **Daten** repräsentieren in einem Modell Informationen. Zur Darstellung müssen die relevanten Daten, ihre Beziehungen untereinander und ihre Zugehörigkeit zu den Funktionen erfaßt werden. Mit Hilfe dieser Daten lassen sich z.B. Kosten und Investitionsvolumina erfassen und für eine wirtschaftliche Betrachtung heranziehen.

- Eine Abbildung der **Zeit** ist möglich, um bei zeitlich parallelen Vorgängen die gegenseitige Beeinflussung und bei bestimmten Zustandsgrößen die zeitliche Abhängigkeit untersuchen zu können.

- **Organisatorische Einheiten** lassen sich abbilden, um die Abgrenzung der Aufgaben-, Entscheidungs-, und Verantwortungsbereiche zu verdeutlichen.

- **Informations- und produktionstechnische Systeme** können zur Berücksichtigung ihrer Eigenschaften und Leistungsfähigkeit im Modell dargestellt werden.

- Im Modell kann der **Materialfluß** als Ein- und Ausgangsgröße abgebildet werden.

- **Produkte** können als Zwischen- oder Endgröße, d.h. als Halbfertig- oder Endprodukt, von Produktionsprozessen im Modell dargestellt werden.

- Zur besseren Nutzung der vorhandenen Mitarbeiterpotentiale kann die besondere **Qualifikation und Erfahrung** eines Stelleninhabers dem Modell hinzugefügt werden. So könnte z.B. vermerkt werden, daß der Stelleninhaber zwanzig Jahre Erfahrung als leitender Angestellter eines Werkzeugmaschinenherstellers hat, ein glänzender Rhetoriker ist und großes Vertrauen bei den anderen Mitarbeitern genießt.

Unternehmensmodellierungsmethoden gibt es für verschiedene Anwendungsbereiche. Einige sind unabhängig von der Art des betrachteten Unternehmens verwendbar, andere beschreiben nur einzelne Aspekte des Produktionssystems, wie z.B. den Material- und Informationsfluß [24]. Daneben unterscheiden sich die Methoden bezüglich ihres „Modellierungskomforts". So stellen einige Methoden dem Anwender lediglich ein einziges leeres Rahmenmodell zur Verfügung, welches er mit Inhalten füllen muß. Andere bieten eine strukturierte Vorgehensweise zum Aufbau eines speziellen Modells oder stellt eine Reihe von detaillierten, sofort einsatzfähigen Standardmodellierungen, d.h. Referenzmodelle [vgl. Kap. 4.4.3], zur Verfügung.

Ist das Unternehmensmodell erstellt, ergibt sich die Möglichkeit einer Schwachstellenanalyse. Durch sie lassen sich Mängel in der Organisation, wie z.B. eine redundante Datenhaltung oder organisatorische Brüche, d.h. der Wechsel zwischen verschiedenen organisatorischen Einheiten innerhalb eines Ablaufes, aufgezeigen [18]. Daneben bietet sich im Rahmen einer Unternehmensmodellierung die Möglichkeit, Durchlaufzeiten und Kosten für einzelne Prozesse zu ermitteln und auf dieser Basis eine Wirtschaftlichkeitsprüfung durchzuführen.

Ziel der Unternehmensmodellierung ist die Erstellung eines konsistenten, d.h. in sich schlüssigen und logisch aufgebauten Gesamtmodells des Unternehmens, welches die unterschiedlichen Sichtweisen der Bereiche ermöglicht. Notwendig ist dafür die Modellierung des Unternehmens mit einer einheitlichen Modellierungssprache.

4.4.3 Anwendung

Am Beispiel des ARIS-Modells soll im folgenden die Anwendung einer Unternehmensmodellierung erläutert werden.

Das ARIS-Modell (**A**rchitektur integrierter **I**nformationssysteme) ist ein Rahmenkonzept zur Beschreibung aller Merkmale integrierter Anwendungssysteme. Ziel dabei ist die aktive Steuerung und laufende Anpassung der Prozesse an Änderungen aus dem betrieblichen Umfeld. Mit ARIS lassen sich Geschäftsprozesse abbilden und in der Daten-, Funktions-, Organisations- und Steuerungssicht betrachten. Zur grafischen Verdeutlichung gibt es pro Sichtweise eine repräsentative Darstellungsmöglichkeit [8, 18]:

In der **Datensicht** beschreiben Datenmodelle die Informationsbasis des Unternehmens. Dies geschieht mit Hilfe der **E**ntity-**R**elationship-**M**ethode (ERM), die den strukturellen Systemaspekt betont und überwiegend zur Beschreibung von Datenzusammenhängen genutzt wird. Die ERM unterteilt die reale Welt in Entities, d.h. Sachen, die unmittelbar identifiziert werden können, und Relationen, d.h. Beziehungen zwischen den Sachen. Den Entities sind Attribute und Werte zuzuweisen. So ist z.B. *Thomas* der Wert des Attributs *Name* vom Entity *Person*. Auch Relationen können Informationen in Form von Attributen zugewiesen werden. Verschiedene Typen von Entities eines Modells lassen sich tabellarisch in sogenannte Entity-Sets, wie z.B. für mehrere Entities *Person* in einem *Mitarbeitergruppe*-Set, klassifizieren [22].

Organisationsmodelle beschreiben in der **Organisationssicht** mittels eines Organigramms [vgl. Kap. 2.3.4] die formelle Aufbauorganisation inklusive Weisungsbefugnissen und Hierarchiebeziehungen. Das Organigramm bietet dabei die Möglichkeit, neben der Struktur auch einzelne Stellen, Personentypen, Personen und Standorte zu beschreiben.

In der **Funktionssicht** vermitteln Funktionsmodelle die allgemeine Aufgabenstruktur der Funktionsbereiche des Unternehmens. Dieses erfolgt mit Hilfe eines Funktionenbaums, der in prozeß-, verrichtungs- oder objektorientierte Kriterien untergliedert ist.

Unter Zuhilfenahme von Prozeßmodellen zur Darstellung der betrieblichen Abläufe werden in der **Steuerungssicht** die Merkmale der Daten-, Funktions- und Organisationsmodelle verknüpft. Die ARIS-eigenen Werkzeuge hierfür sind die Ereignisgesteuerte **Prozeßkette** (EPK) und das Vorgangskettendiagramm (VKD).

Die Steuerungssicht ist die Besonderheit des ARIS-Toolsets. Die Methode der EPK ermöglicht darin eine realitätsnahe und konsistente Abbildung von Geschäftsprozessen in einem Freiformdiagramm, d.h. in einer völlig freien Darstellungsform. Neben den Ereignissen und Funktionen, die bei der Prozeßbetrachtung im Mittelpunkt stehen, können mit der Methode der erweiterten Ereignisgesteuerten Prozeßketten (eEPK) zusätzlich noch Organisationseinheiten, Datenobjekte, Anwendungssysteme, Informationsträger und In- bzw. Outputfunktionen berücksichtigt werden. Bild 4.9 zeigt eine beispielhafte eEPK. Ausgelöst entweder durch das Ereignis eines *mündlichen* oder *schriftlichen Auftrag-Eingangs* wird die Funktion *Kundenauftrag erfassen* aktiviert. Diese Funktion ist Teil der Organisationseinheit *Vertrieb* und löst unter Zuhilfenahme der relevanten *Kunden*-Daten das Ereignis *Kundenauftrag ist erfaßt* aus.

Mit den VKD sind inhaltlich die gleichen Darstellungen wie mit den eEPK möglich, jedoch handelt es sich hier nicht um ein Freiformdiagramm, sondern eine konfigurierte Spalteneinteilung, z.B. nach Funktionen, Ereignissen und Daten, die eine verbesserte Übersicht, z.B. in Hinblick auf die Schwachstellenanalyse, bietet [16]. Das bedeutet in der Praxis, daß sämtliche Elemente der eEPK unter Beibehaltung ihrer Beziehungen nach ihrer Art geordnet und in die entsprechenden Spalten einsortiert werden. So befinden sich z.B. alle Datenelemente in der Datenspalte und alle Funktionen in der

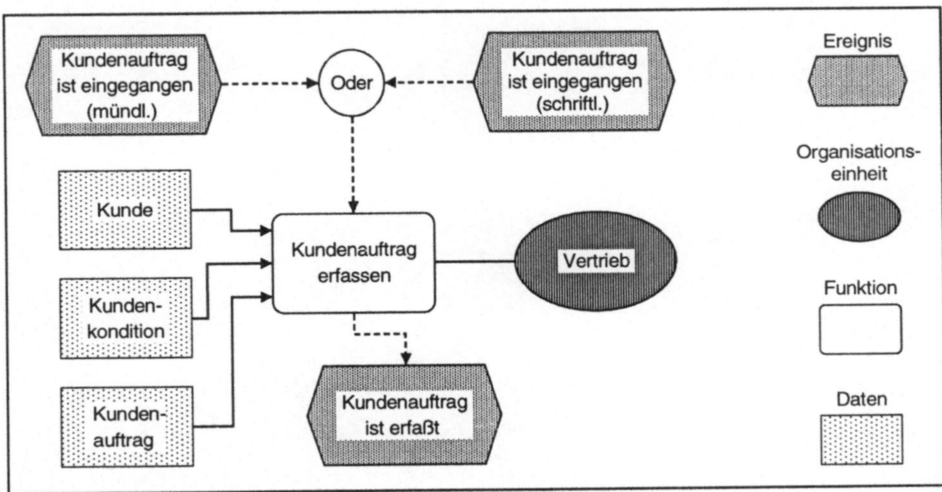

Bild 4.9: Beispiel für eine „erweiterte Ereignisgesteuerte Prozeßkette" (eEPK) [15, 16]

Funktionenspalte, wodurch sich redundante Daten und doppelt aufgerufene Funktionen einfach erkennen lassen.

Zur Vereinfachung der Geschäftsprozeßoptimierung stellt das ARIS-Toolset eine Reihe von sogenannten **Referenzmodellen** zur Verfügung. Ein Referenzmodell ist ein allgemeines Basismodell, aus dem mehrere unternehmensspezifische Modelle abgeleitet werden können. Es stellt quasi die Modellierung eines typischen Standardunternehmens dar und enthält komplette Unternehmensstrukturen und Abläufe. Ein Referenzmodell ist in allen Projektphasen einsetzbar und schon soweit spezifiziert, daß es auch ohne wesentliche Veränderung als unternehmensspezifisches Modell verwendet werden kann. Der Anwender wählt aus diesem Katalog von Standardunternehmen das Referenzmodell aus, welches seinem Unternehmen am ähnlichsten ist. Dieses Referenzmodell wird entsprechend der betriebsspezifischen Besonderheiten modifiziert, indem beispielsweise einige Elemente eingefügt oder bestehende Elementgruppen anders angeordnet werden.

Die mit ARIS erstellten Modelle können neben der reinen Beschreibung auch zur Analyse der zu beschreibenden Sachverhalte genutzt werden. Zu diesem Zweck werden Funktionen mit Zeit-, Kosten- und Mengenangaben versehen und Wahrscheinlichkeiten für Ereignisse und Entscheidungsfunktionen angegeben. Auf diese Weise lassen sich z.B. die Gesamtdurchlaufzeit und die Gesamtkosten eines Geschäftsprozesses ermitteln. Die von ARIS erstellten Modelle sind damit als Instrument für die Optimierung von Geschäftsprozessen und somit zur Planung, Koordination bzw. Steuerung der Abläufe nutzbar.

4.5 Lernfragen

1. Erläutern Sie den Unterschied zwischen einem Teilsystem und einem Subsystem mit der in der Systemtheorie üblichen Terminologie.

2. Beschreiben Sie die Lebensphasen eines Systems.

3. Begründen Sie die Bedeutung des Systemgedankens für die Planung.

4. Erklären Sie den Ablauf des Problemlösungszyklus und stellen sie die Zusammenhänge zwischen seinen Elementen dar.

5. Die Unternehmensplanung besteht aus drei Teilschritten. Nennen Sie diese und beschreiben Sie kurz deren Inhalte.

6. Nennen Sie je einige kurz-, mittel- und langfristige Planungziele.

7. Aus welchen Teilbereichen setzt sich die Unternehmensplanung zusammen und was geschieht in diesen Teilbereichen?

8. Schildern Sie den Ablauf eines Umstrukturierungsprojektes und grenzen Sie die verschiedenen Phasen voneinander ab.

9. Was waren die ursprünglichen Organisationsprobleme, denen das Betriebliche Vorschlagswesen seine Entstehung verdankt?

10. Aus welchen Gründen ist das Betriebliche Vorschlagswesen heute in seiner ursprünglichen Form nicht mehr zeitgemäß?

11. Welche Prinzipien liegen dem Kontinuierlichen Verbesserungsprozeß zugrunde?

12. Grenzen Sie die Begriffe Modell, Modellierungsmethode und Unternehmensmodell voneinander ab.

13. Nennen und charakterisieren Sie die Bereiche aus denen sich die Unternehmensmodellierung zusammensetzt.

14. Welche Merkmale eines Unternehmens lassen sich mit einer Modellierungsmethode abbilden? Geben Sie jeweils ein Beispiel.

15. Was versteht man unter Referenzmodellen?

16. Charakterisieren Sie das ARIS-Modell und beschreiben Sie die Unterschiede zwischen einer eEPK und einer VKD.

17. Welchen Nutzen kann man aus einer Unternehmensmodellierung ziehen?

4.6 Literaturverzeichnis

[1]   Adam, H./Keipert, S./Kurz, M. K.:
Der Kontinuierliche Verbesserungsprozeß im Siemens-Elektrowerk Karlsruhe. In:
FB/IE 44 (1995), Heft 6, S. 314-321.

[2]   Burghardt, M.:
Projektmanagement. Leitfaden für die Planung, Überwachung und Steuerung von
Entwicklungsprojekten. 2. Aufl. Berlin, München: Siemens AG 1993.

[3]   Daenzer, W. F.:
Systems Engineering. Leitfaden zur methodischen Durchführung umfangreicher
Planungsvorhaben. Zürich: Verlag Industrielle Organisation 1988.

[4]   Doppler, K./Lauterburg, C.:
Change Management. - Den Unternehmenswandel gestalten. 4. Aufl. Frankfurt a.
M., New York: Campus Verlag 1995.

[5]   Ehrmann, H.:
Planung. Ludwigshafen: Kiehl Verlag 1995.

[6]   Eversheim, W.:
Organisation in der Produktionstechnik. Bd. 1. 2. Aufl. Düsseldorf: VDI-Verlag
1990.

[7]   Gutenberg, E.:
Grundlagen der Betriebswirtschaftslehre. Bd. 1. 24. Aufl. Berlin, Heidelberg, New
York: Springer-Verlag 1984.

[8]   Haug, N./Martens, B./Pudeg, R.:
Prozeßoptimierung durch Mitarbeiterbeteiligung. In: FB/IE 42 (1993), Heft 4, S.
148- 153.

[9]   Imai, M.:
KAIZEN. Der Schlüssel zum Erfolg der Japaner im Wettbewerb. 2. Aufl. Berlin,
Frankfurt a. M.: Ullstein Verlag 1993.

[10] Krafft, W.:
Betriebliches Vorschlagswesen. In: Gaugler, E. (Hrsg.): Handwörterbuch des
Personalwesens. Stuttgart: Poeschel Verlag 1975.

[11] Kreikebaum, H.:
Strategische Unternehmensplanung. 3. Aufl. Stuttgart, Berlin, Köln: Kohlhammer Verlag 1989.

[12] Monden, Y.:
Toyota Production System. 2. Aufl. Norcross, Georgia: Institute of Industrial Engineers 1993.

[13] Müller, K.:
Management für Ingenieure. Grundlagen, Techniken, Instrumente. 2. Aufl. Berlin, Heidelberg, New York: Springer-Verlag 1995.

[14] Nedeß, Chr./Mallon, J./Strosina, Chr.:
Die Neue Fabrik. Handlungsleitfaden zur Gestaltung integrierter Produktionssysteme. Berlin, Heidelberg, New York: Springer-Verlag 1995.

[15] Scheer, A.-W.:
ARIS Benutzer-Handbuch. Saarbrücken: Selbstverlag 1994.

[16] Scheer, A.-W.:
Business Reengineering mit dem ARIS-Toolset. Saarbrücken: IDS Prof. Scheer, 02/95d.

[17] Scheer, A.-W./Zimmermann, V.:
Geschäftsprozeßmanagement auf der Basis der Architektur integrierter Informationssysteme (ARIS). In: Online '95, Congress 7, S. C720.01-C720.13.

[18] Schertler, W.:
Unternehmensorganisation. 4. Aufl. München: Oldenbourg Verlag 1991.

[19] Schmitt, B.:
Systemanalyse und Modellaufbau. Berlin, Heidelberg, New York: Springer-Verlag 1985.

[20] Schneider-Winden, K.:
Das neue Unternehmen. Der Weg zur Zukunftssicherung. Franfurt a. M.: Frankfurter Allgemeine Zeitung, Verlags-Bereich Wirtschaftsbücher 1994.

[21] Sprengler, R. K.:
Ideen bringen Geld. Bringt Geld auch Ideen? In: Harvard Business Manager 1/1994, S. 9-14.

[22] Spur, G./Mertins, K./Jochem, R.:
Integrierte Unternehmensmodellierung. Berlin, Wien, Zürich: Beuth Verlag 1993.

[23] Urban, C.:
Das Vorschlagswesen und seine Weiterentwicklung zum europäischen KAIZEN.
Das Vorgesetztenmodell, Hintergründe zu aktuellen Veränderungen im Betrieblichen Vorschlagswesen. 2. Aufl. Konstanz: Hartung-Gorre Verlag 1994.

[24] Viehweger, B.:
Planung von Fertigungssystemen mit automatisiertem Werkzeugfluß. In: Reihe Produktionstechnik Berlin. Bd. 50. München, Wien: Hanser Verlag 1986.

[25] Warnecke, H.-J.:
Der Produktionsbetrieb 1. Berlin, Heidelberg, New York: Springer-Verlag 1993.

[26] Wiendahl, H.-P.:
Betriebsorganisation für Ingenieure. 3. Aufl. München, Wien: Hanser Verlag 1989.

5 Qualitätsmanagement

Christian Hauer, Detlef Schmidt

Neben dem Preis und der Lieferzeit ist die Qualität eine der wichtigsten Eigenschaften des Angebots für den Kunden. Während Preis und Liefertermin im Verlauf der Produktnutzung in Vergessenheit geraten, behält der Kunde die Qualität eines Produktes während der gesamten Nutzungsdauer vor Augen. Daher ist es für einen Industriebetrieb wichtig, die vom Kunden gewünschte Qualität seiner Produkte wirtschaftlich sicherzustellen. Der Begriff **Qualität** stammt von dem lateinischen „qualis" ab, was „wie beschaffen" bedeutet [18]. Die umgangssprachliche Verwendung dieses Begriffes ist unscharf. In der technischen Qualitätslehre ist der Begriff Qualität nach DIN 55 350 definiert:

Qualität ist die Beschaffenheit einer Einheit bezüglich ihrer Eignung, festgelegte und vorausgesetzte Erfordernisse zu erfüllen [5].

Folgende Grundsätze sind für die Definition des Begriffes Qualität bestimmend:

- Qualität ist nichts Absolutes: Die Erfordernisse ergeben sich aus dem jeweiligen Verwendungszweck des Produktes oder dem Ziel einer Tätigkeit

- Qualität ist kein bivalenter Begriff (vorhanden/nicht vorhanden): Die Werte liegen zwischen „sehr gut" und „sehr schlecht" für jedes Qualitätselement eines Produktes oder einer Tätigkeit

Mit dem Qualitätsbegriff ist direkt die **Zuverlässigkeit** verbunden, die den Bestandteil der Qualität ausmacht, der im Hinblick auf das Verhalten des Produktes während oder nach der vorgegebenen Einsatzdauer unter den vorgegebenen Einsatzbedingungen maßgebend ist [5].

Die **Kundenzufriedenheit** ist das Ergebnis des Vergleiches zwischen den Leistungserwartungen und -wahrnehmungen des Kunden: Werden die Erwartungen des Kunden erfüllt oder übertroffen, so ist der Kunde zufrieden; werden sie hingegen nicht erfüllt, so ist er unzufrieden. Dabei ist zu berücksichtigen, daß Leistungen, die bei einem Kunden eine hohe Zufriedenheit erzeugen, bei einem anderen zu einer geringen Zufriedenheit oder sogar Unzufriedenheit führen können, weil dieser andere Erwartungen hat [12, 26].

Fehler sind allgemein das Nichterfüllen einer Forderung. Dabei wird grundsätzlich zwischen kritischen Fehlern, Haupt- und Nebenfehlern unterschieden. **Kritische Fehler**

sind dadurch gekennzeichnet, daß bei ihnen abzusehen ist, daß sie gefährliche oder unsichere Situationen schaffen oder die Erfüllung einer Funktion verhindern. Bei **Hauptfehlern** sind Ausfälle oder sinkende Brauchbarkeit für den vorgesehenen Verwendungszweck absehbar. **Nebenfehler** setzen die Brauchbarkeit einer Einheit für den vorgesehenen Verwendungszweck nicht wesentlich herab [4].

Der Qualitätskreis (Bild 5.1) verdeutlicht dabei das Eingreifen der verschiedenen Bereiche in einem Industriebetrieb zur Erzeugung der Qualität, die durch eine Folge von Qualitätsschritten in den verschiedenen Bereichen erreicht wird. Die in den jeweiligen Prozessen erzielten Ergebnisse haben Auswirkungen auf die folgenden Glieder der Wertschöpfungskette, woraus sich schließlich der Qualitätskreis ergibt. Das Anspruchsniveau des Abnehmers wird durch die Qualitätserfahrungen bestimmt und ist wiederum Eingangsgröße für den gesamten Wertschöpfungsprozeß.

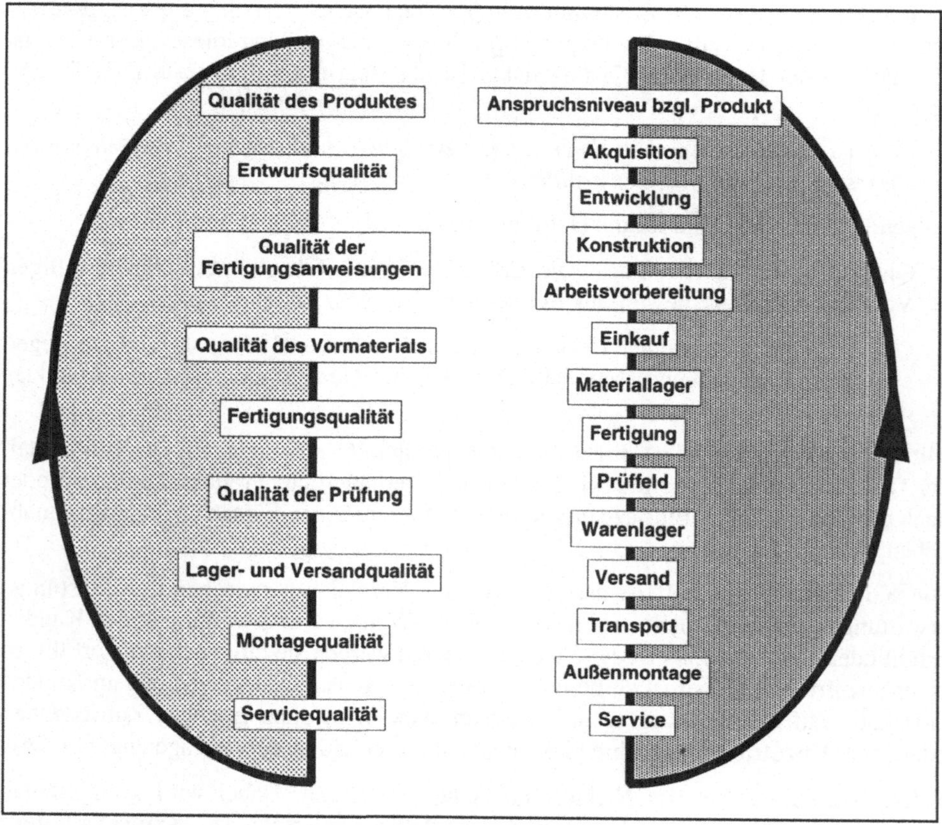

Bild 5.1: Qualitätskreis nach DIN 55350 [5]

5.1 Historische Entwicklung

Die Entwicklungen innerhalb des Qualitätsmanagements werden in Bild 5.2 dargestellt: Im letzten Jahrhundert wurde von Großbritannien als Schutz vor deutschen Waren das „Made in Germany"-Siegel eingeführt. Es entwickelte sich zu einem Gütesiegel, das für beste Produktqualität sprach [16]. Der Käufer nahm die höheren Preise in Kauf, um diesen Qualitätsstandard zu erwerben. Die Betriebe prüften die Qualität ihrer Fertigprodukte durch eine spezielle Abteilung, die Qualitäts- oder **Endkontrolle**. Mit dem Übergang vom Verkäufermarkt (Nachfrageüberhang) zum Käufermarkt (Angebotsüberschuß) setzte ein Wertewandel und -zuwachs ein, bei dem das Qualitätsbewußtsein ständig stieg. Unternehmen müssen heute nicht mehr nur auf lokalen Märkten vor Mitwettbewerbern, sondern auf Weltmärkten bestehen. Durch die zunehmende Globalisierung steigen die Kundenanforderungen, wobei der Preis eine zunehmend wichtige Rolle spielt. Der damit verbundene Kostendruck stellt das Prinzip der reinen Qualitätskontrolle grundsätzlich infrage. Einen zusätzlichen Einfluß haben die steigenden gesetzlichen Anforderungen und Vorschriften. Dadurch entwickelte sich die Notwendigkeit, von der Produktkontrolle zur Prozeßbeherrschung, u.a. mit den Maßnahmen der DIN EN ISO 9000 ff, überzugehen [17].

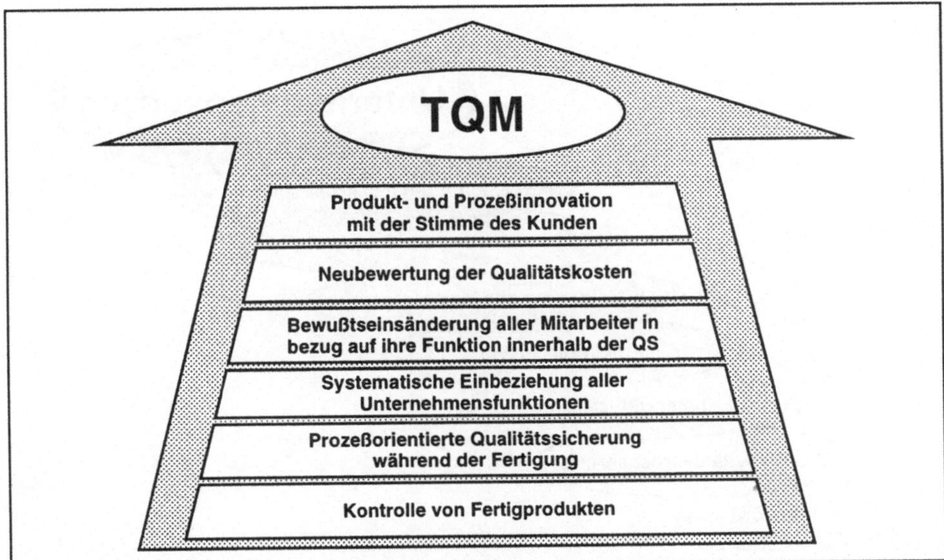

Bild 5.2: Entwicklungen innerhalb des Qualitätsmanagements

Deming regte an, systembedingte Fehler zu beseitigen und den Fertigungsprozeß so weit
zu steuern und zu regeln, daß eine Prüfung der Qualität überflüssig wird [30]. Er stellte
dabei eine Kette von Anforderungen auf, die den Unternehmenserfolg ausmachen (Bild
5.3). Weiterhin prägte Juran den Ausspruch „**Quality is Fitness for Use**" [31]. Eine
Qualitätsverbesserung sollte demzufolge durch Qualitätsplanung und Qualitätsregelung
erfolgen. Die von ihm definierten Maßnahmen sind:

- kontinuierliche, dauerhafte Verbesserung der Qualität

- Beseitigung der Systemfehler

- monetäre Bewertung von Qualitätsmängeln

- Erweiterung von Handlungsspielräumen

- Arbeitsplatzwechsel

- Integration der Kontrollfunktion in Gruppenkonzepte

In Japan verfolgte Ishikawa die Idee des Total Quality Control (TQC) und des Company
Wide Quality Control (CWQC) und ging somit über die ausschließliche Produktqualität
hinaus. Er propagierte den Gedanken der internen Kunden-Lieferanten-Beziehung. Das
CWQC bezieht sich auf die Qualitätssicherung von Produkten und Dienstleistungen
unter Berücksichtigung der Plan-Do-Check-Act-Denkweise (vgl. Kap.5.4.1). Weiterhin

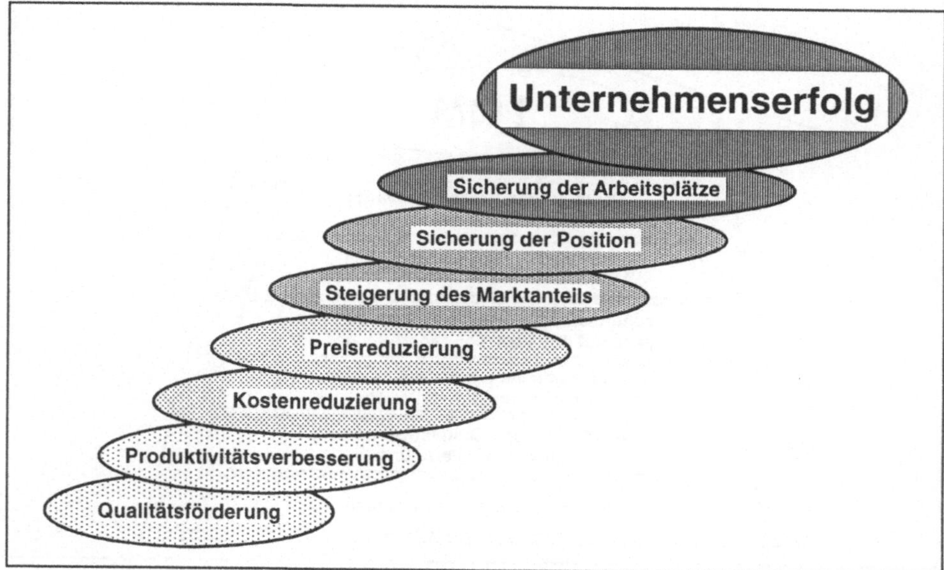

Bild 5.3: Kausalkette nach Deming [30]

werden Qualitätszirkelarbeit, partizipative Konzepte und interdisziplinäre und abteilungsübergreifende Zusammenarbeit in Qualitätsfragen (Cross-Function-Management) angewendet.

Diese Gedanken beruhten auf folgenden Prinzipien:

- Qualität ist wichtiger als kurzfristig orientiertes Gewinndenken

- kundenorientierte, nicht herstellerorientierte Qualitätspolitik

- durchgängige Kunden-Lieferanten-Beziehungen

- Abbau von Abteilungsschranken

- Einsatz statistischer Methoden

- Beachtung sozialer Aspekte

- partizipatives Management bezüglich Abteilungen und Mitarbeitern

- regelmäßige, abteilungsübergreifende Zusammenarbeit in Qualitätsfragen

Aus den Gedanken des TQC bildete sich das **Total Quality Management** (TQM) zuerst in Japan heran. Feigenbaum entwickelte den Gedanken des TQM unter dem Gesichtspunkt der Kundenbedürfnisorientierung in Europa weiter. Zusätzlich zu den Anforderungen von Deming und Juran sieht er den Preis für Qualität als wichtiges Kriterium an [31]. Total Quality Management ist das am weitestgehende Qualitätsmanagementsystem. Der Grundgedanke ist die Ausdehnung des Qualitätsgedankens von den Produkten und Prozessen auf das gesamte Unternehmen. Das beinhaltet sämtliche betriebliche Ebenen, d.h. Administration, Disposition, Fertigung und Distribution. Das Ziel von TQM ist die Identifikation jedes Mitarbeiters mit dem Produkt, um Qualität zu produzieren und nicht die Aufstellung eines weiteren Regelwerks. Fehler müssen den Mitarbeitern bewußt gemacht werden. Sie müssen lernen, diese zu vermeiden, mit dem Ziel, daß sie unbewußt ihre Arbeit fehlerfrei ausführen [18, 30, 31].

5.2 Qualitätssicherung

Die Qualitätssicherung hat die Aufgabe, sicherzustellen, daß nur einwandfreie Produkte den Betrieb verlassen. Im Mittelpunkt der betrieblichen Qualitätssicherung stand in der Vergangenheit die Qualitätsprüfung. Dabei gibt es grundsätzlich zwei Möglichkeiten: Im Rahmen der **100%-Prüfung** wird jedes Teil einer Prüfung unterzogen. Die **Stichprobenprüfung** ist dadurch gekennzeichnet, daß Stichproben aus einem (Fertigungs-) Los gezogen werden, wobei es statistischer Berechnungen bedarf, welche und wie viele

Teile aus einem Los gezogen und geprüft werden, um ein repräsentatives Bild zu erhalten.

Anhand dieser Prüfungen wird entschieden, ob die Qualitätsforderungen erfüllt werden. Im Ausschußfall werden bei der 100%-Prüfung die entsprechenden Teile und bei der Stichprobenprüfung das gesamte Los ausgegliedert, dessen Einzelteile dann einer 100%-Prüfung unterzogen werden [5]. Der Prüfaufwand der 100%-Prüfung ist im Gegensatz zur Stichprobenprüfung hoch, aber es wird sichergestellt, daß nur Produkte den Betrieb verlassen, die sämtliche Qualitätsanforderungen erfüllen.

Die Qualitätssicherung beinhaltet die Bereiche Qualitätsplanung, Qualitätslenkung und Qualitätsprüfung. Die **Qualitätsplanung** schließt die Auswahl, Klassifikation und Gewichtung der einzelnen Qualitätsmerkmale in der Konstruktion zur Erfüllung der geforderten Funktion ein, wobei die betrieblichen Möglichkeiten zur Produktherstellung und das Anspruchsniveau des Kunden berücksichtigt werden. Aufgabe der **Qualitätslenkung** ist die Überwachung und Korrektur des Produktionsprozesses zur Vorbeugung der Fehlerentstehung. Die Prüftätigkeit ist die Aufgabe der **Qualitätsprüfung**. Sie stellt fest, inwieweit die von der Qualitätsplanung vorgegebenen Kriterien eingehalten wurden und kontrolliert, ob die Vorgaben dazu geeignet sind, die Forderungen des Kunden zu erfüllen [5].

Die „klassischen" Methoden der Qualitätssicherung reichen nicht mehr aus, um die Kundenanforderungen wirtschaftlich zu erfüllen. Eine Analyse der Zeitpunkte der Fehlerentstehung und -behebung im Laufe der Produktentstehungsphasen verdeutlicht, daß etwa 75% der Fehler ihre Ursache im planerischen Bereich haben. Demgegenüber setzt die Fehlerbehebung, bedingt durch das teilweise noch sehr verbreitete „Kontrolldenken", viel zu spät im Produktentstehungsprozeß oder erst nach der Auslieferung an den Kunden ein (Bild 5.4). Nach der sogenannten **Zehnerregel** steigen die Kosten für Fehler potentiell mit dem Fortschreiten des Produktentstehungsprozesses [23].

Moderne Ansätze sehen deshalb präventive Maßnahmen im gesamten Wertschöpfungsprozeß vor. Der Schwerpunkt liegt dabei auf der Fehlervermeidung und nicht mehr auf der Fehlerbeseitigung. Die **Fehlervermeidung** (präventive Maßnahmen der Qualitätssicherung) erzeugt Kosten, die i.d.R. erheblich geringer sind als die der **Fehlerbeseitigung**, da weniger Ausschuß produziert wird, Nachbesserungen, Reklamationen und Gewährleistungsansprüche reduziert werden. Infolge des geringeren Ausschusses können die Zwischen- und Fertigwarenlagerbestände reduziert werden, wodurch das gebundene Umlaufkapital sinkt [18]. Aufgrund dieser Wirtschaftlichkeitsüberlegungen führen die Ansätze der Qualitätspolitik weg von den reinen Sicherungssystemen hin zu modernen Managementsystemen, die darauf ausgerichtet sind, Fehler zu vermeiden oder diese so früh wie möglich zu erkennen.

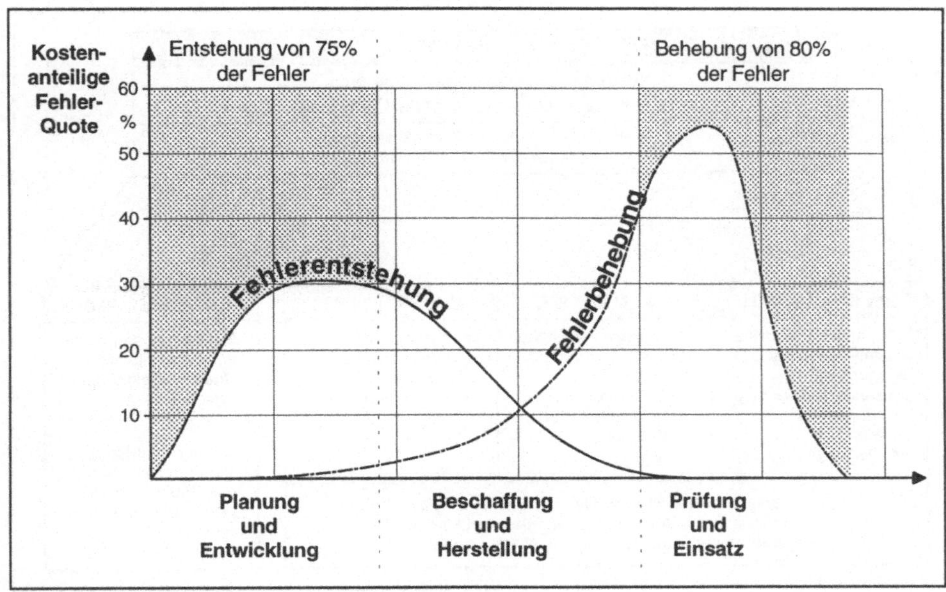

Bild 5.4: Fehlerentstehung und -behebung [23]

5.3 QM-System nach DIN EN ISO 9000 ff.

Die Neudefinition und die damit verbundene Gliederung der aufbau- und ablauforganisatorischen Gegebenheiten innerhalb eines Unternehmens sind das Ziel der Betrachtung
in den letzten Jahren. Es bedarf einer Festlegung neuer Anhaltspunkte und Forderungen
zur Qualitätsfähigkeit. In Großbritannien wurden erstmals vom British Standard
Institute Schritte in diese Richtung vorgenommen [17]. Daraus resultierte schließlich die
Normenreihe ISO 9000 ff., die zunächst als deutsche Norm DIN ISO 9000 ff. und dann
als Euronorm EN 29000 übernommen wurde. 1994 wurden die DIN ISO und die EN zur
DIN EN ISO 9000 ff zusammengefaßt [6, 7]. Diese beschreiben dabei Modelle zur
Qualitätssicherung/Qualitätsmanagement-Darlegung (Bild 5.5).

Qualitätsmanagementsysteme auf der Basis der DIN EN ISO 9000 ff dienen dem Verständnis, daß der Hersteller den Nachweis liefert, daß er den Produktionsprozeß
beherrscht und alles dafür tut, um Qualität beim Kunden abzuliefern [17, 25]. Zwischen
Lieferant und Kunde ist eine Vertrauensbasis aufzubauen, so daß der Kunde bereit ist,
auf eine Eingangskontrolle zu verzichten. Das Ziel ist der Wandel von der **produkt-
orientierten** zur **prozeßorientierten Qualitätsprüfung**.

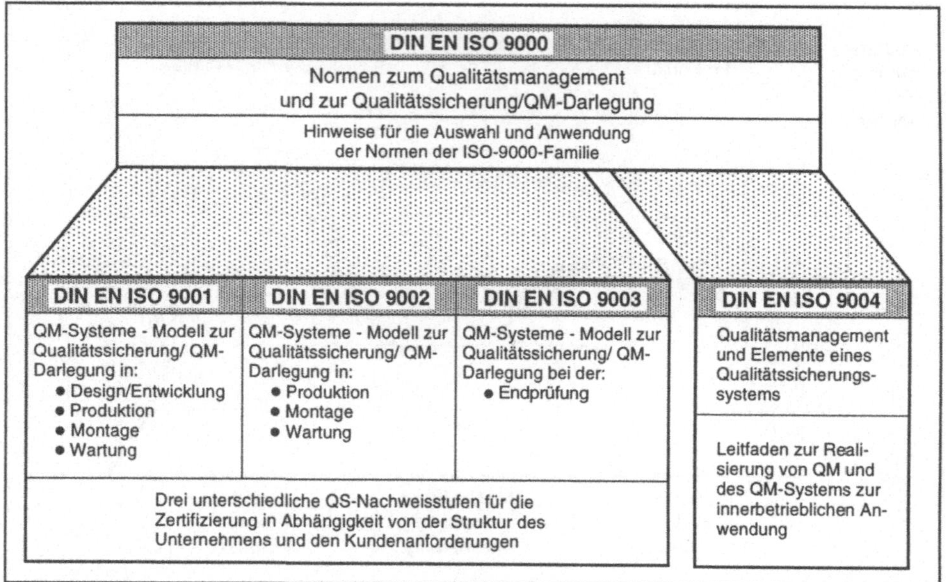

Bild 5.5: Inhalte der Normenreihe DIN EN ISO 9000 ff

5.3.1 Qualitätsmanagementhandbuch

Alle Elemente, Forderungen und Vorkehrungen sind in einer systematischen, geordneten und verständlichen Weise in Form von Grundsätzen und Verfahren zu dokumentieren [8]. Das Qualitätsmanagementhandbuch liefert den Nachweis über die Kompetenz und die Qualität während des gesamten Produktionsprozesses, wobei sämtliche Schritte erfaßt und dokumentiert werden. Neben allen Mitarbeitern des Unternehmens sollen auch die Kunden Kenntnisse über den Prozeß erhalten und sich den Standard der Produkte bewußtmachen. Im allgemeinen werden die Arten von Qualitätsmanagementhandbüchern nach den Wirkbereichen unterschieden (Bild 5.6) [15, 25].

Im Qualitätsmanagmenthandbuch für das Unternehmen werden die Grundsätze der Qualitätspolitik, die Funktionen des Qualitätswesens, die betriebliche Organisation und andere Rahmenbedingungen für das Qualitätswesen beschrieben. Im Qualitätsmanagementhandbuch für ein Werk oder einen Geschäftsbereich sind die Grundsätze, die Organisation und das Sicherungsprogramm der Qualität niedergelegt. Weiterhin beinhaltet es Richtlinien zur Konstruktion, Materialbeschaffung, Lieferantenauswahl und Auftragsabwicklung. Die Fertigungs- und Prüfverfahren werden mit den dafür notwendigen

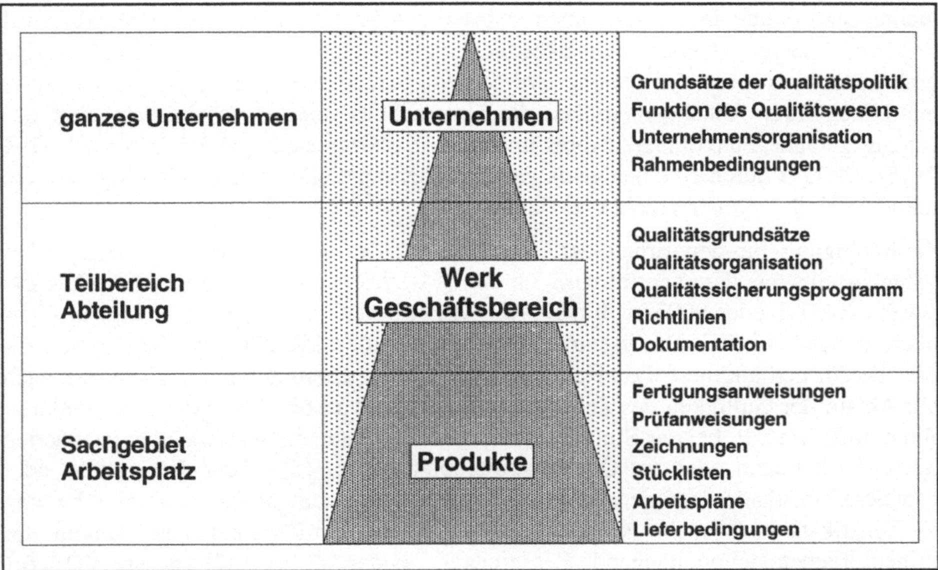

Bild 5.6: Dokumentationsstruktur eines QM-Systems (in Anlehnung an [8])

Meß- und Prüfmitteln definiert und eine Vorgehensweise beim Auftreten von Fehlern mit deren Dokumentation festgeschrieben. Das Qualitätsmanagementhandbuch für Produkte ist die Dokumentation für die Produkte mit den Fertigungs- und Prüfanweisungen. Es enthält außerdem sämtliche wesentlichen Unterlagen wie Zeichnungen, Stücklisten, Arbeitspläne und Lieferbedingungen.

Die Dokumentationsstrukturen und ihre Elemente innerhalb des QS-Handbuches sind in Unternehmen derart zu führen, daß damit das ganzheitliche Qualitätsmanagement greifen kann. Sie bilden ein Werk von Regeln, das noch durch Kunden- und Behördenauflagen ergänzt werden kann.

5.3.2 Auditierung und Zertifizierung

Eine steigende Anzahl von Unternehmen verlangt den Nachweis eines funktionierenden QM-Systems als Vertrauensbeweis in die Qualitätsfähigkeit ihrer Lieferanten. Um die Einhaltung der festgelegten Verfahren und Anweisungen zu überwachen, werden in angemessenen Abständen Audits durchgeführt, bei denen Arbeitsbereiche, Verfahren, Tätigkeiten und gefertigte Einheiten begutachtet werden. Viele Kunden führen die

Qualitätsauditierung ihrer Lieferanten selbst durch [6, 22]. Dieses Kundenaudit wird i.d.R. von anderen Kunden nicht akzeptiert, so daß eine Vielzahl von Kundenaudits durchgeführt wird, um das gleiche QM-System zu bewerten [22]. Deshalb und unter dem Druck ihrer Abnehmer streben die Unternehmen eine Bescheinigung über das ordnungsgemäße Funktionieren ihres unternehmensbezogenen QM-Systems nach DIN EN ISO 9000 ff durch eine unabhängige Zertifizierungsstelle an; was allerdings weitere Audits durch ihre Kunden nicht ausschließt.

Die Bedingung für den Erhalt des Zertifikats ist der positive Abschluß eines QM-System-Audits, bei dem geprüft wird, ob das QM-System die Forderungen von DIN EN ISO 9001, 9002 oder 9003 erfüllt. Das Zertifikat bestätigt die Qualitätsfähigkeit eines Unternehmens [17, 21]. Das gesamte QM-System wird i.d.R. alle zwei Jahre und Teilbereiche jährlich auditiert. Das Re-Audit dient der Erneuerung der Zertifizierung nach dem Ablauf der Gültigkeit des Zertifikats. Zusätzlich wird das QM-System im Bedarfsfall geprüft, wie z.B. bei der Einführung einer neuen Unternehmensstrategie, geänderten Kundenforderungen oder zur Qualitätskostenplanung [6, 15]. Wenn Folgeaudits oder besondere Umstände erkennen lassen, daß die Voraussetzungen zur Aufrechterhaltung des Zertifikats nicht mehr gegeben sind, kann das Zertifikat entzogen werden. Im übrigen ergeben sich weitgehende Forderungen aus der QS 9000 [2] und der VDA 6.1 [28].

Beim **Systemaudit** wird das Qualitätsmanagementsystem des gesamten Unternehmens geprüft. Es dient der Beurteilung der Wirksamkeit und Vollständigkeit des Qualitätsmanagementsystems. Die Eignung wird durch Feststellung der Kenntnisse des Personals und durch die Prüfung der Anwendung sämtlicher Elemente des Qualitätsmanagementsystems ermittelt. Die Beurteilung erfolgt auf der Grundlage des vorliegenden QM-Handbuches, der QM-Anweisungen, der Auftragsunterlagen, der Richtlinien der Unternehmensleitung und der Checkliste [11].

Mit dem **Verfahrensaudit** werden einzelne Fertigungsverfahren geprüft. Dadurch wird die Qualitätssicherung, die Beurteilung der Kenntnisse des Personals und der Einhaltung sowie die Zweckmäßigkeit bestimmter Verfahren geprüft. Als Basis dienen die Unterlagen für die Durchführung, Überwachung und Prüfung des Verfahrens. Außerdem werden die Anforderungen an die Personalqualifikation zu Rate gezogen [11].

Das **Produktaudit** bezieht sich auf die Teile des QM-Systems, die zur Herstellung des betrachteten Erzeugnisses eingesetzt werden. Es dient der Beurteilung der Wirksamkeit der Qualitätssicherung durch die Untersuchung einer bestimmten Anzahl von Endprodukten und/oder Einzelteilen. Hierfür werden die Qualitätsrichtlinien, die Prüf- und Fertigungsunterlagen sowie die Prüf- und Fertigungsmittel, die für die Herstellung vorgegeben sind, zugrundegelegt [11].

5.3.3 Kritische Betrachtung

In der Praxis hat sich herausgestellt, daß die Einführung des QM-Systems nach DIN EN ISO 9000 ff. nicht zwangsläufig zu einer Verbesserung der Wettbewerbssituation oder zu einem Struktur- und Sinneswandel der Unternehmen führt. Die Zertifizierung wird häufig als ein notwendiges Übel angesehen, welches nur aufgrund des Marktdruckes durchgeführt wird. Der Nutzen der gewonnenen Informationen, der sich durch die Untersuchung und Dokumentation der Prozesse bietet, wird häufig nicht erkannt.

Im wesentlichen wird nur versucht, den Produktionsprozeß zu optimieren, aber nicht untersucht, ob das gefertigte Produkt überhaupt Abnehmer findet oder die Kunden eventuell Änderungen am Produkt wünschen.

Die Zertifizierung eines Unternehmens ist keine Garantie für fehlerfreie Produkte. Vereinfacht gesagt hat die Dokumentation der Abläufe einen höheren Stellenwert als die Produktqualität/Funktionserfüllung.

Ein weiteres Problem ist, daß die Firmen, die ein Qualitätsmanagementsystem eingeführt haben und damit arbeiten, den Nutzen nicht exakt beziffern können. Die Einführung des QM-Systems hat einen hohen Aufwand verursacht. Die damit verbundenen Kosten lassen sich einfach erfassen, doch häufig wird nur ein geringer Nutzen sichtbar, der direkt aus dem QM-System resultiert.

5.4 Total Quality Management (TQM)

Das Total Quality Management beinhaltet zusätzlich zu den bisher erläuterten Kriterien die Kundenzufriedenheit als wesentlichen Maßstab. Es wird hierbei zwischen Qualität ersten und zweiten Grades unterschieden: Die **Qualität ersten Grades** dient der Erfüllung objektiver technischer Anforderungen. Auf diesen Teil haben Forschung, Entwicklung und Fertigung den größten Einfluß und in diesem Bereich kommt die DIN EN ISO 9000 ff. zum Tragen. Die **Qualität zweiten Grades** bezieht sich auf sämtliche Kontaktphasen mit dem Kunden, wie z.B. Kommunikation und Service. Viele Unternehmen produzieren Erzeugnisse hohen qualitativen Niveaus, wobei allerdings nicht gesichert ist, ob die Kunden von diesem Kosten-Nutzen-Verhältnis überzeugt sind und eventuell ein Konkurrenzprodukt bevorzugen. TQM bezieht die Ansprüche der Kunden mit ein und erreicht dadurch ihre Zufriedenheit. Die Qualität zweiten Grades umfaßt daher sämtliche Dienst- und Serviceleistungen in allen Phasen des Kontaktes mit dem Kunden [27].

TQM basiert auf einer strategischen Vorgehensweise, die Anstoß zum Reengineering und zur Restrukturierung ist. Das Reengineering bezieht sich auf die Produkte und deren Optimierung als Wertschöpfungsergebnis sowie auf die Verfahren und Prozesse zur Erzeugnisherstellung (Wertschöpfung). Die Restrukturierung konzentriert sich auf die Reorganisation einzelner Unternehmensbereiche nach den Kriterien Qualität, Zeit und Kosten. Diese Maßnahmen führen zu einem langfristigen Erfolg des Unternehmens, da die gesamten Strukturen und Abläufe optimiert werden. Den Weg zu den gesteckten Zielen zeigen die grundlegenden Prinzipien für das Total Quality Management auf.

5.4.1 Prinzipien

Interne Kunden-Lieferanten-Beziehung

Jedes interne und externe Glied der Wertschöpfungskette wird als Kunde angesehen und behandelt. Damit hat jeder Mitarbeiter eine Verantwortung für das Produkt gegenüber den nachgeordneten Stellen. Interne Kunden haben weitgehend die gleichen Rechte wie externe Kunden, was die Einhaltung der Lieferzeit und -qualität betrifft. Sie haben auch das Recht auf Nachbesserung, Umtausch und externen Bezug von Waren und Dienstleistungen [9, 19, 30, 31].

Funktionsübergreifende Optimierung

Die Qualitätsanforderungen an den eigenen Teil des Produktionsprozesses setzen sich aus den eigenen Anforderungen und denen der nachgeordneten Stellen zusammen. Die entsprechenden Bedürfnisse und Anforderungen müssen vor Beginn der Leistungserstellung bestimmt werden, damit ein Pflichtenheft für die eigenen Leistungen erstellt werden kann [19, 29, 30].

Funktionsinterne Optimierung

Die eigene Leistungserstellung wird nach den Kriterien Qualität, Zeit und Kosten optimiert. Andere oder parallel ablaufende Prozesse müssen in die Betrachtung mit einbezogen werden, wie es im Rahmen des Simultaneous Engineering beschrieben ist (vgl. Kap. 7). Das Ziel ist die kürzestmögliche Leistungserstellung bei weitgehend paralleler Abarbeitung von Aufträgen [19, 30, 31].

Unmittelbare Qualitätssicherung

Jeder Mitarbeiter nimmt die Prüfplanung (bedingt) und die Prüfung der Produkte und Dienstleistungen selbst vor. Das setzt die Qualifikation der Mitarbeiter und die instrumentellen Möglichkeiten zur Analyse und Gestaltung der Einflußfaktoren am Arbeitsplatz voraus. Im Sinne dieses Learning-by-doing werden Defizite erkannt und beim eigenen Handeln und Verhalten berücksichtigt [9, 19, 30, 31].

Null-Fehler-Prinzip

Bisher herrschte in Unternehmen der Ansatz des Werteverlustes in der Fertigung. So mußten z.B. 103 Produkte produziert werden, um am Ende 100 fehlerfreie Produkte beim Kunden abliefern zu können. Die drei Produkte Überschuß werden dabei als Ausschuß einkalkuliert. Das Null-Fehler-Prinzip geht davon aus, daß in sämtlichen Bereichen ausschließlich fehlerfreie Stückzahlen als Input geliefert werden, um den geforderten fehlerfreien Output zu erreichen. Das bedeutet eine optimale Qualität in sämtlichen Bereichen des Unternehmens [19, 30, 31].

Kontinuierliche Verbesserung

Sowohl schrittweise als auch sprunghafte Verbesserung sind nach Kaizen wesentliche Ziele des TQM [14]. Die Anpassung des Qualitätsniveaus ist bezeichnend für den Wandel von der Überzeugung, daß ein einmalig hoher Standard zur Erhaltung der Wettbewerbssituation ausreichend ist. Nur eine kontinuierliche Verbesserung (vgl. Kap. 4.3.3) garantiert ein hohes Qualitätsniveau und damit gleichbleibende Wettbewerbsfähigkeit. Die kontinuierliche Verbesserung kann z.B. durch den **PDCA-Regelkreis (Plan Do Check Act)** (Bild 5.7) erreicht werden.

Aus dem von Deming formulierten Regelkreis folgt, daß jede Tätigkeit mit der Festlegung der Ziele und der Planung der Maßnahmen zum Erreichen derselben beginnt [14]. Anschließend werden die Maßnahmen durchgeführt und endgültig die Zielsetzung mit den Ist-Daten verglichen. Dabei tritt normalerweise der Fall auf, daß diese nicht

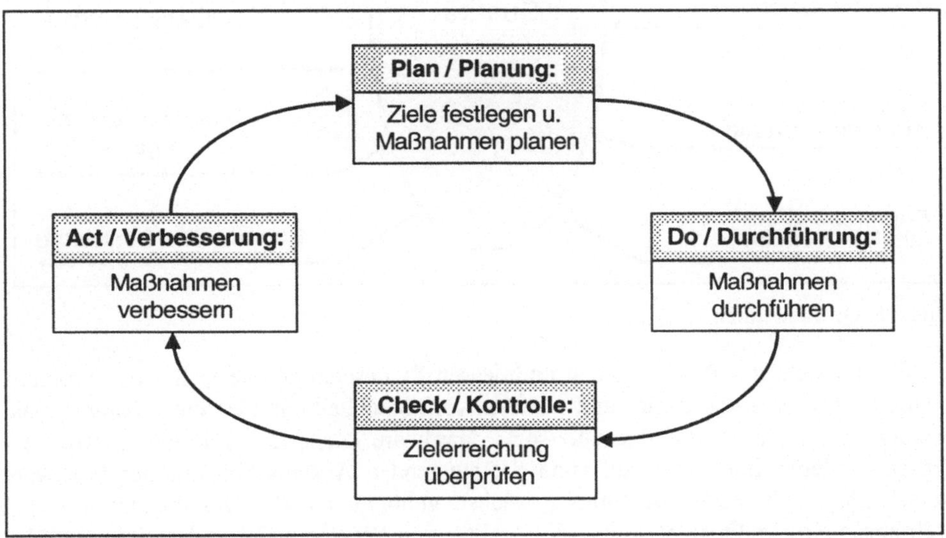

Bild 5.7: PDCA-Regelkreis nach Deming [31]

vollständig erreicht wurden. Daher muß dann überlegt werden, wie die getroffenen Maßnahmen verbessert werden können. Nun wird die verbesserte Durchführung wieder geplant und der Kreis schließt sich.

5.4.2 Vorgehensweise

Um das Total Quality Management einrichten zu können, sind verschiedene Stufen der Qualität im Unternehmen umzusetzen (Bild 5.8). Dabei ist zwischen außerbetrieblicher und innerbetrieblicher Wirkung zu unterscheiden.

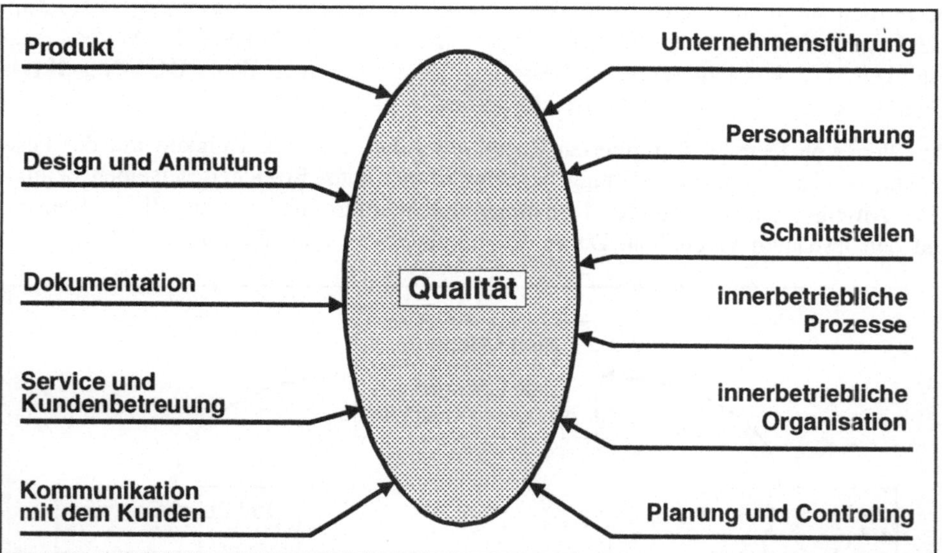

Bild 5.8: Qualitätsstufen

Zu Beginn steht das Produkt selbst und dessen Eigenschaften wie technische Produktqualität, Funktionsfähigkeit und Umweltverträglichkeit sowie die Design- und Anmutungsqualität. Dies sind die sog. „Hardware"-Kriterien. Zu den „Software"-Kriterien, deren Bedeutung aufgrund der steigenden Austauschbarkeit der Hardware verschiedener Hersteller zunehmend wächst, gehören u.a. die Dokumentations- und Betriebsanleitungs-Qualität sowie die Qualität von Service und Kundenbetreuung [14, 18, 30, 31]. Dieser Teil der Qualität kann nicht getrennt von der fünften Stufe, der Kommunikationsqualität mit dem Kunden betrachtet werden, die schon bei der ersten Kontaktaufnahme mit dem Kunden einsetzt. Sie ist entscheidend im Kontakt mit dem

Kunden, da darüber der erste Eindruck von einem Unternehmen gewonnen wird und der Informationsaustausch zwischen Kunde und Hersteller immer wichtiger wird. Von diesen ersten fünf Stufen der Qualität bemerkt der Kunde direkt etwas.

Die weiteren Stufen laufen betriebsintern ab, so daß der Kunde diese Stufen nicht mehr unmittelbar wahrnehmen kann, aber ihre Auswirkungen spürt. Die Qualität von Planung und Controlling, der innerbetrieblichen Organisation, der innerbetrieblichen Prozesse, Kooperation und Koordination der Schnittstellen, der Personalführung und der Unternehmensführung gehören zu diesen Stufen. Dabei ist die Qualität der Unternehmensführung entscheidend für die Gestaltungsinhalte und -anforderungen aller nachgelagerten Qualitätsebenen. Sie zeigt sich in der konkreten Umsetzung der Koordination der Schnittstellen und des innerbetrieblichen Prozeß- und Kooperationsablaufes. Grundlage dafür ist die Gestaltung der Ablauf- und Aufbauorganisation des Unternehmens. Bei allen Stufen der Qualität gilt, daß der Kunde die Qualitätsanforderungen definiert [14, 18, 30, 31]. Im folgenden werden Beispiele aufgezeigt, die der Umsetzung der Strategien in Form von Werkzeugen und Methoden dienen.

5.4.3 Werkzeuge und Methoden

Quality Function Deployment (QFD)

Die Ermittlung der Qualitätsmerkmale und Eigenschaften eines Produktes sind Schwerpunkte der Qualitätsplanung. Diese Merkmale müssen konkretisiert und spezifiziert werden, so daß sie in den Produktionsprozeß eingeplant werden können. QFD ist eine Methode, die diese Bestimmung von Qualitätsmerkmalen mit ihrer schrittweisen Konkretisierung weitgehend unterstützt [10, 24]. Diese Planungsmethodik gewährleistet Kundennähe in Produktkonzeption und -realisierung. Während der Durchführung der QFD werden im Rahmen des **House of Quality** 13 Schritte durchgeführt, die im folgenden erläutert werden (Bild 5.9).

Anfangs werden die Kundenwünsche erfaßt und eindeutig beschrieben (1) und danach durch den Kunden gewichtet (2). Der nächste Schritt ist die Wettbewerbsbewertung aus Kundensicht (3). Basierend auf den bis zu diesem Zeitpunkt gewonnenen Daten werden Kundenwünsche lösungsneutral und quantifizierbar in technische Merkmale übersetzt (4). Anschließend werden die wechselseitigen Abhängigkeiten der technischen Merkmale im Dach des House of Quality gekennzeichnet (5) und die Abhängigkeiten und Zusammenhänge von Kundenwünschen und technischen Merkmalen mit Korrelationsfaktoren oder -symbolen bewertet (6).

Daraufhin werden die technischen Schwierigkeiten zur Realisierung der geforderten Optimierung des Qualitätsmerkmals abgeschätzt (7) und die technischen Merkmale zur

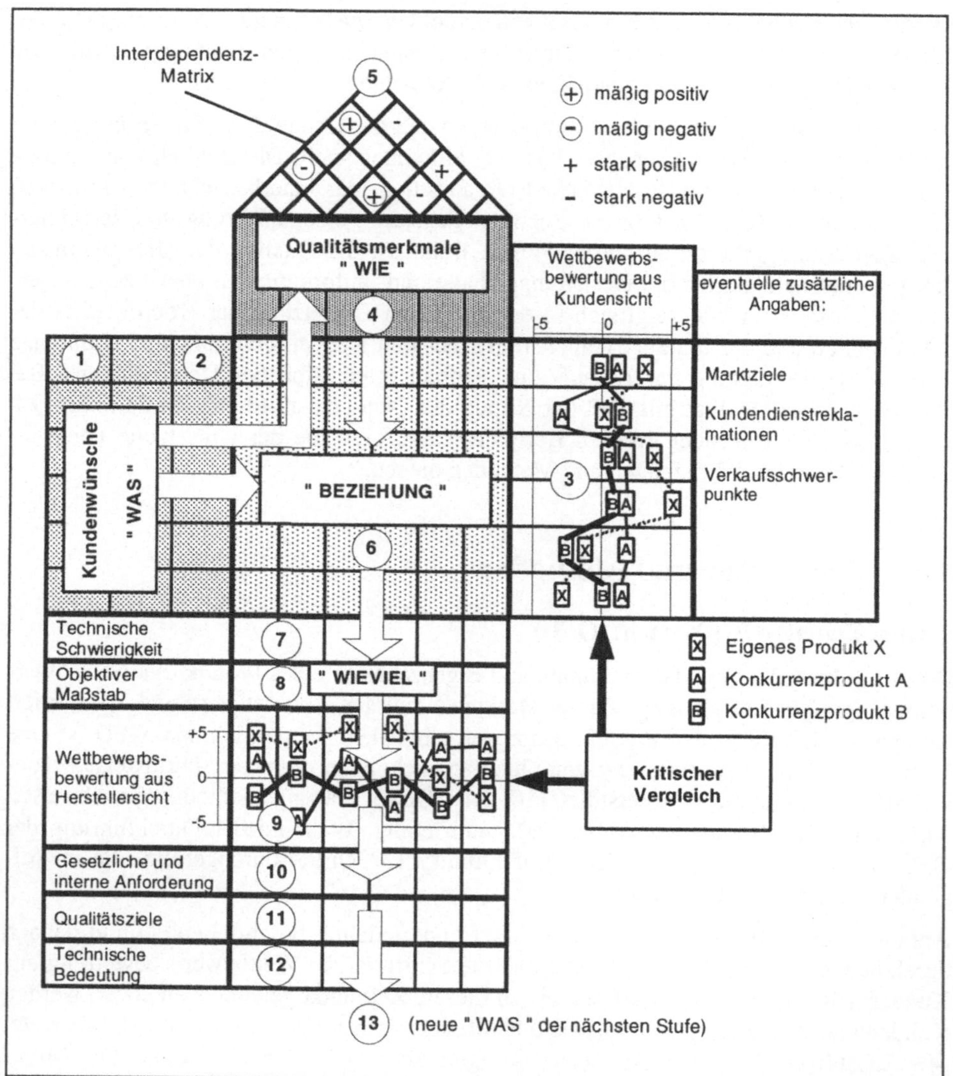

Bild 5.9: QFD - House of Quality

objektiven Beurteilung der momentanen Zielwerte quantifiziert (8). Aus den Kundenwünschen wird eine Wettbewerbsbewertung bezogen auf die Erfüllung der technischen Merkmale durchgeführt (9). In der nächsten Stufe findet die Bewertung dieser Merkmale bezüglich weiterer Kriterien statt, wie z.B. gesetzlicher Anforderungen

(Grenzwerte) oder interner Kriterien (z.B. geschätzte Kosten oder unterstellte Bedeutung) (10). In Schritt 11 erfolgt daraufhin die Neufestlegung der Qualitätsziele als Ergebnis der ersten neun Schritte und anschließend die Ermittlung der technischen Bedeutung der Qualitätsmerkmale (12). Die letzte Stufe umfaßt die Auswahl der relevanten Qualitätsmerkmale im Hinblick auf das House of Quality der nächsten Produktentwicklungsstufe [11].

Fehler-Möglichkeits-und-Einfluß-Analyse (FMEA)

Als ein Verfahren der präventiven Qualitätssicherung dient die FMEA dazu, potentielle Fehler mit ihren Ursachen und Folgen sowie die geplanten Maßnahmen zur Fehlererkennung aufzuzeigen und zu bewerten. Ziel der FMEA ist es, das Risiko qualitativ abzuschätzen und durch Bewertungszahlen zu quantifizieren sowie mögliche Maßnahmen zur Vermeidung der potentiellen Fehler aufzuzeigen [21].

Die Analyse liefert erkennbare Ausfallmöglichkeiten eines Systems auf der Basis einzelner Komponentenausfälle, wobei Kombinationen von Ausfällen der Elemente nicht berücksichtigt werden [13, 19, 21]. In Abhängigkeit von der Betrachtungsweise werden die Konstruktions-, die Produkt- und die Prozeß-FMEA angewendet. Bild 5.10 zeigt das Formblatt für eine FMEA, mit dem diese Untersuchung dokumentiert wird.

Firma	**Fehler-Möglichkeits- und Einfluß-Analyse**							Teil-Name		Teil-Nummer		
	Konstruktions-FMEA Prozeß-FMEA											
	Bestätigung durch betroffene Abteilungen und/oder Lieferant	Name/Abt./Lieferant						Modell/System/ Fertigung		Technischer Änderungsstand		
								Erstellt durch		Datum	Überarbeitet Datum	
Systeme Merkmale	Potentielle Fehler	Potentielle Folgen des Fehlers	D	Potentielle Fehlerursachen	**Derzeitiger Zustand**			Empfohlene Abstellmaßnahmen	Verantwortlichkeit	**Verbesserter Zustand**		
					Vorgesehene Prüfmaßnahmen	Auftreten / Bedeutung / Entdeckung	Risikoprioritätszahl (RPZ)			Getroffene Maßnahmen	Auftreten / Bedeutung / Entdeckung	Risikoprioritätszahl (RPZ)

Bild 5.10: FMEA-Formblatt [29]

Der Einsatz der FMEA erfolgt bei der Entwicklung und Herstellung neuer Produkte, der Änderung der Einsatzbedingungen für bestehende Produkte und vor dem Einsatz neuer Fertigungsverfahren. Ein weiterer Anlaß zur Durchführung ist die Überlegung zur Verwendung von Sicherheits- und Problemteilen.

Die FMEA beginnt mit der Analyse des derzeitigen Zustandes. Vorgesehene Prüfmaßnahmen werden festgeschrieben und die Wahrscheinlichkeit des **Auftretens** eines potentiellen Fehlers wird abgeschätzt. Basierend auf den Folgen für den Kunden wird die **Bedeutung** des Fehlers festgeschrieben.

Außerdem wird die Entdeckungswahrscheinlichkeit festgelegt, d.h. die geschätzte Wahrscheinlichkeit der **Entdeckung** eines Fehlers bevor das Produkt den Kunden erreicht. Die entsprechenden Werte werden jeweils anhand einer Skala von eins bis zehn abgeschätzt, wobei steigende Werte erstens eine steigende Auftretenswahrscheinlichkeit, zweitens eine steigende Bedeutung und drittens eine sinkende Entdeckungwahrscheinlichkeit repräsentieren. Es bestehen keine Interdependenzen zwischen den einzelnen Werten.

Das Gesamtrisiko wird durch die **Risikoprioritätszahl (RPZ)** ausgedrückt. Sie ergibt sich aus dem Produkt der drei Schätzwerte des Auftretens, der Bedeutung und der Entdeckung. Unterschiedliche Fehlermöglichkeiten werden durch die Quantifizierung anhand von Risikoprioritätszahlen vergleichbar.

Das wesentliche Ziel der Anwendung der FMEA ist, anhand der Analyse und der RPZ geeignete gewichtete Abstellmaßnahmen zu ermitteln. Die Priorisierung der Durchführung von Maßnahmen wird durch die RPZ bestimmt: Je größer die RPZ ist, desto wichtiger ist die Einleitung von Maßnahmen zur Verbesserung. Ab einer RPZ größer als 125 wird die Einleitung von Verbesserungsmaßnahmen erforderlich. Auch für den Fall, daß der einzelne Wert für Auftreten, Bedeutung oder Entdeckung einen sehr hohen Wert erreicht, werden Verbesserungsmaßnahmen unabdingbar.

Fehlerbaumanalyse (FTA/Fault Tree Analysis)

Bei der Fehlerbaumanalyse wird ausgehend vom Ausfall des Systems deduktiv über die Produkthierarchie hinweg die Kette der Ausfallursachen verfolgt, wobei hier eine quantitative Analyse der Zuverlässigkeit angestrebt wird. Mit dem Fehlerbaum können Aussagen über Problembereiche gemacht werden, die offensichtlich und analysierbar sind. Die dabei gewonnenen Daten und Erkenntnisse gehen in die FMEA ein. In Bild 5.11 ist ein Beispiel für eine Fehlerbaumanalyse bei Spritzgußprodukten dargestellt.

Ursache-Wirkungs-Diagramm

Das Ziel, anhand von möglichen Fehlern die Folgen abzuschätzen, wurde erstmals von Ishikawa benannt. Sämtliche Einflußfaktoren sollen erfaßt und die damit verbundenen

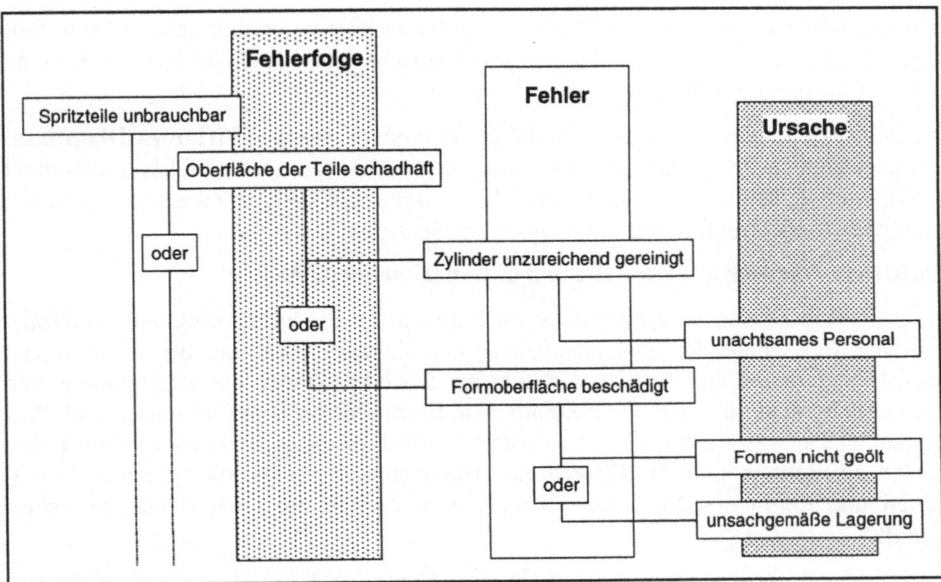

Bild 5.11: Fehlerbaumanalyse

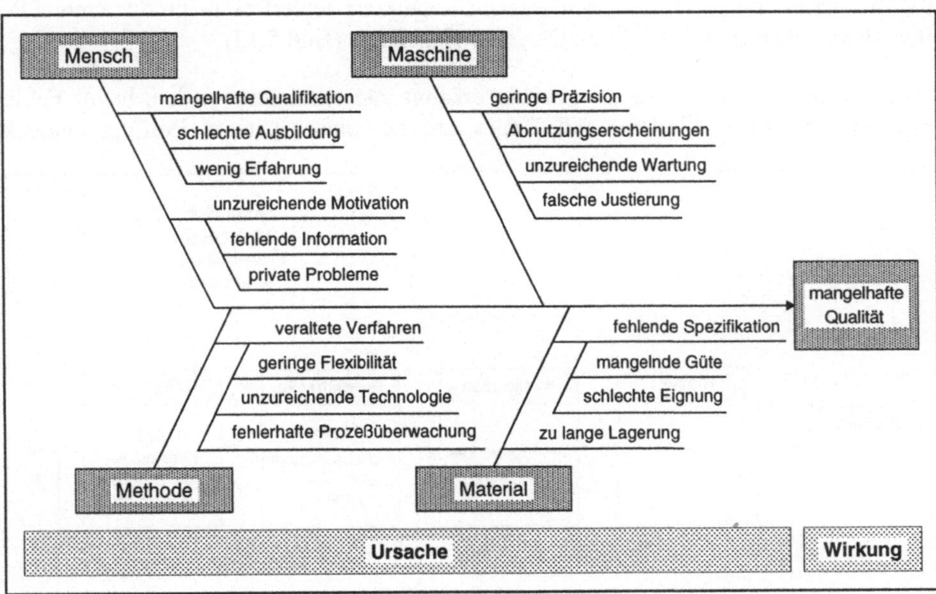

Bild 5.12: Ursache-Wirkungs-Diagramm nach Ishikawa

Probleme bestimmt werden. Die Einflüsse werden in Kategorien unterteilt und sehr fein aufgegliedert. Anschließend erfolgt eine systematische Suche nach der Ursache für eine mögliche nachteilige Wirkung.

Grafisch lassen sich diese Zusammenhänge in einem **Ursache-Wirkungs-Diagramm** oder sogenannten Fischgräten- oder Ishikawa-Diagramm darstellen (Bild 5.12). Es dient als Hilfsmittel für die Suche nach der Fehlerursache und hat den Zweck der gezielten Einleitung von Korrektur- und Vorbeugungsmaßnahmen.

Statistische Versuchsplanung (Design of Experiments (DOE))

Die statistische Versuchsplanung wird im Rahmen der Produktentwicklung verwendet [20]. Als Instrument der Qualitätsplanung und -lenkung dient sie der Analyse und Optimierung neuer und bereits vorhandener Systeme. Durch die Bestimmung und ganzheitliche Optimierung der wesentlichen Einflußfaktoren auf Produkt- und Prozeßqualität kann eine robuste Systemgestaltung (Robust Design) erzielt werden. Dabei werden vor Serienbeginn die fähigen und beherrschten Prozesse mit optimalen Mittelwerten und minimalen Streuungen festgelegt und nach einer Risikoanalyse sichergestellt.

Statistische Prozeßregelung (Statistic Process Control (SPC))

Die statistische Prozeßregelung ist ein Verfahren der operativen Qualitätssicherung [3, 19]. Ziel ist es, durch einen geschlossenen Regelkreis fehlerfrei zu produzieren. SPC bildet dabei einen Baustein in dem Qualitäts-Regelkreis (Bild 5.13).

Störungen müssen demzufolge frühzeitig erkannt und eliminiert werden, bevor Fehler entstehen, um zu verhindern, daß Fehler erst bei einer späteren Prüfung entdeckt

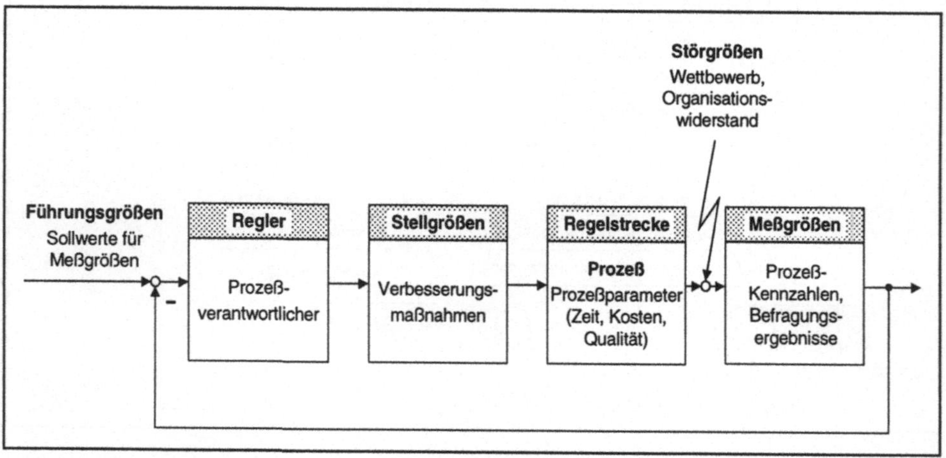

Bild 5.13: Qualitäts-Regelkreis

werden. Durch die SPC können Kosten für Ausschuß und Nacharbeiten verringert werden. Von Prüfmerkmalen am Produkt wird auf solche am Prozeß übergegangen, um so noch früher auf den Prozeß einwirken zu können. Eine laufende Überwachung, Regelung und Bewertung des Fertigungsprozesses wird durch SPC möglich. Die während der Qualitätsprüfung gewonnenen Daten und daraus errechneten Kennzahlen werden in **Qualitätsregelkarten** (QRK) (Bild 5.14) eingetragen. Überwacht werden dabei die Lage und die Streuung des Prozesses mit Hilfe von Kennwerten, z.B. Median und Standardabweichung. Mit Hilfe der QRK wird die Differenz zwischen der Ist- und der Soll-Qualität überwacht. Definierte Warn- und Eingriffsgrenzen markieren Grenzwerte, bei denen in den Prozeß eingegriffen wird [3].

In der QRK werden Meßwerte oder Kennzahlen über der Zeit oder der Nummer der Stichprobe aufgetragen. In die QRK können damit statistische Kennwerte (Standardabweichung, Mittelwert) eingetragen werden. Abgeschlossene QRK haben einen hohen Dokumentationswert und werden häufig mit der Ware beim Kunden abgeliefert. Dieser kann daraufhin möglicherweise auf eine Wareneingangskontrolle verzichten, da er mit der QRK über ein genaues Prüfprotokoll verfügt. Genauso lassen sich mit der QRK die Einhaltung gesetzlicher Rahmenbedingungen nachweisen und Rückschlüsse auf die Arbeitsgenauigkeit einer Werkzeugmaschine und deren Änderung über einen längeren Zeitraum hinweg ziehen [3].

Weitere TQM-Werkzeuge, auf die hier nicht weiter eingegangen werden soll, sind Poka-yoke, evolutionäre Optimierung (EVOP) und Test mit multiplen Einsatzbedingungen und Überlast (Multiple Environment Overstress Testing (MEOST)) [18].

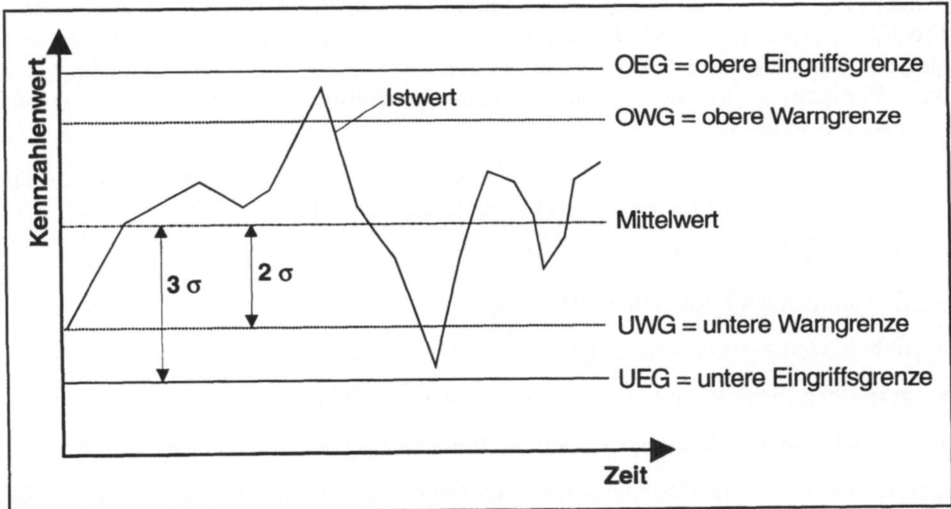

Bild 5.14: Qualitätsregelkarte

5.4.4 Bewertungskonzepte

Verschiedene Bewertungskonzepte beurteilen die Güte der Umsetzung der verschiedenen TQM-Maßnahmen im Unternehmen: Der **Malcolm Baldrige National Quality Award** wurde 1987 in den USA als Reaktion auf den immer stärker werdenden japanischen Wirtschaftsdruck eingeführt. Dieses Konzept beinhaltet vier Basis-Elemente [14]:

- **Leitung:** Entwicklung von Werten, Zielen und Systemen
  Unterstützung der kontinuierlichen Verbesserung der
  Kundenorientierung und der Unternehmensleistung

- **Ziel:** ständige Verbesserung des Kundennutzens

- **System:** optimal definierte und gestaltete Prozesse, um
  Kundenanforderungen zu treffen und
  Unternehmensergebnisse zu verbessern

- **Fortschrittsmessung:** Fokussierung der Aktivitäten im Hinblick auf die
  angestrebten Ziele

1988 reagierten europäische Unternehmen und gründeten mit Hilfe der Europäischen Gemeinschaft die European Foundation for Quality Management (EFQM). Die Zielsetzung war dabei die Förderung des Bewußtseins für umfassende Qualitätsmanagementkonzepte in Europa sowie die Unterstützung der Unternehmen, die TQM umsetzen wollen [18]. Eine Schlüsselrolle im Rahmen der Aktivitäten der EFQM kommt dem **European Quality Award (EQA)** zu [14]. Mit diesem Preis werden Unternehmen ausgezeichnet, die das TQM-Konzept vorbildlich umgesetzt haben. Dabei zeichnet sich das „Europäische Modell für umfassendes Qualitätsmanagement" durch folgende Charakteristika aus [30]:

- Trennung zwischen den Potentialfaktoren, die eine Qualitätsförderung sicherstellen, und den durch die Qualitätsaktivitäten erreichten Ergebnissen

- Dominanz der Kundenzufriedenheit

- Gewichtung der Mitarbeiterorientierung

- Beherrschung der Geschäftsprozesse und des optimalen Ressourceneinsatzes

- gesellschaftliche Verantwortung und Ansehen eines Unternehmens

- Ausrichtung aller Bemühungen auf die Verbesserung der Geschäftsergebnisse

Das europäische Qualitätsmodell kann als Grundlage für die Bewertung des Ist-Zustandes und als Fortschrittskontrolle auf der Basis einer regelmäßigen Selbstbewertung dienen.

5.5 Lernfragen

1. In welche Abschnitte läßt sich die zeitliche Entwicklung der Qualitätssicherung unterteilen?

2. Erläutern Sie die verschiedenen Aspekte des Begriffes Qualität.

3. Wie greifen die einzelnen Elemente der Qualität im Betrieb ineinander?

4. Welche Fehlerarten gibt es? Beschreiben Sie diese.

5. Beschreiben Sie die Vor- und Nachteile der 100%- und der Stichprobenprüfung.

6. Welche Auswirkungen hatte die Fehlerkostenentwicklung auf die Entwicklung neuer Qualitätssicherungssysteme?

7. Was beinhalten die verschiedenen Qualitätsmanagementhandbücher? Welchem Zweck dienen diese Handbücher?

8. Was versteht man unter einem Audit?

9. In welchen Bereichen werden Auditierungen durchgeführt? Was beinhalten diese Auditierungen?

10. Welche Folgen der DIN EN ISO 9000 ff. und welche äußeren Einflüsse führten zu der Entwicklung von TQM?

11. Wie sieht die Auffassung des Begriffes Qualität im Total Quality Management aus?

12. Beschreiben Sie die Prinzipien des TQM.

13. Beschreiben Sie die Werkzeuge des TQM und deren Einsatzgebiete.

14. Beschreiben Sie die Bewertungskonzepte für TQM nach Malcolm Baldrige und nach der EFQM.

5.6 Literaturverzeichnis

[1]   Brunner, F. J.:
Einfluß der Qualität auf die Betriebswirtschaft im Unternehmen. In: Bläsing, J. P.
(Hrsg.): Praxishandbuch Qualitätssicherung. Bd. 2. München: gfmt Verlag 1987.

[2]   Chrysler Corporation/Ford Motor Company/General Motors Corporation:
Quality System Requirements. QS 9000. Essex: Carvin 1995.

[3]   DGQ-Schrift Nr. 16 - 31:
SPC 1 - Statistische Prozeßlenkung. Frankfurt a. M.: DGQ 1990.

[4]   DGQ-Schrift Nr. 11, 04:
Begriffe im Bereich der Qualitätssicherung. Frankfurt a. M.: DGQ 1987.

[5]   DIN 55 350, Teil 11:
*Begriffe der Qualitätssicherung und Statistik, Grundbegriffe der Qualitäts-
sicherung.* Berlin: Beuth Verlag 1987.

[6]   DIN ISO 8402 (Entwurf):
Qualitätsmanagement und Qualitätssicherung. Berlin: Beuth Verlag 1992.

[7]   DIN ISO 9000 Teil 1:
Qualitätsmanagement- und Qualitätssicherungsnormen. Leitfaden zur Auswahl
und Anwendung. Berlin: Beuth Verlag 1994.

[8]   DIN ISO 9004:
Qualitätsmanagement und Elemente eines Qualitätssicherungssystems. Leitfaden.
Berlin: Beuth Verlag 1994.

[9]   DIN ISO 9004 Teil 2:
Qualitätsmanagement und Elemente eines Qualitätssicherungssystems. Leitfaden
für Dienstleistungen. Berlin: Beuth Verlag 1994.

[10] Eversheim, W.:
Quality Function Deployment. Methode zur Qualitätsplanung. In: Preßmar, D. B.
(Hrsg.): Schriften zur Unternehmensführung. Total Quality Management 1.
Wiesbaden: Gabler Verlag 1995.

[11] Gaster, D.:
Qualitätsaudit. In: Masing, W. (Hrsg.): Handbuch Qualitätsmanagement.
München, Wien: Hanser Verlag 1994.

[12] Hauer, C./Lühring, N./Dresen, H.:
Servicequalität und Kundenzufriedenheit. Ansätze zur Operationalisierung. In: Wicher, H. (Hrsg.): Betriebliches Qualitätsmanagement. Bd. 2. Ammersbek: Verlag an der Lottbek 1997.

[13] Holst, G.:
Systematisierung der Planungsphase der Statistischen Versuchsmethodik für die industrielle Anwendung. Dissertation Technische Universität Hamburg-Harburg. Aachen: Verlag Shaker 1995.

[14] Hummeltenberg, W.:
Bewertungsmodelle für TQM. In: Preßmar, D. B. (Hrsg.): Schriften zur Unternehmensführung. Total Quality Management 1. Wiesbaden: Gabler Verlag 1995.

[15] Kirstein, H.:
Prozeßaudit. In: Leist, R./Scharnagl, A. (Hrsg.): Qualitätsmanagement. Methoden und Werkzeuge zur Planung und Sicherung der Qualität nach ISO 9000 ff. Bd. 1. Augsburg: WEKA Fachverlag für technische Führungskräfte 1995.

[16] Lerner, F.:
Geschichte der Qualitätssicherung. In: Masing, W. (Hrsg.): Handbuch Qualitätsmanagement. München, Wien: Hanser Verlag 1994.

[17] Lübbe, U.:
Modell für ein rechnerunterstütztes Qualitätssicherungssystem gemäß DIN ISO 9000 ff. Berlin, Heidelberg, New York: Springer-Verlag 1994.

[18] Masing, W.:
Das Unternehmen im Wettbewerb. In: Masing W. (Hrsg.): Handbuch Qualitätsmanagement. München, Wien: Hanser Verlag 1994.

[19] Nedeß, Chr.:
Sicherung der Produktqualität in der Fertigung. In: Preßmar, D. B. (Hrsg.): Schriften zur Unternehmensführung. Total Quality Management 1. Wiesbaden: Gabler Verlag 1995.

[20] Nedeß, Chr./Holst, G./Nickel, J.:
Qualitätssicherungsmethoden als Bestandteil integrierter Qualitätsregelkreise. In: Nedeß, Chr. (Hrsg.): Produktion im Umbruch. Herausforderung an das Management. München: gfmt Verlag 1993.

[21] Nickel, J.:
Technische und methodische Hilfsmittel zur Verbesserung der Fehler-Möglichkeits-und-Einfluß-Analyse (FMEA). Dissertation Technische Universität Hamburg-Harburg. Aachen: Verlag Shaker 1992.

[22] Petrick, K./ Pärsch, J.:
Zertifizierung von Qualitätsmanagementsystemen. In: Leist, R./Scharnagl, A. (Hrsg.): Qualitätsmanagement. Methoden und Werkzeuge zur Planung und Sicherung der Qualität nach ISO 9000 ff. Bd. 1. Augsburg: WEKA Fachverlag für technische Führungskräfte 1995.

[23] Pfeifer, T.:
Qualitätsmanagement: Strategien - Techniken - Methoden. München, Wien: Hanser Verlag 1993.

[24] Pfeifer, T.:
Praxishandbuch Qualitätsmanagement. München, Wien: Hanser Verlag 1996.

[25] Schurr, K.:
Ziel und Zweck der Dokumentation eines QM-Systems. In: Leist, R./Scharnagl, A. (Hrsg.): Qualitätsmanagement. Methoden und Werkzeuge zur Planung und Sicherung der Qualität nach ISO 9000 ff. Bd. 1. Augsburg: WEKA Fachverlag für technische Führungskräfte Juli 1995.

[26] Schütze, R.:
Kundenzufriedenheit. After Sales Marketing auf industriellen Märkten. Wiesbaden: Gabler Verlag 1992.

[27] Töpfer, A./Mehdorn, H.:
Total Quality Management. Neuwied: Luchterhand Verlag 1993.

[28] VDA:
Qualitätsmanagement - Systemaudit. Materielle Produkte. 3. Aufl. Verband der Automobilindustrie 1996.

[29] VDA:
Sicherung der Qualität vor Serieneinsatz: VDA Bd. 4. Qualitätskontrolle in der Automobilindustrie. Frankfurt a. M.: Verband der Automobilindustrie 1986.

[30] Zink, K. J.:
Total Quality Management. Begriff und Aufgaben. Ein Überblick. In: Preßmar, D. B. (Hrsg.): Schriften zur Unternehmensführung. Total Quality Management 1. Wiesbaden: Gabler Verlag 1995.

[31] Zink, K. J./Schildknecht R.:
Total Quality Konzepte. Entwicklungslinien und Überblick. In: Zink, K. J. (Hrsg.): Qualität als Managementaufgabe. Total Quality Management. Landsberg/Lech: Verlag Moderne Industrie 1992.

6 Umweltmanagement

Christian Hauer, Detlef Schmidt

Aufgrund von veränderten Umwelthaftungsgesetzen und Kundenforderungen nimmt der betriebliche Umweltschutz bzw. das Umweltmanagement eine zunehmend größere Rolle ein. Die Verantwortung eines Unternehmens gegenüber der Gesellschaft und der Umwelt hat sich grundlegend geändert. Früher endete die Verantwortung der Firma an den Werksgrenzen. Heute werden die Systemgrenzen weiter gezogen und auch die Auswirkungen auf die Umwelt berücksichtigt [3, 10]. Es existieren vielfältige Beziehungen zwischen dem ökonomischen und dem ökologischen System, wodurch deutlich wird, daß sich beide Systeme gegenseitig beeinflussen (Bild 6.1). Das ökologische System wird stark durch den unerwünschten Output des ökonomischen Systems beeinflußt und kann sich nur zu einem gewissen Teil regenerieren. Weiterhin entnimmt das ökonomische System Bodenschätze, Luft, Wasser usw. aus dem ökologischen System und schwächt es somit zusätzlich [1, 5].

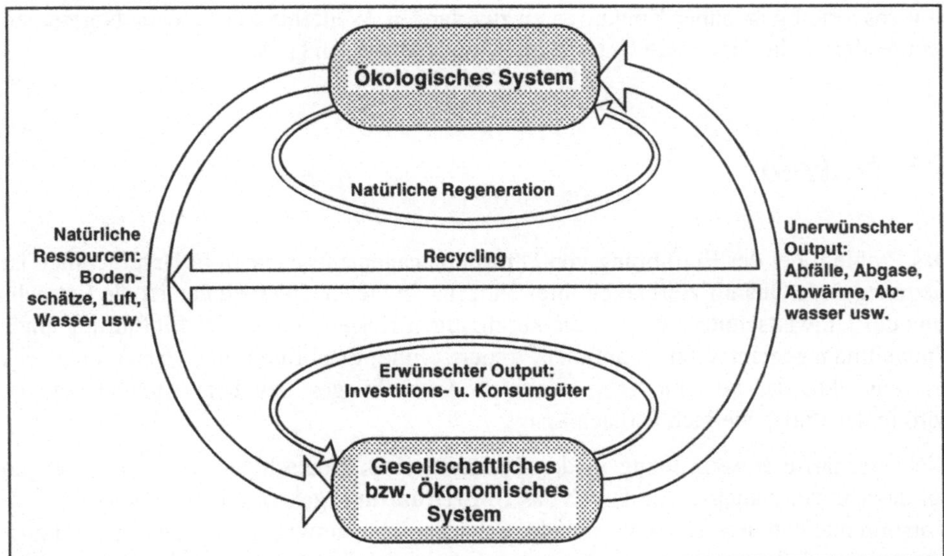

Bild 6.1: Beziehungen zwischen ökologischen und ökonomischen Systemen [4]

Viele Unternehmen haben die Umwelt als Produktionsfaktor erkannt. Wurde sie in der Vergangenheit als freies Gut angesehen, so tritt die Umweltbeanspruchung heute zunehmend als einzelwirtschaftlich spürbarer Kostenfaktor auf. Die Umwelt liefert die Inputs für das Unternehmen und nimmt auch dessen Outputs wieder auf. Betriebsmittel und Werkstoffe werden ihr entnommen und Abfälle sowie Schadstoffe an sie abgegeben. Die Kapazitäten zur Abgabe und Aufnahme von Medien aus der Umwelt sind beschränkt. Die Gewinnungs- und Entsorgungskosten steigen durch erhöhte Kosten einerseits für die Schadensregulierung und andererseits für Vorsorgemaßnahmen zur Schadensvermeidung und -verminderung. Eine Minimierung dieser Kosten ist unumgänglich [5]. Deshalb ist es für Unternehmen unerläßlich, sich mit der Umweltproblematik zu beschäftigen und ein Umweltmanagementsystem (Total Environmental Management (TEM)) einzuführen.

Bei den Überlegungen zur Einführung eines Umweltmanagementsystems wird zwischen offensiver und defensiver Strategie unterschieden. Im Rahmen einer **defensiven Strategie** sind Unternehmen nur soweit bereit, Veränderungen durchzuführen, wie es die gesetzlichen Rahmenbedingungen vorschreiben. Grundsätzlich wird nur reaktionär und so tiefgreifend wie unbedingt notwendig gehandelt. Bei der **offensiven Strategie** herrscht eine progressive Haltung vor. Unternehmen mit dieser Perspektive treiben über den gesetzlichen Rahmen hinaus Forschung im Umweltschutzbereich. Ziel dieser Betriebe ist es, Normen und Werte zu prägen und als Vorreiter einen strategischen Wettbewerbsvorteil gegenüber Konkurrenten zu erlangen. Weiterhin gilt es, neue Normen zu manifestieren, die für andere Unternehmen bindend werden [1, 6].

6.1 Nutzen

Das Problem bei der Einführung von Umweltmanagementsystemen in Unternehmen ist die mangelnde Quantifizierbarkeit ihres Nutzens. In vielen Unternehmen ist die Betrachtung des Umweltschutzes nur auf die kurzfristigen Kosten, die bei der Einführung eines Umweltmanagementsystems anfallen, fixiert. Eine Ermittlung und Bewertung des Nutzens, d.h. der verschiedenen positiven Auswirkungen des Umweltmanagements, wird in der Praxis vielfach vernachlässigt.

Die verschärfte Gesetzgebung in der Bundesrepublik Deutschland hat Auswirkungen auf das Umweltmanagement. Durch das **Umwelthaftungsgesetz** sollen Unternehmen zu Vorsorgemaßnahmen für entstehende Schäden aus umweltbelastenden Verhaltensweisen veranlaßt werden, um entsprechenden finanziellen Sanktionen im Schadensfall zu entgehen. Da es für den Geschädigten vielfach schwierig ist, den ursächlichen

Nachweis von Umweltschäden zu erbringen, sieht das Gesetz eine Beweislasterleichterung vor, indem gegenüber dem beschuldigten Betrieb ein Auskunftsanspruch besteht. Im Rahmen der zugrundeliegenden Gefährdungshaftung ist es nicht erforderlich, daß den Schädiger ein nachzuweisendes Verschulden trifft, sondern es genügt, daß jemand objektiv durch Schaffung eines gefährlichen Zustandes geschädigt wurde [5]. Durch das Umweltmanagementsystem kann nachgewiesen werden, daß die umweltrelevanten Vorschriften und Gesetze eingehalten werden. Somit wird die Möglichkeit von Rechtsstreitigkeiten vermindert, da das Engagement des Unternehmens für den Umweltschutz ersichtlich ist und sich z.B. Statistiken über umweltrelevante Vorkommnisse des Anlagenbetriebes vereinfacht erstellen lassen [4].

Die Öffentlichkeit fordert ein zunehmendes Engagement der Industrie im Umweltschutzbereich. Aufgrund eines negativen Umweltimages ergeben sich Absatzeinbußen und Umsatzverluste, wie z.B. bei der Entsorgung der Erdölplattform Brent Spar, woraufhin die Shell-Tankstellen von den Kunden boykottiert wurden. Solche Umsatzeinbußen können nur begrenzt ausgeglichen werden, z.B. durch aufwendige Werbemaßnahmen [1, 5].

Langfristige Kosteneinsparungspotentiale durch betriebliche Umweltschutzmaßnahmen sind durch die Senkung von Energie- und Wasserverbrauch sowie Verminderung der Entsorgungskosten zu erzielen. Da die Kosten für natürliche Ressourcen zukünftig weiter steigen werden, wird die Verringerung ihres Verbrauchs ein zunehmend wichtiger Wettbewerbsvorteil [9].

Durch ein Umweltmanagementsystem lassen sich die Umweltrisiken und die Schadensersatzforderungen durch mögliche Störfälle reduzieren. Das Risiko einer Betriebsunterbrechung aufgrund umweltrelevanter Zwischenfälle läßt sich durch die Verwendung von umweltfreundlichen Betriebs- und Hilfsstoffen vermindern, wodurch sich auch niedrigere Versicherungsprämien für die Umweltrisikoabsicherung ergeben [1, 5].

Außerdem kommt es infolge des Umweltmanagements zur Verbesserung des Arbeitsschutzes durch den Einsatz von umweltfreundlichen oder zumindest weniger umweltgefährdenden Arbeitsverfahren und -stoffen [9]. Auch die Krankheitskosten, die z.B. durch einen hohen Lärmpegel, erhöhte Staubkonzentrationen am Arbeitsplatz oder Störfälle verursacht werden und sich in anfallender Lohnfortzahlung sowie niedriger Produktivität und Einarbeitungsaufwand der Ersatzarbeitskraft ausdrücken, können verringert werden. Weiterhin entstehen Motivationskosten, wenn sich Mitarbeiter wegen unzureichender oder unglaubwürdiger Umweltschutzmaßnahmen nicht mit ihrer Arbeit identifizieren können und damit unproduktiv arbeiten [1, 3, 11].

6.2 Die EG-Öko-Audit-Verordnung

Ziel der EG-Öko-Audit-Verordnung ist die kontinuierliche Verbesserung der umweltorientierten Leistung. Damit soll ein freiwilliges System zur Bewertung und Verbesserung des betrieblichen Umweltschutzes geschaffen werden. Konkrete Durchführungsvorschriften und Anleitungen hinsichtlich des Aufbaus, der Inhalte und Anforderungen sowie der Einführung von Umweltmanagementsystemen sind in der Britischen Norm BS 7750, der ISO 14000 CD sowie in der DIN V 33921 enthalten [2, 4]. Die kontinuierliche Verbesserung des Umweltschutzes erfolgt durch folgende Maßnahmen [2]:

- Festlegung und Umsetzung standortbezogener Umweltpolitik, Umweltmanagementsysteme und Umweltprogramme durch die Unternehmen

- systematische und regelmäßige Bewertung der Leistung dieser Instrumente

- Bereitstellung von Informationen für die Öffentlichkeit

Die Festlegung der Umweltpolitik durch das Top-Management ist die Voraussetzung für die Teilnahme am Öko-Audit. Mit dem Ziel der wirtschaftlichen und technologisch günstigen Verringerung der Umweltauswirkungen verpflichtet sich das Unternehmen zur Einhaltung aller einschlägigen Umweltvorschriften. Weiterhin wird die kontinuierliche Verbesserung des betrieblichen Umweltschutzes nach Art. 3a der Öko-Audit-Verordnung in die Umweltpolitik des Unternehmens aufgenommen. Die Öko-Auditierung erfolgt freiwillig und in regelmäßigen Abständen, wobei jeder Teil des Öko-Audit-Systems im Hinblick auf umweltbezogene Fragestellungen und deren Auswirkungen auf den betrieblichen Umweltschutz geprüft wird. Einerseits wird die Organisation des Umweltschutzes geprüft und andererseits betreffen die Untersuchungen Energie, Rohstoffe, Entsorgung, Lärm und Produktplanung. Die gewonnenen Daten dienen der Umsetzung der Umweltpolitik des Unternehmens, also der Einrichtung eines Umweltmanagementsystems für alle Tätigkeiten. Ein Umweltprogramm für den Standort dient der Beschreibung der umweltbezogenen Unternehmensziele und der dazu erforderlichen Maßnahmen und Fristen. Interne, umweltbezogene Betriebsprüfungen dokumentieren, inwieweit sich das Umweltmanagement und die gesetzlichen Vorgaben bewährt haben. Sämtliche Systembestandteile werden durch einen unabhängigen Umweltgutachter überprüft und Verstöße gegen die Audit-Verordnung wie auch Einwände gegen die Umwelterklärung dokumentiert und der Unternehmensleitung mitgeteilt. Die Umwelterklärung wird für gültig befunden, wenn sich keine Beanstandungen ergeben haben oder diese behoben werden. Abschließend wird für die Öffentlichkeit eine Umwelterklärung erstellt [4].

6.3 Betriebliche Umsetzung

Grundsätzlich läßt sich bei der betrieblichen Umsetzung zwischen input- und output-orientierten Zielen unterscheiden: **Inputorientierte Sachziele** beziehen sich dabei auf das Vermeiden oder das Vermindern umweltbelastender Stoff- und Energieeinsätze. Beim Vermeiden wird dabei vollständig auf den Einsatz verzichtet. Dies kann durch eine vollständige Substitution, durch die Einstellung der Produktion der betroffenen Produkte oder durch einen ersatzlosen Verzicht erreicht werden. Um zu entscheiden, welche dieser Maßnahmen durchgeführt werden sollen, sind verschiedene Einflußfaktoren zu untersuchen [6]:

- ökologische Knappheit des Stoffes oder der Energie

- Umweltbelastung, die sich durch den Einsatzstoff oder die Energie selbst, durch deren Gewinnung und Transport ergibt

- Umweltbelastung durch den Stoff oder die Energie während der Produktion oder bei der späteren Verwendung der Produkte

- technische und ökonomische Substitutionsbedingungen

- Möglichkeiten der Verfahrens- und Produktvariation

Die **outputorientierten Sachziele** beziehen sich auf Vermeiden oder Vermindern des unerwünschten Outputs. Hier geht man davon aus, daß die Umwelteinwirkungen nicht zu verhindern sind, sondern lediglich begrenzt werden können. Eine vielgenutzte, aber häufig kostenintensive Möglichkeit zur Verminderung des unerwünschten Outputs liegt im **End-of-Pipe-Prinzip**. Hierbei werden Technologien eingesetzt, wie z.B. Filter, die dem Produktionsprozeß nachgeschaltet werden, ohne ihn zu verändern. Durch diese ergänzenden Technologien wird die nachträgliche Minderung bereits entstandener Umweltbelastungen bewirkt. Durch **Recycling** wird aus dem unerwünschten Output ein neuer Sekundärrohstoff (Input) hergestellt. Hierdurch ist eine wiederholte Nutzung bislang nicht verwerteter Rückstände möglich, wie z.B. bei Glas, Altpapier oder Kunststoff [5].

Bei der betrieblichen Umsetzung des Umweltmanagements sind auf der einen Seite der technologisch-betriebswirtschaftliche und auf der anderen Seite der menschliche Bereich zu unterscheiden. Der erste Bereich bezieht sich auf die praktische Umsetzung des Umweltschutzes [6,11], wobei es verschiedene Möglichkeiten für Umweltschutzmaßnahmen in den verschiedenen Unternehmensbereichen gibt (Bild 6.2).

Beschaffung	Produktion	Marketing	Logistik	Entsorgung	
Lieferantenwechsel zur Beschaffung umweltfreundlicher Vorprodukte Nutzung von Umwelt- und Abfallbörsen Forschung für umweltfreundliche Produkte und Prozesse	End-of-Pipe-Technologien Recyclingtechnologien Integrierte Umweltschutztechnologien Umstellung der Produktionsverfahren Untersuchung der Stoff- und Energiebilanzen	Eliminierung umweltschädlicher Produkte Einbeziehung ökologischer Argumente in die Werbung kalkulatorischer Ausgleich zugunsten von Öko-Produkten Erschließung neuer Absatzkanäle für umweltgerechte Produkte	Umstellung von Logistikkonzepten (z.B. Just-In-Time) Verlagerung des Transports von der Straße auf die Schiene	Installation von Recyclingkreisläufen Vermeidung von Abfallstoffen thermische Verwertung von Abfällen	N U T Z E N

Bild 6.2: Wertkettenanalyse im Umweltschutz [5]

Im Bereich der Beschaffung ergibt sich beispielsweise die Möglichkeit, daß die Unternehmen Lieferanten mit umweltfreundlichen Vorprodukten wählen oder selbst nach entsprechenden Produkten und Prozessen forschen. In der Produktion können Recycling-, End-Of-Pipe- und integrierte Umweltschutztechnologien angewendet bzw. auf umweltfreundliche Verfahren umgestellt werden. Durch die Untersuchung und Bilanzierung der Stoff- und Energieströme im Unternehmen lassen sich Einsparungsmöglichkeiten aufzeigen. Im Marketing können ökologische Argumente in die Werbung einbezogen oder neue Absatzwege genutzt werden. Die Produktpalette ist auf ihre Umweltverträglichkeit hin zu untersuchen und ggf. zu bereinigen [1, 3, 11]. Im Bereich der Logistik finden sich Möglichkeiten zur Verlegung von Transporten von der Straße auf die Schiene und der generellen Umstellung des Logistik-Konzeptes. In der Entsorgung gilt es, primär die Abfallstoffe zu vermeiden, zu recyceln oder im ungünstigtsen Fall thermisch zu verwerten [5, 6].

Neben diesen Umsetzungsmöglichkeiten laufen Entwicklungen im menschlichen Bereich einher. Es muß eine Bereitschaft und Sensibilisierung für den Umweltschutz geschaffen werden. Das Management hat mit seiner Vorbildfunktion einen großen Einfluß auf das Mitarbeiterverhalten. Der duale Ansatz für die Unternehmensführung (Bild 6.3) ermöglicht weitreichende Einfluß- und Verbesserungsmöglichkeiten [6, 11].

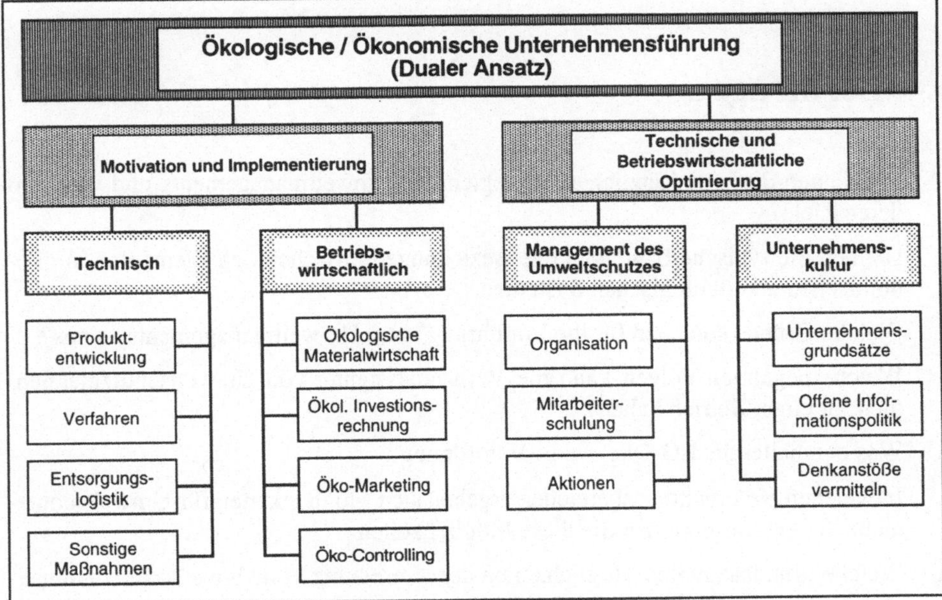

Bild 6.3: Ökologische / Ökonomische Unternehmensführung [8]

6.4 Lernfragen

1. Wie lauten die grundsätzlichen Strategien des Umweltmanagements und was sind deren Ziele?

2. Nennen Sie typische bzw. wichtige Beziehungen zwischen den Elementen in ökonomischen und ökologischen Systemen.

3. Welche Gründe sprechen für die Einführung eines Umweltmanagementsystems?

4. Welche negativen Folgen kann die Vernachlässigung von Umweltschutzmaßnahmen für einen Betrieb haben?

5. Was beinhaltet die EG-Öko-Audit-Verordnung?

6. In welchen Unternehmensbereichen ergeben sich Möglichkeiten für Umweltschutzmaßnahmen? Beschreiben Sie diese Möglichkeiten.

7. Welche grundsätzlichen Möglichkeiten der Umsetzung von Umweltschutzmaßnahmen im Betrieb gibt es und was beinhalten sie?

6.5 Literaturverzeichnis

[1] Adam, D.:
Ökologische Anforderungen an die Produktion. In: Adam, D. (Hrsg.): Schriften zur
Unternehmensführung. Umweltmanagement in der Produktion. Wiesbaden: Gabler
Verlag 1993.

[2] Groll, U.:
Umweltmanagement und -Auditing. In: Leist, R./Scharnagl, A. (Hrsg.): Qualitätsmanagement. Methoden und Werkzeuge zur Planung und Sicherung der Qualität
nach ISO 9000 ff. Bd. 1. Augsburg: WEKA Fachverlag für technische Führungskräfte 1995.

[3] Liepmann, D./Felfe, J./de Costanzo, E.:
Ökologischer und sozialer Wandel als Managementaufgabe. Frankfurt a. M.: Lang
Verlag 1995.

[4] Mann, T./Müller, R.-G.:
Öko-Audit im Umweltrecht. Bochum: Institut für Berg- und Energierecht der Ruhr-
Universität Bochum 1994.

[5] Meffert, H./Kirchgeorg, M.:
Marktorientiertes Umweltmanagement. Grundlagen und Fallstudien. Stuttgart:
Schäffer-Poeschel-Verlag 1993.

[6] Schreiner, M.:
Umweltmanagement in 22 Lektionen. Ein ökonomischer Weg in eine ökologische
Wirtschaft. Wiesbaden: Gabler Verlag 1993.

[7] Schulz, E./Schulz, W.:
Ökomanagement. Deutscher Taschenbuch Verlag 1994.

[8] Sondermann, W.-D.:
Umweltgesetze und Umwelthaftung in der Praxis. In: Sietz, M. (Hrsg.): Umwelt-
bewußtes Management. Taunusstein: Blottner Verlag 1992.

[9] Troge, A.:
*Integrierter Umweltschutz als Kernbereich des offensiven Umweltmanagements -
Möglichkeiten zur Verbesserung der Gewinnsituation der Betriebe durch integrierten Umweltschutz.* In: Pieroth, E./Wicke, L. (Hrsg.): Chancen der Betriebe
durch Umweltschutz. Freiburg im Breisgau: Haufe-Verlag 1988.

[10] Weizsäcker, E.-U.:
Erdpolitik als Herausforderung an die Zukunft. Schaffung eines ökologischen Wohlstandsmodells? In: Glauber, H./Pfriem, R. (Hrsg.): Ökologisch wirtschaften. Erfahrungen, Strategien, Modelle. Frankfurt a. M.: Fischer Taschenbuchverlag 1992.

[11] Wicke, L./Haasis, H.-D./Schafhausen, F./Schulz, W.:
Betriebliche Umweltökonomie. München: Vahlen Verlag 1992.

7 Produktentwicklung und -beschreibung

Sven Meyer, Stephan Thiesen

7.1 Produktentwicklung

7.1.1 Produktlebenszyklus

Ein Produkt durchläuft während seiner Lebensdauer einen bestimmten Zyklus, der sich von der Entwicklung des Erzeugnisses bis zu seiner Herausnahme aus dem Produktprogramm bzw. bis zu seiner Ablösung durch ein neues Produkt erstreckt. Eine umfassende Kenntnis der Produktlebenszyklen ist für das Unternehmen von großer Bedeutung, da sie die Grundlage für die Entwicklung von Strategien bilden [vgl. Kap. 2.2.3], deren Ziel es ist, neue oder signifikant verbesserte Produkte zu entwickeln und zu vermarkten (Produktinnovation), bereits auf dem Markt befindliche Produkte zu modifizieren (Produktvariation) oder bisherige Produkte aus dem Programm herauszunehmen (Produktelimination) [1].

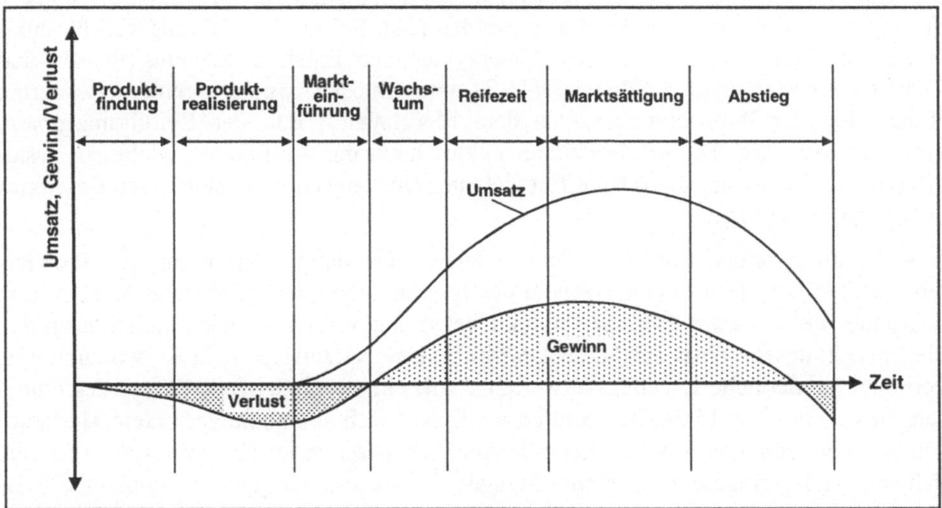

Bild 7.1: Der Produktlebenszyklus

Der Produktlebenszyklus (Bild 7.1) symbolisiert den Wachstumsverlauf von Produkten oder Märkten über einen idealtypischen Phasenverlauf, wobei i.d.R. der Umsatz bzw. der Gewinn, Deckungsbeitrag oder Cash-Flow als unabhängige Größe gegenüber der in sieben charakteristische Phasen aufgeteilten Zeit betrachtet wird. Da nahezu alle Produkte einem Lebenszyklus unterliegen, eignet er sich sowohl für eine Analyse des gegenwärtigen Produktverhaltens als auch für die Einschätzung zukünftiger Erfolgsaussichten. Obwohl keine einheitlichen Bezeichnungen für die **Phasen des Produktlebenszyklus** existieren, können sie wie folgt zusammengefaßt werden [23]:

1. Produktfindung, d.h. die Entstehung einer Produktidee

2. Produktrealisierung, d.h. Entwicklung der Idee zu einem kommerziellen Produkt

3. Markteinführung, d.h. Vorstellung und Einführung des Produktes am Markt

4. Wachstum, d.h. Erfolg des Produktes am Markt - erst hier kann mit einem Rückfluß des Kapitals gerechnet werden

5. Reifezeit, d.h. Wachstumsrückgang bei gleichzeitiger Produktvariation

6. Marktsättigung, d.h. gleichbleibender Umsatz bei sinkender Aufnahmefähigkeit des Marktes

7. Abstieg, d.h. massive Reduktion von Umsatz, Gewinn und Verkaufszahlen

Erwartungsgemäß gleicht der Verlauf des Lebenszyklus eines Einzelproduktes nicht immer der in Bild 7.1 dargestellten idealisierten Lebenszykluskurve. Jedoch konnte bei der Analyse von Zyklen ganzer Produktgruppen durch Bildung von Umhüllungskurven die angegebene Kurvenform verifiziert werden [20]. Bei der Betrachtung von Produktlebenszyklen wird i.a. zwischen zwei Unterzyklen, dem Entstehungszyklus (Phase 1 und 2) und dem Marktzyklus (Phase 3 bis 7) unterschieden, wobei in einer erweiterten Konzeption der Beobachtungszyklus dem Marktzyklus, d.h. der Einführungsphase, vorgeschoben wird. Dieser zusätzliche Zyklus dient der Auffindung wichtiger strategischer Informationen, die für die Entwicklung eines neuen bzw. neuartigen Produktes notwendig sind [28].

Branchenübergreifend tritt in den letzten Jahren eine stetige Verkürzung der Produktlebenszeiten auf, die mit dem Wandel des Marktes vom Hersteller- zum Käufermarkt begründet werden kann. Kürzere Produktlebenszeiten führen in vielen Fällen dazu, daß die Entstehungszeit eines Produktes länger als seine Nutzungsperiode ist, wodurch eine geringere betriebliche Leistungsverwertung, z.B. ein verminderter Rückfluß des eingesetzten Kapitals, am Markt hervorrufen wird. Demnach kann eine verspätete Markteinführung bei Produkten mit besonders kurzen Lebenszeiten im Extremfall dazu führen, daß sehr viel geringere als geplante Mengen zu einem niedrigeren als geplanten Preis abgesetzt werden und daher eine Amortisation der gesamten Produktionskosten, inklusive der Entwicklungskosten, nicht mehr realisierbar ist [18]. So zeigen z.B. die

Ergebnisse der Studien von Schmelzer/Buttermilch [31], daß bei einer Produktlebensdauer von 5 Jahren ein 30-prozentiger Verlust des Gesamtergebnisses entstehen kann, wenn die Markteinführung um 6 Monate verzögert wird. Wird dagegen eine termingerechte Markteinführung durch eine 50 prozentige Überschreitung des Entwicklungskostenbudgets erreicht, so verschlechtert sich das Ergebnis lediglich um 5%.

7.1.2 Strategische Ansätze der Produktplanung

Zur langfristigen Sicherung der Wettbewerbsfähigkeit am Markt ist es für ein Unternehmen von existentieller Bedeutung, Planungslücken zu vermeiden und neue Produkte in das Programm aufzunehmen, um den Ansprüchen der Kunden gerecht zu werden. Während es früher möglich war, spezifische Kundenwünsche durch Variation vorhandener Produkte zu erfüllen, wuchs in den letzten Jahren die Tendenz zu kundenspezifischen Produkten. Die gleichzeitige Verkürzung der Innovationszeiträume hat dazu geführt, daß heute innovative Unternehmen einen großen Teil ihres Umsatzes mit Hilfe von Produkten erwirtschaften, die jünger als 2 bis 5 Jahre sind. Der strategische Aspekt der Produktplanung verlangt daher die Entwicklung und den konsequenten Einsatz von Wettbewerbstrategien, wie z.B. die Produkt- und Leistungsdifferenzierung gegenüber dem Wettbewerb, die Erringung von Kostenführerschaft oder die Konzentration auf selektierte Marktsegmente [vgl. Kap. 2.2].

Für die Suche nach Strategiealternativen sowie die Beurteilung und Prognose der eigenen Wettbewerbsstärke und Kostenentwicklung eignet sich besonders die Mitte der 60er Jahre entwickelte **Erfahrungs-Kosten-Kurve** von der Boston-Consulting-Group.

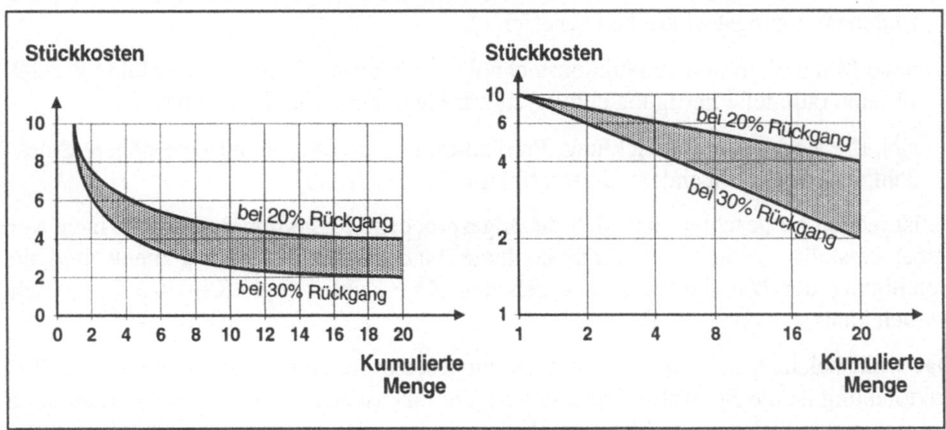

Bild 7.2: Die Erfahrungs-Kosten-Kurve der Boston Consulting Group

Diese anhand von empirischen Untersuchungen gewonnene Theorie besagt, daß die Stückkosten eines Produktes mit jeder Verdopplung der bisher produzierten, kumulierten Menge real um 20% bis 30% sinken (Bild 7.2) [16].

Der dargestellte Kostenverlauf ist als geglätteter Trendverlauf zu verstehen, da in der Realität neue Verfahren, neue Werkstoffe und andere Innovationen zu abrupten Kostenreduktionen führen können [30]. Der Begriff der „Innovation" kennzeichnet dabei eine sprunghafte und signifikante Verbesserung im Vergleich zu vorher existierenden Lösungen. Weiterhin weist die Erfahrungskurve auf die Bedeutung des Marktwachstums und des relativen Marktanteils als entscheidende Faktoren zur langfristigen Sicherung der Rentabilität eines Unternehmens hin. Die Erfahrungs-Kosten-Kurve ist eine Weiterentwicklung der schon seit den zwanziger Jahren bekannten Lernkurve, die besagt, daß sich der Zeitbedarf (und damit auch die Kosten) für die Arbeitsgänge eines Prozesses mit zunehmender Übung und Erfahrung reduziert. Dabei bezieht sich der Einfluß der Erfahrung, der auch als Boston-Effekt bezeichnet wird, nicht nur auf die Fertigungskosten, sondern umfaßt die Gesamtheit aller Kosten des Wertschöpfungsprozesses, also auch die Entwicklungs-, Absatz-, Kapital- und Verwaltungskosten [16]. Der Boston-Effekt tritt nicht nur bei einzelnen Produkten, sondern auch bei Produktgruppen und Produktfeldern auf, wobei bei komplexeren Produkten die Kosten durch die Summierung von Erfahrungskurven der verschiedenen Materialien, Teile und Baugruppen, aus denen sich das Endprodukt zusammensetzt, bestimmt werden. Die Kostenreduktionen sind darauf zurückzuführen, daß

- Führungskräfte und Mitarbeiter effektivere Methoden zur Lösung ihrer Aufgaben entwickeln („klassische" Lerneffekte),

- mit Ausdehnung der Produktionsmenge bessere Fertigungsmethoden Anwendung finden (fertigungstechnische Lerneffekte),

- neue Materialien und Produktionstechnologien entwickelt und die Produkte speziell für eine rationelle Fertigung entworfen werden (technischer Fortschritt),

- sich die Kosten für Entwicklung, Produktion und Investition auf eine höhere Stückzahl verteilen (Größendegressionseffekte) [16, 17, 21, 30].

Es ist jedoch zu beachten, daß sich die angesprochene Reduktion der Kosten nicht von selbst einstellt, sondern nur durch konkrete Maßnahmen des Managements und die Beteiligung der Mitarbeiter, z.B. durch den KVP-Zyklus (vgl. Kap. 4.3.3), erreicht werden kann.

Das wohl bekannteste und am häufigsten eingesetzte Instrument der strategischen Produktplanung ist die **Portfolio-Analyse** [15], die inzwischen in zahlreichen Varianten für die unterschiedlichsten Problemkomplexe existiert. Die verschiedenen Varianten der Portfolioanalyse, deren Bezeichnung auf das Wertpapier-Portefeuille zurückgeht, basieren jedoch auf dem gleichen Konzept und stellen dieses lediglich in einem neuen Zusammenhang dar.

Voraussetzung für die Anwendung der Portfoliomethode ist die Aufteilung der Aktivitäten eines Unternehmens in strategische Geschäftseinheiten bzw. Geschäftsfelder [vgl. Kap. 2.3.6.4]. Mit Hilfe der Portfolioanalyse ist es möglich, eine Standortbestimmung durchzuführen. Es läßt sich mit dieser Methode jedoch nicht nur die Positionierung der eigenen Geschäftsfelder koordinieren, sondern durch Eintragen der Geschäftsfelder der Konkurrenz in das Portfolioschema auch ein Wettbewerbsvergleich durchführen. Weiterhin kann durch den Einsatz der Portfolioanalyse auch die Mittelzuweisung verbessert werden, d.h. sie erleichtert die Entscheidung, welche Produkte aussichtsreich sind und gefördert werden sollten, und aus welchen Geschäftsfeldern sich so schnell wie möglich zurückgezogen werden sollte.

Die Anfang der sechziger Jahre von der Boston-Consulting-Group (BCG) [16] entwikkelte, oft auch als Business Portfolio bezeichnete **Marktanteils-Marktwachstums-Portfolio** (Bild 7.3), ist der populärste Portfolio-Ansatz. Sie stellt die Marktwachstumsrate über dem relativen Marktanteil dar. Der relative Marktanteil ist definiert als der

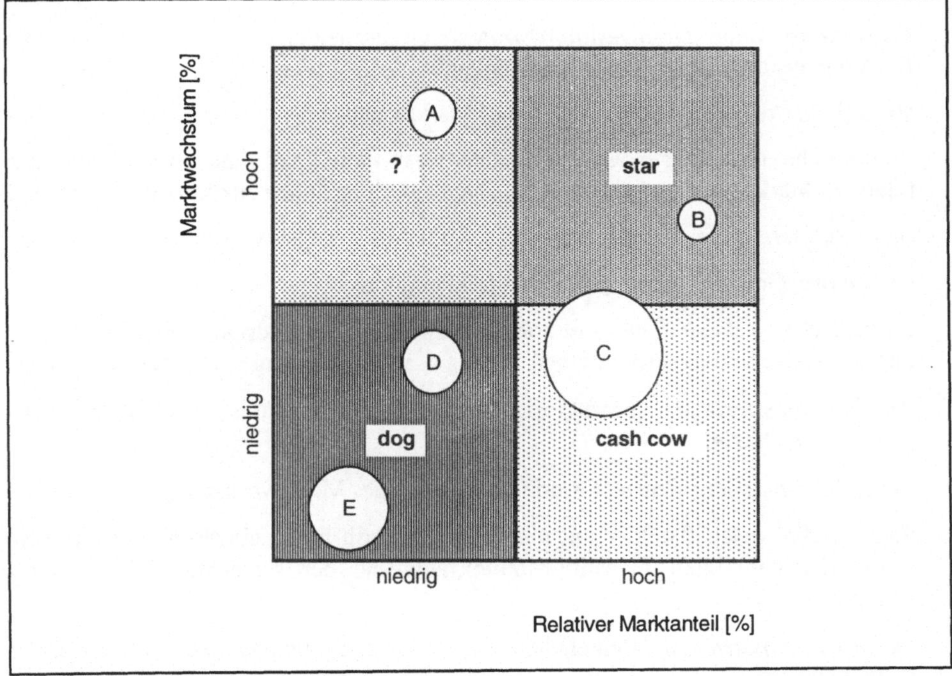

Bild 7.3: Marktanteils-Marktwachstums-Portfolio

Quotient aus dem Wert des eigenen Marktanteils und dem des stärksten Konkurrenten, während unter dem Marktwachstum das jährliche Wachstum des jeweiligen strategischen Geschäftsfeld verstanden wird. Die theoretischen Grundlagen des Marktanteils-Marktwachstums-Portfolios basieren auf den Erkenntnissen des Produktlebenszyklus und der Erfahrungskurve, welche einen engen Zusammenhang zwischen Marktwachstum und unternehmerischem Erfolg aufzeigen, und geht implizit davon aus, daß sich alle Umweltkonstellationen eines strategischen Geschäftsfelds mit Hilfe nur eines Faktors, nämlich des Marktwachstums, beschreiben lassen.

Die BCG definiert in Anlehnung an die jeweilige strategische Position vier Grundtypen von Geschäftsfeldern, deren plakativen Bezeichnungen nicht unwesentlich zur Popularität dieser vier-Felder-Matrix beigetragen haben [17]. Gleichzeitig werden für jeden dieser Grundtypen erfolgversprechende Normstrategien angegeben, die aber nicht als Anleitung zu einer allgemeinen Handlungsweise angesehen werden sollten:

- **question marks**, Fragezeichen (niedriger Marktanteil, hohes Marktwachstum):

  Strategische Geschäftsfelder mit geringem positiven oder negativen Cash-Flow und gleichzeitig hohem Kapitalbedarf; schwache Position trotz hohen Marktwachstums aufgrund des niedrigen Marktanteils

  Investitions- oder Desinvestitionsstrategie: Entscheidung über Förderung oder Rückzug aus dem strategischen Geschäftsfeld

- **stars** (hoher relativer Marktanteil, hohes Marktwachstum):

  Strategische Geschäftsfelder mit hohem Cash-Flow und Finanzbedarf, um den relativen Marktanteil zu sichern; Aussichten auf einen hohen zukünftigen Überschuß

  Investitionsstrategie: Marktposition festigen, Erweiterungsinvestitionen

- **cash-cows**, Goldesel (hoher relativer Marktanteil, niedriges Marktwachstum):

  Strategische Geschäftsfelder mit hohem Cash-Flow und niedrigem Finanzbedarf, da nur geringe Erhaltungsinvestitionen zu tätigen sind; Erzielung von hohen Renditen

  Abschöpfungsstrategie: Marktposition durch Ersatz- und Rationalisierungsinvestitionen halten

- **dogs**, Sorgenkinder (niedriger Marktanteil, niedriges Marktwachstum):

  Strategische Geschäftsfelder mit nur geringem Cash-Flow; eingeschränkte Amortisation der benötigten Investitionsmittel aufgrund der schlechten Wettbewerbssituation

  Desinvestitionsstrategie: Beibehalten, sofern Deckungsbeitrag noch erzielt werden kann, keine weitere Förderung

Die strategischen Geschäftsfelder des eigenen Unternehmens werden ebenso wie die der Konkurrenz entsprechend ihrer jeweiligen Produkt/Marktkombination als Kreise in das Portfolio eingezeichnet, wobei die unterschiedlichen Flächeninhalte der Kreise den Umsatzstärken der jeweiligen Geschäftsfelder entsprechen. Ein ausgewogenes Portfolio liegt vor, wenn die von den cash-cows erwirtschafteten Überschüsse ausreichen, um den Bedarf an Investitionsmitteln der stars und der question marks zu decken.

7.1.3 Operative Produktplanung

Die Planung und Realisierung von neuen Produkten ist von elementarer Bedeutung für die Zukunftssicherung eines produzierenden Unternehmens. Aufgrund des steigenden Wettbewerbs und der bereits in Zusammenhang mit dem Produktlebenszyklus erläuterten Verkürzung der Innovationszeiträume ist eine systematische Produktplanung erforderlich. Verschiedene Untersuchungen haben gezeigt, daß die Entwicklung und der Markterfolg neuer Produkte bis zu einem gewissen Grad methodisch planbar ist [10]. Eine gute Möglichkeit hierzu bietet die vom VDI zur Strukturierung sowie zur Vereinheitlichung der Terminologie der Produktplanung erarbeitete Richtlinie 2220 [38], die sich vielfach in der Praxis bewährt hat. Die folgenden Ausführungen über die Produktplanung sollen daher in enger Anlehnung an diese VDI-Richtlinie erfolgen.

Die Produktplanung umfaßt auf Grundlage der Unternehmensziele die systematische Suche und Auswahl zukunftsträchtiger Produktideen und deren weitere Verfolgung, wobei die Unternehmensplanung als langfristige Planung der Entwicklungsrichtung und des Unternehmenswachstums die zu erfüllenden Aufgaben stellt und Grenzen zieht [38]. Die Produktplanung unterteilt sich in die Einzelfunktionen Produktfindung, Produktplanungsverfolgung und Produktüberwachung, wobei die Findung neuer Produktideen die Kernfunktion darstellt. Die anderen beiden Funktionen übernehmen eine mehr begleitende Funktion, die einerseits als Produktplanungsverfolgung zur Kontrolle der Realisierungsphase und andererseits als Produktüberwachung zur Steuerung der Produkte am Markt und der Gewinnung von Informationen zur Entwicklung neuer Produkte dienen.

Voraussetzung für den Beginn der eigentlichen Produktentwicklung ist eine erfolgversprechende Produktidee, die sich im Rahmen der Möglichkeiten eines Unternehmens und in Folge der konstruktiven Ausarbeitung auch verwirklichen läßt.

Wie in Bild 7.4 dargestellt, liefern sowohl die zur Verfügung stehenden Unternehmenspotentiale als auch die mit den Unternehmenszielen abgestimmten Suchfelder wichtige Eingangsdaten für die Produktfindung. Die Analyse des Unternehmenspotentials und die Wahl aussichtsreicher Suchfelder schaffen die Voraussetzung für die Findung neuer

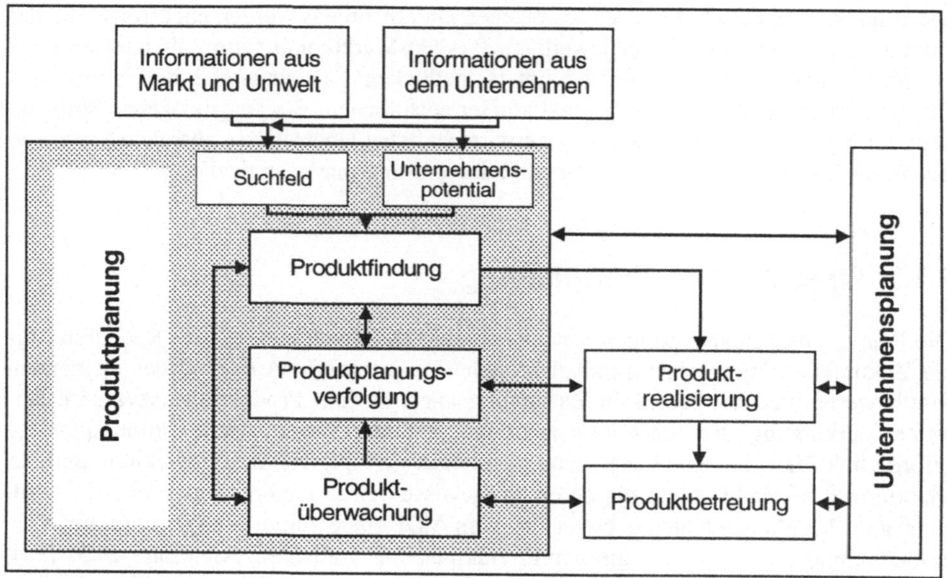

Bild 7.4: Ablaufplan der Produktplanung [38]

und erfolgversprechender Produktideen. Die Potentiale sollen im folgenden erläutert werden.

*Das **Unternehmenspotential** ist die Gesamtheit der Möglichkeiten eines Unternehmens, eine Nachfrage nach Problemlösungen (Produkten) erfüllen zu können* [38]. Eine Analyse des Unternehmenspotentials in Hinblick auf Stärken und Schwächen vermeidet den unnötigen Einsatz von Zeit und Finanzmitteln und ermöglicht die effektive Nutzung der zur Verfügung stehenden Ressourcen zur Förderung erfolgversprechender Produktbereiche. Bei einer solchen Potentialanalyse werden die speziellen Erfahrungen, Einrichtungen und Mitarbeiterqualifikationen in allen Unternehmensbereichen erfaßt sowie in bezug auf

- Informationspotential,

- Sachmittelpotential,

- Personalpotential und

- Finanzmittelpotential analysiert [34].

Zusätzlich bietet sich die Betrachtung des **Produktpotentials** an, welches die momentanen und zukünftigen Stärken und Schwächen der eigenen Produkte bezogen auf die der Konkurrenz verkörpert. Dieses ist eng mit dem Unternehmenspotential verknüpft, da die Ziele eines produzierenden Unternehmens die Befriedigung des Marktes mit eigenen Produkten beinhalten [10].

Suchfelder sind der Produktfindung vorzugebende Aktionsbereiche, innerhalb derer nach neuen Produktideen gesucht werden soll [38]. Sie sollen auf das Unternehmenspotential zugeschnitten und zukunftsträchtig sein. Die Beurteilung, welche Suchfelder als zukunftsträchtig angesehen werden, wird anhand von Analysen und Prognosen ermittelt, die besonders Kriterien wie Marktentwicklung, allgemeine und technologische Trends sowie die Substitutionsentwicklung berücksichtigen.

Parameter	Beispiele
Funktionen	Transportieren, Verpacken, Prüfen, Messen
Arbeitsprinzipien	Hydraulik, Lasertechnik, Mikroelektronik
Stoffe	Glas, Kunststoff, Leichtmetall, Edelstahl
Verfahren (Prozesse)	Gießen, Walzen, Schweißen, Schleifen
Abnehmerbereiche	Bergbau, Landwirtschaft, Automobilbau, Wehrtechnik
Trends	Umweltschutz, Rohstoffrückgewinnung, Mikroelektronik
Design	Ergonomie, Umgebungsbezug, Zeitbezug, Wertvorstellungen
Bionik	Analogien zur Natur, Lösung äquivalenter Funktionen

Bild 7.5: Parameter und Beispiele für Suchfelder [10, 38]

Zur Beschreibung der einzelnen Suchfelder eignen sich Parameter wie Funktionen, Arbeitsprinzipien, Stoffe, Verfahren, Abnehmerbereiche, Trends, Design und Bionik (Bild 7.5). Da jedoch in vielen Fällen diese Parameter für eine detaillierte Suchfeldbeschreibung nicht ausreichen, müssen Möglichkeiten zur weiteren Konkretisierung der Suchfelder bereitgestellt werden. Hierzu bietet sich besonders die Verwendung von Kombinationen der angegebenen Suchfeldparameter und die Spezifikation zusätzlicher Eigenschaften an, wie z.B. Langlebigkeit bzw. Kurzlebigkeit [38].

Wie stark die Suchfelder präzisiert werden, hängt von dem Zeitraum ab, der für die Findung neuer Produkte zur Verfügung steht. Im allgemeinen gilt, daß die Suchfelder um so genauer einzugrenzen sind, je kurzfristiger neue Produktideen gefunden werden sollen, wohingegen im langfristigen Planungsbereich ein hoher Konkretisierungsgrad vermieden werden sollte [36]. Zwar bietet eine starke Eingrenzung des zu betrachtenden Suchfeldes den Vorteil einer genaueren Zielsetzung für die Suche nach neuen Produktideen, jedoch kann eine zu starke Einengung des Suchfeldes auch bewirken, daß vom Prinzip her erfolgversprechende Produktideen für andere Bereiche ausgeschlossen werden.

Produktfindung

Aufgabe der Produktfindung ist es zu bestimmen, welche Produkte unter Berücksichtigung der Unternehmenszielsetzung zukünftig entwickelt und realisiert werden sollen. Sie stellt die erste und gleichzeitig bedeutendste Teilfunktion der Produktplanung dar und wird in Ideenfindung, Ideenselektion und Produktdefinition unterteilt. Das Ergebnis der Produktfindung ist der dokumentierte Entwicklungs- bzw. Realisierungsvorschlag.

Der erste Schritt bei der Produktfindung ist die **Ideenfindung**, die das Ermitteln neuer Produktideen innerhalb der favorisierten Suchfelder beinhaltet. Hierfür werden Suchstrategien aufgestellt, die Ziele, Fähigkeiten und Potentiale des Unternehmens sowie Marktlücken, Bedarf und Bedürfnisse berücksichtigen. Die Vorgehensweisen zur Ideenfindung gliedern sich in zwei Gruppen, deren paralleler Einsatz für die effektive Findung neuer Produktideen erforderlich ist:

- Sammeln und Auswerten von Produktideen

- Suchen und Entwickeln von Produktideen

Die Vorgehensweisen der ersten Gruppe, zu denen z.B. das betriebliche Vorschlagswesen (vgl. Kap. 4.3.2) sowie die Informationssammlung aus Patentschriften, Konkurrenzanalysen, Tagungen, Messen und Ausstellungen gehört, können als kontinuierlich durchzuführende Aufgaben betrachtet werden. Im Gegensatz dazu sind die Methoden der zweiten Gruppe nur im Bedarfsfall oder in regelmäßigen Zeitabständen durchzuführen [42].

Die Entwicklung neuer Produktideen wird z.B. dadurch erreicht, daß innerhalb eines Suchfeldes neue Funktionen, Wirkprinzipien oder Gestaltungen im bestehenden oder erweiterten Energie-, Stoff- und Signalumsatz der Produkte entwickelt und konkretisiert werden. Im allgemeinen wird in dieser Gruppe eine weitere Unterteilung vorgenommen, und zwar in die assoziativ-intuitiven Methoden und in die systematisch-diskursiven Methoden. Zu den intuitiven Methoden zählt z.B. das Brainstorming. Hingegen beinhalten die diskursiven Methoden systematische Lösungsfindungstechniken, wie z.B. morphologische Schemata, Relevanzbaumanalysen, Wirkbewegungs- und Wirkflächenvariationen sowie Funktionsanalysen und „Trial and Error" Ansätze.

Das bereits 1936 von Osborn [25] entwickelte **Brainstorming** ist die verbreitetste Methode zur Förderung der Kreativität in einer Gruppe. Es bezeichnet die gemeinsame, auf die Lösung eines genau beschrieben Problems gerichtete, vorurteilslose und ungehemmte Ideenproduktion einer Gruppe von etwa 7 bis 10 Teilnehmern, die aus möglichst unterschiedlichen Erfahrungsbereichen stammen sollten. Das Brainstorming wird in Gruppensitzungen unter Leitung eines Diskussionsmoderators abgehalten. Im Vordergrund steht die Quantität und nicht die Qualität der Lösungen. Die von den Teil nehmern geäußerten Ideen bleiben daher vorerst ohne Kritik. Eine Bewertung, z.B. in bezug auf Wirtschaftlichkeit und Realisierbarkeit, wird erst im nachhinein vorgenommen. Die Methode basiert weitgehend auf der Assoziation von Gedanken, die bisher noch nicht im Zusammenhang mit der Problemstellung gesehen wurden oder noch nicht bewußt wahrgenommen worden sind. Die Kritik an dieser Methode richtet sich besonders gegen die häufig mangelnde technische und wirtschaftliche Realisierbarkeit der gefundenen Lösungsvorschläge. Da die meisten Problemstellungen zu komplex sind, um sie spontan im Detail zu lösen, sollte das Brainstorming lediglich als Möglichkeit zur Findung neuer Denkansätze gesehen werden.

Den bekanntesten Ansatz der diskursiven Methoden stellen die morphologischen Schemata, insbesondere der **Morphologische Kasten** nach Zwicky [44] dar (Bild 7.6). Morphologie ist synonym mit Ordnung allgemein und bezeichnet die Lehre von Gestalt und Struktur. Mit Hilfe der Morphologie werden alle vorstellbaren Lösungen eines Problems unabhängig von ihrer Realisierbarkeit auf systematische Weise ermittelt, wobei bei kompexen Problemstellungen von vornherein unsinnigen Lösungen herausgestrichen werden, wodurch die enorme Anzahl der Lösungsmöglichkeiten verringert wird.

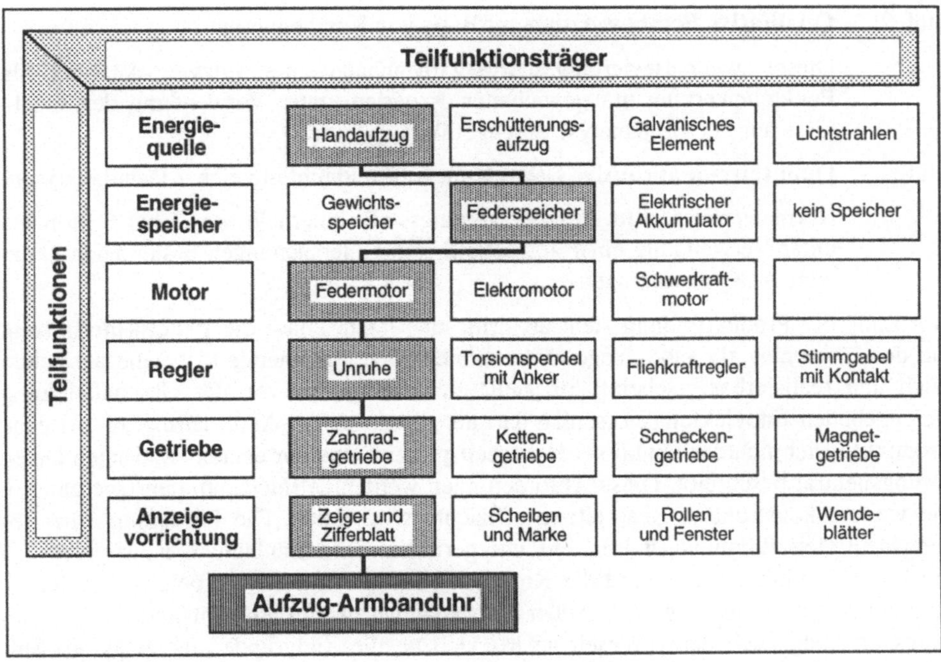

Bild 7.6: Der Morphologische Kastens am Beispiel einer Armbanduhr [44]

Im Anschluß an die Ermittlung neuer Produktideen stellt sich bei der Produktfindung die Aufgabe, aus den gefundenen neuen Ansätzen die erfolgversprechenden Produktideen mit Hilfe eines geeigneten Auswahlverfahrens zu selektieren. Analog zu den Suchfeldern müssen bei der **Ideenselektion** die Unternehmensziele, Unternehmensstärken und das Umfeld berücksichtigt werden. Da die Kosten für Produktplanung und Entwicklung mit zunehmender Konkretisierung des Produktes progressiv ansteigen und im Zuge des Auswahlprozesses, z.B. aufgrund von Marktstudien, Erfolgsanalysen und Erfolgsprognosen, ein beträchtlicher Zeit- und Finanzmittelaufwand entstehen kann, ist es von entscheidender Bedeutung, daß ungeeignete Produktideen so früh wie möglich ausgesondert werden. Aus diesem Grund hat sich in der Praxis ein mehrstufiges Bewertungs- und Auswahlsystem als zweckmäßig erwiesen. In der Regel setzt sich dieses System aus drei Stufen zusammen, die im folgenden beschrieben werden [38]:

Stufe 1:   **Grobbewertung** auf Basis der Teilnehmererfahrung

Direkt im Anschluß an die Ideenfindung wird mit Hilfe eines einfachen binären (ja/nein) Punktebewertungsschemas eine Grobbewertung durchgeführt, um bereits in diesem frühen Stadium offensichtlich ungeeignete Ideen auszusondern.

Stufe 2:   **Qualitative Feinbewertung** auf Basis von Kurzanalysen

Dieser zweite Bewertungsschritt wird anhand einer Nutzwert-Analyse, d.h. Punktebewertung mit gewichteten Kriterien, unter Verwendung der Ergebnisse aus der Grobanalyse durchgeführt.

Stufe 3:   **Qualitativ-quantitative Bewertung** aufgrund umfangreicher Detailanalysen

Normalerweise wird diese Bewertungsstufe innerhalb von 3 bis 6 Monaten unter Verwendung einer auf detaillierten Untersuchungen basierenden Nutzwert-Analyse vollzogen.

Am Ende der Produktfindung steht als dritte und letzte Phase die **Produktdefinition**, die den Vorschlag für eine ausgewählte Produktidee dokumentiert, welche aussichtsreich und realisierbar erscheint. Sie stellt gleichzeitig den von der Geschäftsleitung freigegebenen Entwicklungsvorschlag dar, der die gestellten Anforderung an das neue Produkt hinsichtlich der Funktion, des Arbeitsprinzips und der charakteristischen Daten lösungsneutral beschreibt. Diese Anforderungen werden definiert, um den Übergang in die weitere konstruktive Bearbeitung effizient zu gestalten. Die Forderung einer lösungsneutralen Produktdefinition mit nur geringen Einschränkungen ist sinnvoll, da ein hoher Konkretisierungsgrad die Kreativität und die Anzahl der potentiellen Realisierungsmöglichkeiten begrenzt. Außer den genannten Anforderungen sind im Realisierungsvorschlag auch der vorgesehene Markt bzw. die Zielgruppe, der zulässige Entwicklungs- und Investitionsaufwand sowie die zulässigen Herstellkosten bzw. jährlichen Betriebskosten, die voraussichtliche Stückzahl pro Jahr und relevante Termine bzw. Zeitpläne anzugeben [34, 36, 38].

Produktplanungsverfolgung

Produktplanungsverfolgung ist die Weiterbeobachtung und Bewertung bei der Produktfindung und Entscheidung maßgeblicher Parameter [38]. Da die Produktrealisierung häufig einen geraumen Zeitraum in Anspruch nimmt, ist es möglich, daß sich bei den Prämissen der Produktfindung Änderungen ergeben. Die Produktplanungsverfolgung hat daher die Aufgabe, die markt-, unternehmens- und produktseitigen Abweichungen in der Produktentstehungsphase zu ermitteln und gegebenenfalls erforderliche Steuerungsmaßnahmen zu erarbeiten und einzuleiten [35]. Es sollten jedoch nicht nur die bereits eingetretenen, sondern auch die aufgrund von Prognosen zu erwartenden Diskrepanzen Beachtung finden.

Für diesen Zweck eignet sich die Aufstellung von Verfolgungsplänen auf der Grundlage von Meilensteinen, in denen für jedes Produkt die wichtigsten Daten einer Soll-Ist-Analyse dokumentiert werden. Dieses sind z.B. [36]:

- Kosten in Entwicklung, Teilefertigung, Montage und Vertrieb

- Ecktermine; geplanter Zeitpunkt der Markteinführung

- Absatzwerte in bezug auf Menge, Preis und Konkurrenz

- Amortisationskennzahlen

Produktüberwachung

Die Produktüberwachung ist ein kombinierter Kontroll- und Überwachungsvorgang mit der Aufgabe, das Kosten- und Erfolgsverhalten von Produkten zu überwachen und bei Planabweichungen geeignete Maßnahmen einzuleiten [38]. Sie beginnt mit der Einführung des Produktes am Markt und endet mit der Elimination des Produktes aus dem Produktprogramm. Entsprechend der Definition wird in der Produktüberwachung zwischen zwei Phasen, nämlich der Kontrollphase und der Steuerungsphase unterschieden.

Die **Produktkontrolle** wird wiederum in zwei Teilschritte gegliedert. Der erste Teilschritt umfaßt die Kontrolle des Kosten- und Erfolgsverhaltens der Produkte am Markt. Besonders bei einem stark diversifizierten Produktspektrum ist es zweckmäßig, sich im Interesse eines möglichst geringen Überwachungsaufwandes auf wenige, aber dennoch aussagekräftige Meßgrößen zu beschränken. Der zweite Teilschritt der Produktkontrolle, in dem die Erfolgsaussichten der Produkte analysiert und bewertet werden, braucht nur durchgeführt zu werden, wenn negative Diskrepanzen zwischen den Soll- und Ist-Werten auftreten.

Die im Rahmen der Produktkontrolle gewonnenen Erkenntnisse bilden die Grundlage für die **Produktsteuerung** als zweite Phase der Produktüberwachung. Auch hier wird zwischen zwei Teilschritten unterschieden. Zunächst wird für die festgestellten Abweichungen eine Schwachstellenanalyse durchgeführt, auf deren Basis in einem zweiten Teilschritt geeignete Steuerungs- bzw. Verbesserungsmaßnahmen, wie z.B. konstruktive Veränderungen des Produktes, Marketingmaßnahmen oder Eingriffe in die Preispolitik, ergriffen werden [34, 36, 38].

7.1.4 Produktrealisierung

Im Anschluß an den Prozeß der Produktplanung wird die Phase der Produktrealisierung eingeleitet, in deren Verlauf die ausgewählten Lösungskonzepte konstruktiv umgesetzt werden. Sie beginnt mit der Entwicklung und Konstruktion, beinhaltet die materielle Realisierung durch die Fertigung und endet nach einer eventuellen Prototyp- bzw. Vorserienerstellung mit der Marktreife des Produktes. Die Aufgabe der Entwicklung besteht dabei in der Erarbeitung eines geeigneten Lösungskonzeptes für die im Entwicklungsauftrag geforderten Produktfunktionen, worauf in der Konstruktion, gegebenenfalls unter Berücksichtigung von Versuchsergebnissen, die konstruktive Realisierung dieses Lösungskonzeptes folgt [38].

Der Planungs-, Entwicklungs- und Konstruktionsprozeß erstreckt sich i.a. von der Planung der Aufgabe und Klärung der Aufgabenstellung über das Erkennen der erforderlichen Funktionen, das Erarbeiten prinzipieller Lösungskonzepte und den Aufbau modularer Strukturen mit Bauteilen und Baugruppen bis hin zur umfassenden Dokumentation des Produktes [39]. Die Motivation für eine detaillierte Dokumentation der Konstruktionsergebnisse [vgl. Kap. 7.3] ist in der Ermöglichung einer effizienten Weiterbearbeitung und Umsetzung der Produkte begründet. Gleichzeitig wird aber durch die Ergebnisse des Konstruktions- und Entwicklungsprozesses auch der Spielraum der nachfolgenden Bereiche, wie Fertigung und Montage, zur Beeinflussung der Kosten, z.B. durch die Festlegung von Werkstoffen und Bearbeitungsverfahren, eingeschränkt. Untersuchungen in den einzelnen Produktionsabteilungen verschiedener Unternehmen haben gezeigt, daß obwohl im Rahmen der Entwicklungs- und Konstruktionsphase nur ungefähr 25% der Produktkosten entstehen, durch sie ein großer Teil, nämlich bis zu 70% der gesamten Produktionskosten, wesentlich bedingt durch die Funktion, festgelegt werden. Aufgrund dieses Zusammenhanges von **Kostenverursachung und Kostenbeeinflussung** ist der Konstruktionsbereich indirekt auch für die Kosten der nachfolgenden Bereichen verantwortlich und erfordert auf Seiten der Konstrukteure ein fundiertes Wissen über die Kostenauswirkungen einer bestimmten Lösung, bzw. eine enge Zusammenarbeit zwischen Konstrukteur und Arbeitsplaner.

Die Wettbewerbsfähigkeit eines Unternehmens ist von der Funktionstauglichkeit, Wirtschaftlichkeit, Qualität und dem Preis der von ihm am Markt angebotenen Produkte abhängig. Da diese Kriterien überwiegend im Zuge des Entwicklungs- und Konstruktionsprozesses festgelegt werden, sind in der Vergangenheit viele Versuche unternommen worden, mit Hilfe einer methodischen Vorgehensweise den Output dieser Bereiche in bezug auf Qualität und Quantität zu optimieren. Der Einsatz des **methodischen Konstruierens**, das auch als die „Lehre vom systematischen Suchen und Ordnen konstruktiver Lösungen" bezeichnet wird, geschieht hauptsächlich unter den folgenden Zielsetzungen [21]:

- Erhöhung der Wahrscheinlichkeit besser Lösungen

- Steigerung der Lösungssicherheit

- Rationalisierung des Lösungsprozesses

- Lösungsprozesse lehrbar zu machen

- Lösung und Aufwand sichtbar zu machen

Der Versuch, die zahlreichen Arten von systematischen Vorgehensweisen in der Konstruktion zu vereinheitlichen, mündete in den vom VDI zu dieser Thematik herausgegebenen Richtlinien. Während die neuere Richtlinie 2221 [39] sich dem generellen Vorgehen beim Entwickeln und Konstruieren technischer Produkte widmet, befaßt sich die VDI-Richtlinie 2222 [40] mit der Anwendung von Einzelmethoden und dem detaillierten Vorgehen bei der Entwicklung neuer Produkte. Sie soll im folgenden vorgestellt werden.

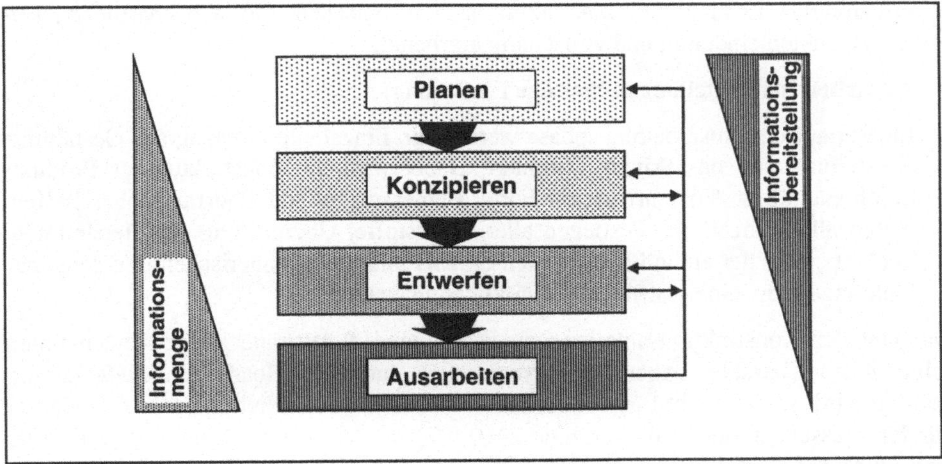

Bild 7.7: Vorgehensplan für das Schaffen neuer Produkte [40]

Der in Bild 7.7 dargestellte Vorgehensplan zur Schaffung neuer Produkte [40] ist auf alle technischen Gebiete des Maschinenbaus, der Feinwerktechnik und der Eletronik anwendbar. In Analogie zu dem bereits erläuterten Vorgehensplan zur Produktplanung [vgl. Kap. 7.1.3], werden auch in den einzelnen **Phasen des Konstruierens** verschiedene Lösungsvarianten zunehmender Konkretisierung erarbeitet, von denen nach einer Bewertung nur die jeweils aussichtsreichsten weiterverfolgt werden.

Der Entwicklungs- und Konstruktionsprozeß unterteilt sich in die folgenden vier Phasen, wobei aber beachtet werden sollte, daß eine klare Trennung der Phasen in der Praxis nicht immer möglich und sinnvoll ist [36, 37, 40, 41].

- **Planen** (informative Festlegung)

  In der Planungsphase werden Vorschläge für neue Entwicklungen erarbeitet und zur Auswahl der erfolgversprechenden Lösungsansätze einer anschließenden Bewertung unterzogen.

- **Konzipieren** (prinzipielle Festlegung)

  In der Konzeptphase wird das prinzipielle Lösungskonzept festgelegt. Dafür wird die Aufgabenstellung zuerst geklärt und anschließend abstrahiert, welches durch eine Konzentration auf die wesentlichen Problemstellungen und die Aufstellung von Funktionsstrukturen erfolgt. Dabei wird erst die qualitative und dann die quantitative Seite untersucht, d.h. es wird vom Abstrakten zum Konkreten vorgegangen.

- **Entwerfen** (gestalterische Festlegung)

  In der Entwurfsphase wird für das zukünftige technische Produkt ausgehend von der prinzipiellen Lösung die Baustruktur nach technischen und wirtschaftlichen Gesichtspunkten eindeutig und vollständig erarbeitet.

- **Ausarbeiten** (herstellungstechnische Festlegung)

  Im Verlauf der Ausarbeitungsphase werden die Einzelteile in bezug auf Gestaltung, Herstellung und das Prinzip optimiert. Dabei wird die Baustruktur des Produkts durch endgültige Vorschriften für Form, Bemessungen und Oberflächenbeschaffenheiten aller Einzelteile, Festlegen aller Werkstoffe, Überprüfung der Herstellmöglichkeit sowie der endgültigen Kosten ergänzt und die zeichnerischen und sonstigen Unterlagen für seine stoffliche Verwirklichung erstellt.

Die von der Konstruktionsabteilung zu bearbeitenden Aufträge können einen unterschiedlichen Charakter haben, der insbesondere durch die Bearbeitungstiefe hervorgerufen wird, so daß nicht für jede Konstruktionsaufgabe sämtliche Phasen durchlaufen werden müssen. In der VDI-Richtlinie 2210 [37] werden vier verschiedene **Konstruktionsarten** definiert, die dadurch gekennzeichnet sind, daß die einzelnen Konstruktionsphasen unterschiedlich intensiv durchlaufen werden (Bild 7.8):

- Als **Neukonstruktion** wird eine Konstruktionsaufgabe bezeichnet, bei der alle vier Konstruktionsphasen durchlaufen und in gleicher Weise neu zu bearbeiten sind, da keine oder nur sehr wenige Lösungsvorschläge bereits bekannt sind. Gleichzeitig liegt i.a. eine definierte Aufgabenstellung mit präzisierten Eingangsinformationen und genauen Anforderungen an das fertige Produkt vor.

- Bei einer Änderungs- oder **Anpassungskonstruktion** liegt bereits ein prinzipielles Lösungskonzept vor, so daß nur einzelne Funktionsträger und kleinere Teilaufgaben von Grund auf neu konzipiert werden müssen. Der Konstrukteur paßt lediglich Gestalt, Werkstoff und Abmessungen an die veränderten Aufgaben an. Es ist also nur eine teilweise Konzipierung, jedoch ein neues Entwerfen und Ausarbeiten erforderlich.

- Die **Variantenkonstruktion** stellt eine Konstruktionsaufgabe dar, bei der die zu verwendenden Lösungsansätze bereits festliegen. Daher ist lediglich die Erstellung eines Entwurfs und dessen Ausarbeitung mit der veränderten Gestaltung und Dimensionierung der veränderten Elemente notwendig.

- Die Aufgabe bei einer **Konstruktion mit festem Prinzip** besteht hauptsächlich in der Dimensionierung der Einzelteile, da sowohl Arbeitsprinzip als auch die Gestalt des zukünftigen Produktes bereits im vorhinein definiert sind. Daher wird in dieser Konstruktionsart lediglich die Phase der Ausarbeitung und Detaillierung durchlaufen.

	Konstruktionsphasen			
Konstruktionsarten	**Konzipieren**		**Entwerfen**	**Ausarbeiten**
	Funktions-findung	Prinzip-erarbeitung	Gestaltung	Detaillierung
Neukonstruktion	■	■	■	■
Anpassungskonstruktion		■	■	■
Variantenkonstruktion			■	■
Konstruktion mit festem Prinzip				■

Bild 7.8: Zuordnung der Konstruktionsarten zu den Konstruktionsphasen [11]

7.2 Produktbeschreibung

7.2.1 Zeichnungswesen

Aufgabe des Zeichnungswesens ist es, technische Zeichnungen und Stücklisten auf wirtschaftliche Art und Weise anzufertigen, zu ändern, zu ergänzen und zu reproduzieren sowie deren Sicherung, geordnete Ablage und Verwaltung zu gewährleisten. Technische Zeichnungen dokumentieren das Ergebnis des Konstruktionsprozesses im Unternehmen und bilden zusammen mit den Stücklisten die Grundlage des betrieblichen Informationssystems zur Auftragsabwicklung. Sie sind als Informationsträger ein wichtiges Verständigungsmittel zwischen den einzelnen Abteilungen eines Werkes und mit Blick auf die Wiederverwendung von Teilen und das Änderungswesen von elementarer Bedeutung für einen effizienten Produktionsablauf im Unternehmen. Sämtliche zur Herstellung eines Produktes notwendigen Zeichnungen und Stücklisten werden in einem sogenannten **Zeichnungs- und Stücklistensatz** zusammengefaßt.

Voraussetzung für die Vermeidung von Interpretationsfehlern und die Senkung der Kosten durch einen möglichst hohen Grad der Wiederverwendung von bereits existierenden Zeichnungen ist die **Vereinheitlichung des Zeichnungswesens**. Deshalb ist die Normierung des formalen Aufbaus technischer Zeichnungen nach DIN [7, 8, 9] besonders stark ausgeprägt.

In Hinblick auf die Art des Zeichnungsaufbaus werden in der Praxis zwei verschiedene Zeichnungssysteme verwendet. Dies ist zum einen das **Sammelblattsystem**, bei dem sämtliche Einzelteile einer Baugruppe, oft zusammen mit den Stücklisten und einer Zusammenstellungszeichnung, auf demselben Blatt dargestellt werden. Die Vorteile dieser Anordnung liegen vor allem bei einer unmittelbaren Zuordnung der Einzelteile zu einer Baugruppe und der damit erreichten guten Übersichtlichkeit. Besonders für Paus- und Änderungsarbeiten sowie für die Arbeitsplanerstellung und Montage stellt dies eine Arbeitserleichterung dar, wobei unter Umständen die relevanten Teilzeichnungen der Fertigungsschritte einzelner Bauteile aus dem Sammelblatt herausgeschnitten werden müssen. Die Nachteile dieses Systems liegen in dem erhöhten Zeichnungsaufwand bei der Wiederverwendung eines Teils und der damit verbundenen Gefahr von Übertragungsfehlern. Zum anderen erschwert der Einsatz eines Sammelblattsystems die Wiederauffindung von Einzelteilen, wodurch eine systematische Wiederverwendung von Zeichnungen, z.B. auf Basis eines Klassifizierungssystems [vgl. Kap. 7.3.3], praktisch unmöglich wird. Gefördert durch den vermehrten Rechnereinsatz in der Konstruktion, hat sich aus diesem Grund in der Praxis das **Einzelblattsystem** durchgesetzt, bei welchem jedes Teil der Erzeugnisgliederung, egal ob Einzelteil, Baugruppe oder Stückliste, auf einem eigenen Blatt dargestellt wird.

Es gibt eine Vielzahl verschiedener **Arten technischer Zeichnungen**. Nach DIN 199 [4] werden die folgenden Merkmale technischer Zeichnungen unterschieden:

- Zweck

- Art der Darstellung

- Art der Anfertigung

- Inhalt

In bezug auf den **Zweck** einer Zeichnung hat sich die Unterscheidung zwischen Fertigungs- und Entwurfszeichnungen durchgesetzt. In einer Entwurfszeichnung werden meistens nur die für die Funktion relevanten Komponenten dargestellt, da diese in der Entwurfsphase von Hauptinteresse sind. Aufgrund der nur geringen formalen Anforderungen an eine Entwurfszeichnung genügt sie i.a. nicht den für technische Zeichnungen verbindlichen Normen und wird nur in Ausnahmefällen archiviert. Fertigungszeichnungen enthalten die für die Fertigung relevanten Daten. Sie gliedern sich in Ersatzteil-, Zusammenbau-, Aufstellungs- und Versandzeichnungen sowie in Bearbeitungszeichnungen mit einem unterschiedlichen Maß an Vollständigkeit. Weitere wichtige Zeichnungstypen sind in der Praxis Bestellzeichnungen, die hauptsächlich Einbau- und Anschlußmaße enthalten, Fundamentzeichnungen oder Belastungspläne, die zur Gestaltung und Berechnung von Maschinenfundamenten unerläßlich sind, sowie Regel-, Steuer- und Schaltschemata [12].

In Abhängigkeit von dem Verwendungszweck wurden verschiedene **Darstellungsarten** technischer Zeichnungen entwickelt, die sich in die folgenden vier Kategorien gliedern:

- Zeichnungen, die maßstäbliche Darstellungen sind, wie z.B. Einzelteilzeichnungen

- Skizzen, welche meistens freihändig erstellte, nicht maßstabsgetreue Zeichnungen sind, wie z.B. Prinzipskizzen

- Pläne, wie z.B. Lagepläne und Belastungspläne

- graphische Darstellungen, wie z.B. Regel- und Steuerschemata

Eine weitere Möglichkeit zur Unterscheidung technischer Zeichnungen bieten die **Art der Anfertigung**, wobei zwischen Originalzeichnungen, welche als Vorlage für Vervielfältigungen dienen, und Sorten- oder Vordruckzeichnungen, die zur Rationalisierung der Zeichnungserstellung im Unternehmen eingesetzt werden, unterschieden wird. Der Rationalisierungseffekt kommt dadurch zustande, daß für Bauteile mit gleichen Formen, aber variablen Abmessungen eine Grundzeichnung verwendet wird, die durch die Ergänzung der offengelassenen Maße und die Vergabe einer Zeichnungsnummer vom Konstrukteur vervollständigt wird. In der Regel sind diese Zeichnungen nur dann maßstabsgetreu, wenn sie mit Hilfe eines CAD-Systems erstellt werden, welches die Abmessungen in der graphischen Darstellung automatisch anpaßt.

Weitere Unterscheidungsmerkmale technischer Zeichnungen bieten die **Inhalte**. Einzelteil- oder Werkstückzeichnungen sind graphische Darstellungen einzelner Teile und liefern die zur Herstellung und Kontrolle der Teile erforderlichen Informationen. Im Gegensatz dazu beinhalten die Gruppen-, Gesamt- oder Zusammenstellungszeichnungen die Montageangaben einer Baugruppe. Zur Gewährleistung einer guten Übersichtlichkeit weisen sie einen geringeren Detaillierungsgrad als Einzelteilzeichnungen auf. Die einzelnen Teile sind hier mit Positionsnummern versehen, so daß sich aus der zugehörigen Stückliste [vgl. Kap. 7.2.2] Detailinformationen, wie z.B. die Normbezeichnung, entnehmen lassen. Sowohl Modell- als auch Schemazeichnungen sind weitere wichtige Konstruktionshilfsmittel, die sich durch ihren Inhalt von den anderen Zeichnungsvarianten unterscheiden. Vorbearbeitungszeichnungen stellen den Zwischenbearbeitungszustand eines komplizierten Teiles dar, wohingegen die Formen von speziellen Rohteilen, z.B. Gußrohlingen, durch sogenannte Rohteilzeichnungen festgelegt werden. Eine weitere Möglichkeit zur Gliederung des Informationsgehaltes technischer Zeichnungen ist die Unterscheidung des Inhalts in bezug auf

- technologische Daten,

- sachbezogene organisatorische Daten und

- zeichnungsbezogene organisatorische Daten [43].

Die **technologischen Daten** umfassen alle Informationen, die zu einer anforderungsgerechten Herstellung des Werkstücks erforderlich sind, inklusive des geometrischen Abbildes in mehreren Ansichten mit zugehörigen Bemaßungen und Toleranzen. Die Angaben der Auftragsabwicklung, welche einen wichtigen Bestandteil der Teile- und Gruppenstammdaten darstellen, sind unter den **sachbezogenen organisatorischen Daten** zusammengefaßt. Die den Datenträger kennzeichnenden Informationen, wie z.B. die Zeichnungsnummer, der Firmenname, der Maßstab, die Herkunft der Zeichnung sowie das Erstellungsdatum, werden **zeichnungsbezogene organisatorische Daten** genannt. Die einzelnen Komponenten der verschiedenen Datengruppen sind in Bild 7.9 angeführt.

Die Zeichnungserstellung ist noch vor dem Entwerfen der zeitlich umfangreichste Aufgabenkomplex des Konstruierens und bietet oftmals ein bedeutendes Einsparungspotential [12]. Folgerichtig wurden zahlreiche Konzepte und Hilfsmittel zur **Reduzierung des Arbeitsaufwandes** in diesen Bereichen entwickelt [9]. Nicht alle diese Methoden basieren auf dem Einsatz von EDV-Anlagen. Ein erheblicher Rationalisierungserfolg kann allein durch den Einsatz einfacher technischer und organisatorischer Hilfsmittel, eine konsequente Verwendung methodischer Vorgehensweisen sowie durch die Beachtung von Normen und Richtlinien erreicht werden.

Technologische Daten	Sachbezogene organisatorische Daten	Zeichnungsbezogene organisatorische Daten
Geometrie Bemaßung Toleranzen Oberflächen Werkstoffangaben Abnahmehinweise Ausführungsangaben	Identnummer Klassifizierungsnummer Benennung Gewicht Änderungszustand Ursprungshinweise Positionsnummer Status	Zeichnungsnummer Bearbeiter Erstellungsdatum Maßstab Mikroverfilmung Zeichnungsformat Firma Darstellungsangaben

Bild 7.9: Informationsinhalt von Einzelteilzeichnungen [43]

Von besonderem Interesse ist in diesem Zusammenhang die Verringerung der Anzahl der technischen Zeichnungen sowie die Reduzierung des Aufwands für ihre Erstellung. Der Zeitaufwand für die Erstellung von Zeichnungen kann z.B. durch die Verwendung von Vordruck- oder Sortenzeichnungen sowie durch den Einsatz von Normen zur Zeichnungsvereinfachung reduziert werden.

Eine besonders starke Senkung des Zeichnungsaufwands kann durch die **Wiederverwendung** bereits existierender Unterlagen erreicht werden, da so die Anzahl der neu zu erstellenden Zeichnungen reduziert wird. Dieser Rationalisierungserfolg setzt sich in den nachfolgenden Prozeßschritten, wie z.B. der Arbeitsvorbereitung, Teilefertigung und Montage, fort, da auch hier auf bereits existierende Unterlagen, wie z.B. Arbeitspläne, zurückgegriffen werden kann. Aus diesem Grund hat sich in vielen Unternehmen die Verwendung von **Wiederholteilkatalogen** durchgesetzt, welche Baugruppen und Einzelteile mit Hilfe von Prinzipskizzen sowie den dazugehörigen (variablen) Maßen beschreiben und katalogisieren. Somit kann im Zuge eines Entwicklungsprozesses auf diesen Wiederholteilkatalog zugegriffen werden und einzelne Teile entweder unverändert oder nur mit geringfügigen Änderungen übernommen werden.

Voraussetzung dafür ist allerdings eine laufende Pflege, was bedeutet, daß der Wiederholteilbestand permanent ergänzt und bereinigt wird. Die Wahrscheinlichkeit, Unterlagen mehrfach verwenden zu können, steigt mit abnehmender Produktstrukturebene. Daher ist die Wiederverwendbarkeit von Unterlagen auf der Einzelteilebene am größten und sinkt mit steigender Komplexität (Bauteil, Baugruppe, etc.) [11].

Neben dem Einsatz von Wiederholteilkatalogen bieten Baureihen einen Rationalisierungsansatz für Produktentwicklungen, bei denen dieselbe Funktion mit dem gleichen Lösungsprinzip und ähnlichen Eigenschaften für einen breiten Anwendungsbereich zu erfüllen ist. Als **Baureihe** werden technische Gebilde wie Maschinen, Baugruppen oder Einzelteile bezeichnet, die

- dieselbe Funktion

- mit der gleichen Lösung

- in mehreren Größenstufen

- bei identischer Fertigung in einem weiten Anwendungsbereich erfüllen [27].

Bei der Entwicklung von Baureihen wird von einem bereits existierenden Grundentwurf einer Maschine, Baugruppe oder eines Einzelteils ausgegangen, auf dessen Basis mit Hilfe von Ähnlichkeitsgesetzten andere Baugrößen als Folgeentwürfe abgeleitet werden.

Müssen in einem Produktprogramm bei einer oder mehreren Größenstufungen verschiedene Funktionen erfüllt werden, so ergibt das bei einer Einzelkonstruktion eine Vielzahl unterschiedlicher Produkte mit einem entsprechend hohen konstruktiven und fertigungstechnischen Aufwand. Dies kann zu Problemen in der Fertigung führen, da z.B. durch eine hohe Teilevielfalt der Einsatz hochproduktiver Spezialmaschinen verhindert wird. Aus diesem Grunde sind **Standardisierungen** anzustreben, die jedoch die notwendige Vielfalt der Produkte nicht einengen sollten. Eine große Bedeutung kommt in diesem Zusammenhang Normungen als Vereinheitlichung der Einzelteile und Typungen als Standardisierung von Teilen, Baugruppen oder kompletten Erzeugnissen zu. Zur Standardisierung muß ein Spektrum von Erzeugnisbestandteilen unterschiedlicher Gruppen nach Ähnlichkeitskriterien geordnet werden. Dazu bieten sich z.B. Ordnungssysteme wie Klassifizierungssysteme [vgl. Kap. 7.2.4.2] und Sachmerkmalleisten [vgl. Kap. 7.2.4.3] an. Die Verwendung einer Standardisierung ermöglicht auch die Aufwertung von Produkten, da im Rahmen von Wartungs- und Reparaturarbeiten die bestehenden Baugruppen durch verbesserte, die z.B. mehr Funktionen aufweisen, ersetzt werden. Beispielsweise lassen sich in Werkzeugmaschinen standardisiert konstruierte Steuerungen gegen neue austauschen.

Eine konsequente Umsetzung der Standardisierungsmaßnahmen stellt das **Baukastensystem** dar, bei dem standardisierte Maschinen, Baugruppen und einzelne Teile als Bausteine in unterschiedlichen Kombinationen zu speziellen Typen eines Grunderzeugnisses zusammengefügt werden. Hierfür wird die Gesamtfunktion in verschiedene standardisierte Funktionsbausteine zerlegt. Die Elemente eines Baukasten müssen als Bausteine zwei Mindestanforderungen genügen [42]:

- Vorhandensein von Paß- oder Anschlußstellen

- Austauschbarkeit aufgrund der Normung

Dabei wird unterschieden zwischen Grundbausteinen, Hilfsbausteinen, Sonderbausteinen und Anpaßbausteinen und sogenannten Nicht-Bausteinen, welche die im Baukastensystem nicht vorhersehbaren auftragsspezifischen Funktionen erfüllen. Baukastensysteme, die nicht ausschließlich Bausteine, sondern auch Nicht-Bausteine enthalten, werden als Mischsysteme bezeichnet (Bild 7.10). Der Einsatz eines Baukastensystems ist in technischer und wirtschaftlicher Hinsicht besonders sinnvoll, wenn einerseits die Funktionsvarianten eines Produktprogramms nur in kleinen Stückzahlen gefertigt werden sollen, und es andererseits möglich ist, die geforderten Varianten durch eine nur geringe Anzahl von Grund- und Zusatzbausteinen zu realisieren.

Die Verwendung von EDV-Systemen oder EDV-gestützten Hilfsmitteln, welche die Ausführung der Konstruktionstätigkeiten erleichtern, führt in der Regel zu einer Reduzierung des Arbeitsaufwandes, *weshalb der EDV-Einsatz im Bereich der Konstruktion sowohl technisch als auch wirtschaftlich als sehr sinnvoll eingestuft werden kann* [11].

Bedingt durch den enormen Preisverfall auf dem Gebiet der Hard- und Software kommen in den letzten Jahren zunehmend sogenannte **Computer Aided Design** (CAD) - Systeme zum Einsatz, die in der Lage sind, geometrische und technologische Daten zu verarbeiten und so den Konstrukteur bei der Erstellung von technischen Zeichnungen, Stücklisten und anderen Fertigungsunterlagen zu unterstützen. Mit Hilfe eines CAD-Systems lassen sich technische Zeichnungen vereinfacht erstellen und speichern. Darüber hinaus ermöglichen sie ein einfaches Ändern, Duplizieren und Wiederverwenden

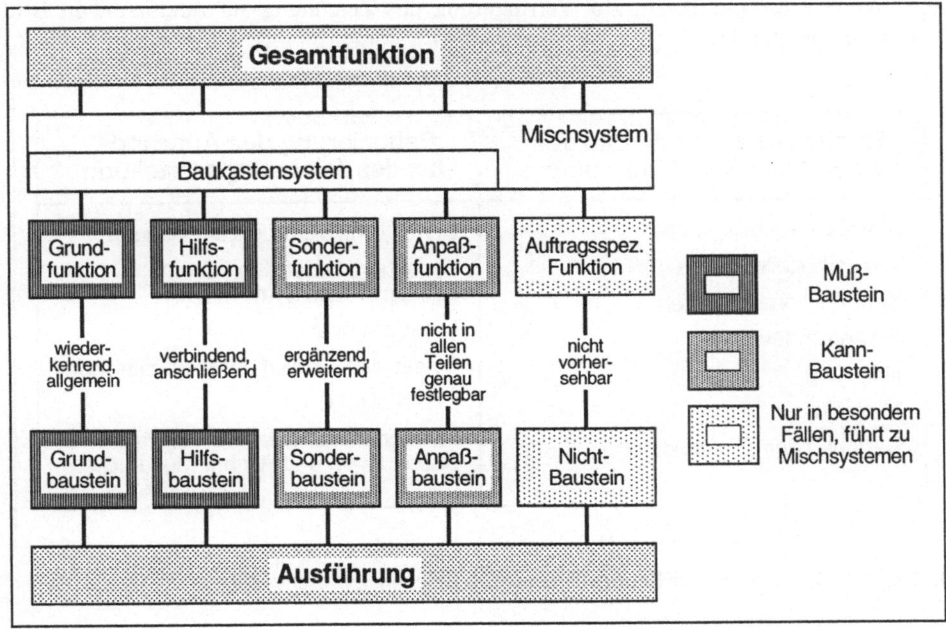

Bild 7.10: Funktions- und Bausteinarten bei Baukasten- und Mischsystemen [11, 27]

der bereits vorhandenen Unterlagen. Beispiele für die Leistungsfähigkeit eines moder nen CAD-Systems sind u.a. die maßstabsgetreue zwei- und dreidimensionale Bauteilmodellierung, die einfache Erstellung von Schnittzeichnungen, Ansichten und NC-Programmen sowie die Möglichkeit zur Simulation von Vorgängen und Abläufen, wie z.B. Kollosionskontrollen. Weiterhin bilden sie die Grundlage für den Einsatz spezieller Methoden, wie z.B. der Finiten Elemente Methode (FEM).

Für die Aufbewahrung von Zeichnungen hat sich neben der elektronischen Speicherung in der Praxis die **Mikrofilmtechnik** bewährt und die Verwendung von konventionellen Zeichnungsschränken weitgehend verdrängt. In der Mikrofilmtechnik werden die graphischen Informationen i.d.R. auf Filmdatenkarten gespeichert, die aufgrund ihrer nahezu unbegrenzten Lebensdauer eine gute Möglichkeit zur langfristigen Sicherung und Aufbewahrung, z.B. aufgrund von Haftungsbestimmungen, bieten.

Wegen des nur geringen Platzbedarfs - Platzersparnis bis zu 90% gegenüber Zeichnungsschränken - und der hohen Qualität der Filmdatenkarten eignen sie sich gut zur dezentralen Archivierung und ermöglichen einen direkten Abruf der gespeicherten Informationen mit kurzer Zugriffszeit und hoher Zugriffsfrequenz. Eine weitere Möglichkeit zur kostengünstigen und platzsparenden Archivierung von Informationen bieten die ca. postkartengroßen Microfiches, deren Anwendung aber primär im Schriftgutbereich liegt. Weitere Möglichkeiten zur Verringerung des Zeichnungsaufwands sind in Bild 7.11 zusammengefaßt.

Reduzierung der Anzahl von zu erstellenden Zeichnungen	Reduzierung des Aufwands bei der Zeichnungserstellung
Klassifizierungssysteme	Sorten- und Vordruckzeichnungen
Wiederholteilkataloge	Einfachere Darstellung durch Richtlinien und Symbole
Konstruktionskataloge	Reprozeichnen
Standardisierung	Einsatz von Projektionszeichentischen
Normung	Einsatz von CAD
Mikrofilm	Zusammenkopieren von Vordruckzeichnungen und Rechnerausdrucken
Beratung der Konstruktion	

Bild 7.11: Möglichkeiten zur Rationalisierung des Zeichnungswesens [11]

7.2.2 Stücklistenwesen

Laut Definition ist eine Stückliste ein *formalisiertes Verzeichnis der eindeutig bezeichneten Bestandteile einer Einheit des Erzeugnisses bzw. einer Baugruppe mit Angabe der zu seiner bzw. ihrer Herstellung erforderlichen Menge* [14]. Stücklisten haben also die Aufgabe, den Aufbau eines Produkts in bezug auf die gegenseitige Zuordnung von Baugruppen und Einzelteilen nach Art und Menge zu beschreiben. Wie oben bereits angedeutet, sind Stücklisten daher von elementarer Bedeutung für die Verständigung zwischen den einzelnen Abteilungen eines Werkes, z.B. Fertigung und Materialdisposition, und bilden zusammen mit den technischen Zeichnungen die Grundlage des betrieblichen Informationssystems zur Auftragsabwicklung. Im Gegensatz zu Aufbauübersichten, Stammbäumen und Erzeugnisgliederungen [vgl. Kap. 7.2.3] stellen Stücklisten die Erzeugnisstruktur nicht graphisch, sondern grundsätzlich in Form einer Liste dar.

Die **Anordnung** der Stücklisten kann auf zwei verschiedene Arten geschehen, nämlich entweder als gebundene oder als ungebundene bzw. lose Stückliste, welche nicht direkt auf der zugehörigen Zeichnung, sondern auf einem eigenen Vordruck angefertigt wird. Aufgrund ihres beliebigen Umfangs und ihrer großen Vorteile in Hinblick auf Erstellung, Verarbeitung und Speicherung mit Hilfe der maschinellen Datenverarbeitung hat sich die lose Stückliste in allen größeren Betrieben durchgesetzt. Die Verwendung von losen Stücklisten erleichtert auch die Zusammenstellung eines **Stücklistensatzes**, der alle Stücklisten eines Erzeugnisses umfaßt. Obwohl die äußere Form von Stücklisten aufgrund des großen Variantenreichtums i.a. uneinheitlich ist, setzt sich die **Struktur** aus nur wenigen Datengruppen zusammen, welche im folgenden erläutert werden:

- Die **Kopfzeile** enthält Informationen zur Identifikation und Benennung des beschriebenen Erzeugnisses. Geschieht dies ohne Angabe von Auftragsnummer, Terminen und Dispositionsdaten, handelt es sich um eine Grund-, Stamm- oder auftragsneutrale Stückliste. Andernfalls spricht man von einer Auftragsstückliste.

- Im Gegensatz dazu enthalten die **Positionszeilen** neben der Benennung und der Identifikation auch die Mengenangaben für die Einzelteile des im Stücklistenkopf beschriebenen Erzeugnisses, wobei Baugruppen durch ein besonderes Merkmal gekennzeichnet werden. Diese können durch weitere Angaben, wie z.B. Auftragsdaten und Dispositionsangaben ergänzt werden.

- Zur Verwaltung und Steuerung im Betrieb enthalten Stücklisten eine oder mehrere **organisatorische Stücklistenzeilen**, die ähnlich den zeichnungsbezogenen organisatorischen Daten, Informationen über den Bearbeiter sowie Prüf- und Bearbeitungsangaben liefern.

Aufgrund der zentralen Bedeutung von Stücklisten für die Konstruktion und den Betriebsablauf insgesamt wird zur Erfüllung ihrer **Aufgaben** eine Reihe von **Anforderungen** an ihren Aufbau gestellt [12, 13]:

1. Stücklisten haben die Aufgabe, die Erzeugnisstruktur eines Produktes zu verdeutlichen. Daher muß bei ihrem Aufbau die Erzeugnisgliederung [vgl. Kap. 7.2.3] berücksichtigt werden.

2. Auf Basis der Stückliste kann eine Mengenbestimmung der Teile und Baugruppen sowie eine Festlegung der dazugehörigen Termine vorgenommen werden.

3. Stücklisten erleichtern und vereinfachen Änderungen.

4. Stücklisten werden zur Dokumentation des Auslieferungszustandes eines Auftrags herangezogen.

5. Stücklisten liefern die benötigten Informationen für die Erstellung der Kopfzeilen von Arbeitsplänen sowie der Bestellunterlagen für Zukaufteile und vereinfachen daher die Bedarfsrechnung.

6. Die Übersichtlichkeit von Stücklisten ist sehr wichtig. Sie sollten daher einen geringen Umfang und ein möglichst geringes Datenvolumen haben.

7. Letztlich sind Stücklisten Grundlage für die Anfertigung weiterer Listen, wie z.B. Fertigungs-, Montage- und Versandstücklisten, Mengengerüsten und Verwendungsnachweisen sowie Vor-, Zwischen- und Nachkalkulationen. Daher sollte auf eine maschinelle Verarbeitbarkeit geachtet werden.

Die stark unterschiedlichen Bedingungen für den Einsatz von Stücklisten führten zur Entwicklung verschiedener Stücklistenarten, welche den spezifischen Anforderungen variantenreicher Produktpaletten, hochgradig komplexer Erzeugnisstrukturen und dem Einsatz maschineller Datenverarbeitung besser genügen. Die wichtigsten **Stücklistenarten** sind:

- Übersichts- oder Mengenstückliste

- Strukturstückliste

- Baukastenstückliste

- Mischformen (Varianten), die sich aus den drei Grundarten zusammensetzen

Die einfachste Stücklistenart ist die **Übersichts- oder Mengenstückliste**. Sie enthält eine Auflistung aller Einzelteile mit Bezeichnungen sowie Mengenangaben und ist, da sie keine Struktur erkennen läßt, nur für Erzeugnisse mit wenigen Fertigungsstufen und einer überschaubaren Anzahl von Einzelteilen geeignet.

Eine **Strukturstückliste** (Bild 7.12) beschreibt den strukturellen Aufbau eines Erzeugnisses, indem die einzelnen Teile nicht nur aufgelistet, sondern auch den entsprechenden Baugruppen zugeordnet werden. Sie findet Verwendung in Unternehmen mit einem geringen Wiederverwendungsgrad von Baugruppen und einfachen Erzeugnisstrukturen, da bei zu komplexen Erzeugnissen die Übersichtlichkeit verloren geht.

Ein gravierender Nachteil liegt in der wiederholten Aufführung ganzer Baugruppen mit ihren einzelnen Komponenten, sofern diese mehrfach auftreten. Der typische Aufbau dieser Stückliste erschwert das Finden bestimmter Baugruppen mit der zugehörigen Teileposition innerhalb der Strukturliste. Die sich so für den Änderungsdienst in bezug auf den Einsatz von Wiederholteilgruppen ergebenen Nachteile lassen sich i.d.R. nicht durch den Einsatz eines Teileverwendungsnachweises [vgl. Kap. 7.2.3] kompensieren.

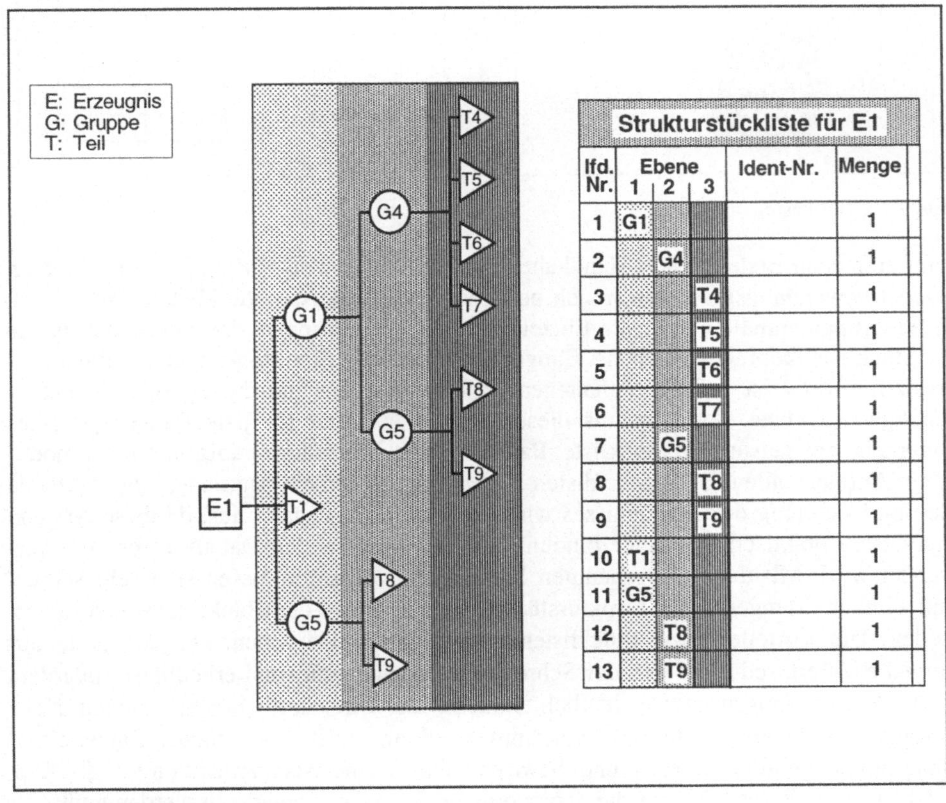

Strukturstückliste für E1				
lfd. Nr.	Ebene 1	Ebene 2	Ebene 3	Ident-Nr.	Menge

lfd. Nr.	Ebene 1	Ebene 2	Ebene 3	Ident-Nr.	Menge
1	G1				1
2		G4			1
3			T4		1
4			T5		1
5			T6		1
6			T7		1
7		G5			1
8			T8		1
9			T9		1
10	T1				1
11	G5				1
12		T8			1
13		T9			1

Bild 7.12: Strukturstückliste

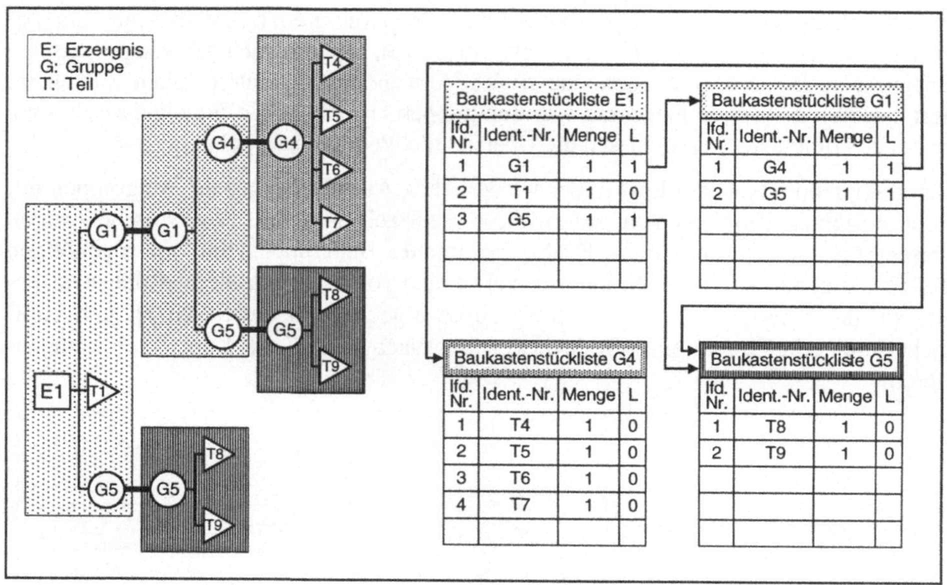

Bild 7.13: Baukastenstückliste

Zum einfachen Erstellen und Handhaben der Stücklisten von Erzeugnissen mit hohem Wiederverwendungsgrad eignen sich besonders die **Baukastenstücklisten** (Bild 7.13). Je Baugruppe enthält sie nur die Einzelteile bzw. Untergruppen, die unmittelbar in die im Stücklistenkopf beschriebene Baugruppe eingehen. Eine sogenannte Auflösungskennziffer verweist auf die enthaltenen Unterbaugruppen und die zugehörige, eigenständige Stückliste. Als Ergebnis dieser Struktur existiert für jede Baugruppe eines Unternehmens genau eine Stückliste. Baukastenstücklisten liegen aufgrund ihres modularen Aufbaus allen EDV-Stücklisten-Verwaltungssystemen zugrunde. Die fehlende Gesamtdarstellung des Erzeugnisses wirkt sich i.a. nicht negativ aus, da diese Art von Stücklisten praktisch nur in Verbindung mit der maschinellen Datenverarbeitung verwendet wird. Mit diesen sogenannten Stücklistenprozessoren lassen sich sehr schnell und einfach Mengen- und Strukturstücklisten auf Basis der Baukastenstückliste erstellen. Die Vorteile dieser Stücklistenart sind leicht einzusehen. Da jede Liste nur einmal existiert, reduziert sich der Schreib- und Speicheraufwand erheblich. Außerdem ist der Verwendungsnachweis deutlich einfacher und wirtschaftlicher zu erstellen. Neue Erzeugnisse können so durch die Zusammenstellung bereits vorhandener Bauteile und Baugruppen gebildet werden und bewirken damit eine Standardisierung [vgl. Kap. 7.2.1.3], da in diesem Fall nur die übergeordnete Stückliste neu erstellt werden muß.

Weiterhin kommt eine Reihe von Mischformen der oben angesprochenen Stücklisten-Grundarten zum Einsatz, welche die jeweiligen Vorteile der Grundtypen unterschiedlich stark ausnutzen. Von großer praktischer Bedeutung ist insbesondere die **Variantenstückliste**, die durch ihren speziellen Aufbau besonders für Baugruppen und Erzeugnisse mit einer nur geringen Anzahl variierender, ansonsten aber identischer Einzelteile geeignet ist. Diese Teile werden in einer eigenständigen Stückliste, der sogenannten Gleichteileliste, aufgeführt. Die spezifischen Stücklisten enthalten die jeweiligen variierenden Einzelteile und verweisen in einer Positionszeile auf die gemeinsamen Teile in der Gleichteileliste. Da durch diesen Aufbau zahlreiche Varianten ohne umfangreiche Stücklisten definiert werden können und bei eventuellen Änderungen nur jeweils eine Stückliste geändert werden muß, reduziert sich vor allem in Unternehmen mit einer hohen Variantenanzahl der Arbeitsaufwand für den Änderungsdienst und die Disposition erheblich.

Eine Normierung von Stücklistenaufbau, -inhalt und -darstellungsart, in ähnlicher Weise wie bei den technischen Zeichnungen, konnte bisher trotz großer Bemühungen nicht verwirklicht werden, da die Anforderungen vieler Erzeugnisse an die Stücklisten zu unterschiedlich sind [43]. Die Auswahl einer in bezug auf Aufbau, Inhalt und Verarbeitung optimalen Stückliste muß aufgrund der variierenden Gegebenheiten betriebsspezifisch erfolgen. Bild 7.14 zeigt eine Zusammenfassung der spezifischen Vor- und Nachteile der verschiedenen Stücklistenarten.

	Übersichtsstückliste	Strukturstückliste	Baukastenstückliste	Variantenstückliste
Übersichtlichkeit	gut	gut	schlecht	schlecht
Gruppenzugehörigkeit erkennbar	schlecht	gut	gut	gut
Änderungsdienst	einfach	aufwendig	einfach	einfach
Umfang	gering	groß	gering	gering
Bedarfsrechnung	einfach	einfach	aufwendig	aufwendig
Berechnung des Nettobedarfs pro Baugruppe	aufwendig	einfach	einfach	einfach

Bild 7.14: Vor- und Nachteile verschiedener Stücklistenarten

7.2.3 Erzeugnisgliederung und Teileverwendungsnachweis

Die steigende Komplexität der Produkte und die i.a. abnehmende Fertigungstiefe, d.h. ein wachsender Anteil von Zukaufteilen [vgl. Kap. 2.2.4] machen eine Strukturierung in Bauteile und Baugruppen erforderlich. Eine klare Aufschlüsselung aller Erzeugnisse bis hinunter auf Einzelteilebene ist auch Voraussetzung für eine rationelle Fertigung mit einer Vielzahl von Varianten, die als Baukastensysteme und Baureihen verwirklicht sind [26]. Des weiteren sprechen die folgenden Argumente für die Verwendung einer Erzeugnisgliederung [12]:

- Erleichterung der Wiederverwendung vorhandener Teile in der Entwicklung

- Optimierung der Materialdisposition für Halbzeuge und Fremdfertigungsteile

- Vereinfachung der Angebotskalkulation durch eine klare Gliederung und eine einheitliche Abgrenzung der einzelnen Baugruppen

- Verbesserung der Auftragsabwicklung durch eine einheitliche Gliederung

- Optimierung der Steuerung von Fertigung und Montage

- Die Möglichkeit zu einer gegenseitigen Abstimmung des strukturellen Aufbaus anderer Systeme zum innerbetrieblichen Informationsaustausch, wie z.B. das Zeichnungs-, Stücklisten- und Klassifizierungswesen durch eine umfassende Erzeugnisgliederung

Eine Möglichkeit zur Aufschlüsselung aller Erzeugnisse bietet die in DIN 6789 [9] beschriebene **Erzeugnisgliederung** (Bild 7.15), unter der eine Aufteilung des Erzeugnisses in kleinere Einheiten verstanden wird. Abhängig von ihrer Darstellungsart wird sie auch als Stammbaum oder Aufbauübersicht bezeichnet, wobei letztere besonders anfällig für Änderungen ist und einen erheblich größeren Umfang hat, da sie z.B. die Einzelteile meistens noch als Rohteile bzw. Halbzeuge ausgibt [9].

Die Kriterien zur Strukturierung einer Erzeugnisgliederung können variieren und richten sich nach dem vorrangigen Einsatzzweck. Eine Unterscheidung nach funktionalen Gesichtspunkten ist z.B. für die Angebotsbearbeitung sinnvoll, da ein Kundenauftrag bzw. eine Kundenanfrage i.d.R. nur eine Beschreibung der zu erfüllenden Funktionen beinhaltet. Gegliedert wird in diesem Fall nach Hauptfunktionsgruppen, Funktionsgruppen und Funktionsträgern. Eine Unterscheidung in bezug auf Hauptbaugruppen, Baugruppen und Einzelteilen hingegen entspricht einer fertigungs- und montagegerechten Gliederung [11]. Ähnlich der oben angesprochenen Stücklistenstruktur existiert aufgrund der widersprüchlichen Interessen der verschiedenen Unternehmens-

bereiche für die Erstellung einer Erzeugnisgliederung keine allgemeine Vorgehensweise. Der Aufbau einer geeigneten Struktur sollte daher durch eine Arbeitsgruppe aus
den betroffenen Bereichen realisiert werden. Durch diese Vorgehensweise werden die
Anforderungen aller berücksichtigt und nachträglich anfallende Änderungen auf ein
Minimum reduziert.

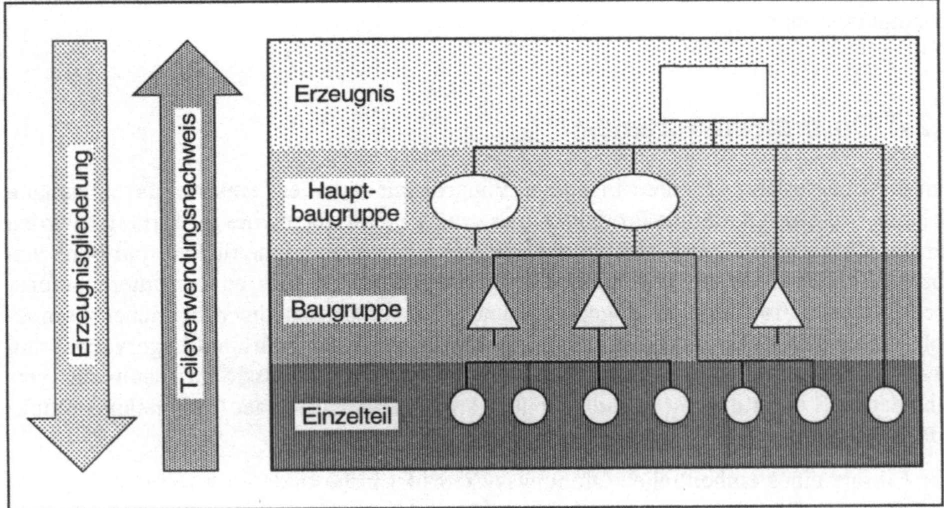

Bild 7.15: Teileverwendungsnachweis und Erzeugnisgliederung

Der **Teileverwendungsnachweis** (Bild 7.15) gibt Antwort auf die Fragestellung, in
welcher Baugruppe bzw. in welchem Erzeugnis bestimmte Einzelteile oder Teilegruppen enthalten sind. Er ist quasi die synthetische Betrachtung einer Erzeugnisstruktur
und damit die Umkehrung der analytischen Betrachtungsweise einer Stückliste [13].
Analog zu den bereits bei den Stücklisten aufgeführten Grundformen existieren auch
hier die sogenannten Mengen- oder Übersichts-, Struktur-, Baukasten- und Misch-
formenverwendungsnachweise, welche die oben bereits erläuterten charakteristischen
Merkmale aufweisen. Diese vollständige Form des Nachweises ermöglicht es anhand
einer Liste sofort abzulesen, für welche Fertigprodukte und Baugruppen bestimmte
Teile benötigt werden bzw. welche Produkte im Falle einer Änderungsanweisung berücksichtigt werden müssen. Normstellen erhalten durch die Verwendungsnachweise
einen Überblick über die verwendeten Normteile und Werkstoffe. Diese Kenntnis ist
Voraussetzung für die Verringerung der Teilevielfalt. Des weiteren kann bei erhöhtem
Ausschuß oder Lieferverzögerungen auf der Grundlage eines Mengenverwendungs-
nachweises entschieden werden, welche Produkte von den Auswirkungen betroffen sind
und welche Maßnahmen für die Beseitigung des Engpasses getroffen werden müssen.

Bei der Speicherung von Stücklisten mit Hilfe der maschinellen Datenverarbeitung werden die Teileverwendungsstrukturen von Stücklistenprozessoren automatisch mit aufgebaut, so daß ein vollständiger Verwendungsnachweis sehr einfach erzeugt werden kann. Es ist i.d.R. nicht erforderlich, alle Teileverwendungsnachweise und Erzeugnisgliederungen graphisch darzustellen, da eine Aufschlüsselung in Listenform meistens ausreichend ist. Im Einzelfall ist dieses aber eine sinnvolle Ergänzung der übrigen Dokumentationen.

7.2.4 Nummernsysteme

Um die Übersichtlichkeit der Einzelteile, Baugruppen und aller damit in Zusammenhang stehenden Unterlagen eines Produktes bzw. eines Produktbereiches zu fördern, wurden verschiedene Ordnungssysteme entwickelt, die Basis einer einheitlichen und bereichsübergreifenden Ordnungssystematik im Unternehmen sind. Ein an die unternehmensspezifischen Anforderungen angepaßtes und zu allen Unternehmensbereichen kompatibles System, z.B. für die Zeichnungs-, Stücklisten-, Arbeitsplan- und Lagerverwaltung sowie das Ersatzteilwesen, erleichtert den Informationsaustausch zwischen den verschiedenen Stellen und ist grundlegende Voraussetzung für einen rationellen Produktionsablauf.

Der Einsatz eines einheitlichen Ordnungssystems ist insbesondere im Bereich der Konstruktion von Bedeutung, da hier lange Aufbewahrungsfristen gelten und der Umfang der Unterlagen für die Dokumentation besonders groß ist. Diese Systeme werden als Nummern- oder Codiersysteme bezeichnet, wobei die Begriffe Nummerungssystem, Code, Schlüssel und Schlüsselsystem synonym verwendet werden. Mit Hilfe dieser auf Ziffern und Zeichen basierenden Systeme lassen sich, z.B. bei nötigen Änderungen oder Einsatz eines Wiederholteilkataloges, wichtige Aussagen über Herkunft und Änderungszustand eines Produktes ableiten sowie weitere Informationen, wie z.B. Form, Werkstoff und Bearbeitungsverfahren, effizient gewinnen.

Zusätzlich besteht die Möglichkeit, nicht nur ein einzelnes Objekt, sondern eine ganze Gruppe von gegeneinander austauschbaren Objekten durch eine Nummer zu kennzeichnen, sofern die Objekte in bezug auf die vorgegebenen Toleranzen gleich sind. Dies ist in der Produktion insbesondere für Ersatz-, Austausch- und Normteile von Bedeutung.

Der Forderung nach Vereinheitlichung trägt die DIN 6763 [6] Rechnung, nach welcher die einzelnen Nummern auf verschiedene Arten, nämlich als numerische, z.B. 0815-007, alphanumerische, z.B. AB-123-98C, oder Alpha-Zeichen, z.B. XYZ-ABCD, verknüpft werden. Letztere bilden in der industriellen Praxis die große Ausnahme. Genormte Vorgaben für die bildliche Darstellung von Nummernsystemen in einem Nummernschema gibt es hingegen bisher nicht.

Voraussetzung für die Schaffung und Aufrechterhaltung eines Nummernsystems geeigneter Art und Struktur ist aufgrund der zum Teil stark variierenden Gegebenheiten, eine detaillierte Analyse der **betriebsspezifischen Einflußfaktoren**. Einige Beispiele hierfür sind im folgenden aufgeführt [42]:

- Aufgaben des Nummernsystems, z.B. Klassifizierung von Einzelteilen für Wiederholteilkataloge oder Erfassung der Produkte mit Stammdaten bzw. auftragsabhängigen Daten, wie z.B. Auftragsart und Auftragsnummer

- Umfang, Art und Komplexität der Produktpalette

- Produktionsart, z.B. Einzel-, Gruppen- oder Fließfertigung

- Organisationsform, z.B. von Fertigung, Vertrieb, Änderungs- und Kundendienst

- andere organisatorische Gegebenheiten, z.B. Archivierungsvorgaben oder der Einsatz von Systemen zur elektronischen Datenverarbeitung (EDV)

Die gute Anpassung des verwendeten Nummernsystems an die jeweiligen Gegebenheiten ist insbesondere im Bereich der Konstruktion, aber auch für den gesamten Betriebsablauf von großer Bedeutung. Es werden daher verschiedene **Anforderungen** an ein modernes Nummernsystem gestellt, die sich wie folgt zusammenfassen lassen [26]:

- **Identifikation**, d.h. die eindeutige und unverwechselbare Kennzeichnung von Gegenständen und Sachverhalten innerhalb eines Geltungsbereiches

- **Klassifikation**, d.h. die Einordnung von Gegenständen und Sachverhalten in Gruppen (Klassen)

- **Handhabung**, d.h. die Möglichkeit zur unabhängigen Verwendung der identifizierenden und der klassifizierenden Teilenummer

- **Verwendung**, d.h. im Interesse einer guten Verständlichkeit und Merkfähigkeit sollte auf einen logischen Systemaufbau und eine eindeutige Terminologie sowie die Begrenzung der Nummernlänge auf acht Stellen geachtet werden

- **Kompatibilität** zu den Anforderungen der EDV

- **Erweiterbarkeit**, d.h. Möglichkeit zur Berücksichtigung zukünftiger Anforderungen

Sachnummernsysteme sind nach DIN 6763 [6] solche Nummernsysteme, *welche die betriebliche Nummerung sämtlicher in der Entwicklung und Fertigung zur Auftragsabwicklung benötigten Gegenstände und Unterlagen aller Unternehmensbereiche umfassen.* Neben den Klassifizierungssystemen können sie als die bedeutendsten Nummernsysteme der Produktionsunternehmen angesehen werden.

Identifizieren und Klassifizieren sind, wie bereits angesprochen, wichtige Aufgaben eines Sachnummernsystems. Um diesen Aufgaben gerecht zu werden, kann die Verknüpfung der einzelnen Nummern auf zwei verschiedene Arten realisiert werden, nämlich als voneinander abhängige oder voneinander unabhängige Nummern.

Im Fall der sogenannten verzweigten oder **Verbundnummernsysteme erster Art** werden identifizierende und klassifizierende Merkmale nicht voneinander getrennt [6]. In diesem System wird zur Identifikation eines Teils die gesamte Verbundnummer herangezogen, aus der auch die Stellung des Einzelteils innerhalb des gesamten Produktes hervorgeht (Bild 7.16). Da sich Verbundnummern dieser Art aufgrund ihrer Struktur nicht für die Verschlüsselung spezifischer Einzelteildaten, wie z.B. Werkstoff, Abmessungen, Funktion, usw. eignen, und identische Teile durch ihre Einordnung in unterschiedliche Produkte verschiedene Nummern erhalten, ist die Suche nach ähnlichen Teilen anhand der Nummer nicht möglich. Hinzu kommt, daß aufgrund der starren Struktur nur eingeschränkte Erweiterungsmöglichkeiten für dieses System bestehen.

Den größten Nachteil des Verbundnummernsystems erster Art stellt jedoch die mangelnde EDV-Eignung dar. Es ist prinzipiell möglich, durch Übernahme der konventionellen Sachnummer und paralleles Anfügen einer zusätzlichen Zählnummer eine EDV-Verarbeitung zu ermöglichen. In der Regel stellt dieses jedoch eine nur unbefriedigende Lösung dar, da trotz einer sehr umfangreichen Nummer die Nachteile dieses Nummernsystems erhalten bleiben.

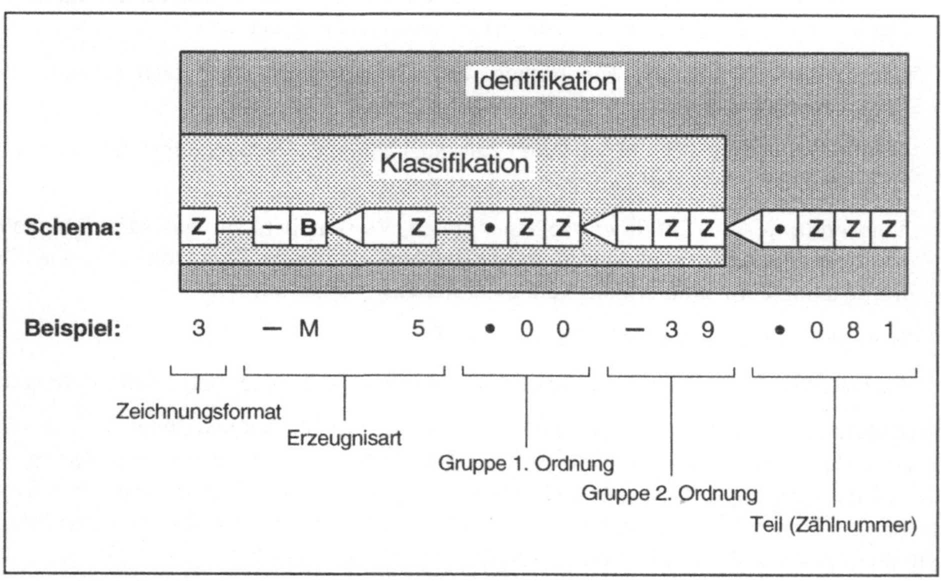

Bild 7.16: Verbundnummernsystem erster Art [6, 29]

Daher wird in der Praxis meist das **Verbundnummernsystem zweiter Art** verwendet, welches aus einem identifizierenden und einem davon entkoppelten klassifizierenden Teil besteht (Bild 7.17) [6]. Die sich so bietende Möglichkeit zur unabhängigen Änderung der beiden Nummernteile stellt den großen Vorteil dieses Systems dar. Die auch als Artikel- oder Identnummer bezeichnete Identifizierungsnummer setzt sich aus einer systemfreien und damit unbegrenzt erweiterbaren, fortlaufenden Zählnummer zusammen. Durch die angefügte Klassifizierungsnummer bietet die Identnummer die Möglichkeit, nicht nur das einzelne Teil, sondern alle für den Arbeitsablauf relevanten Unterlagen zu kennzeichen. Weiterhin ermöglicht sie kurze Zugriffszeiten, eine Verringerung der Fehleranzahl bei der Verwendung eines EDV-Systems sowie eine dezentrale Nummernvergabe [29].

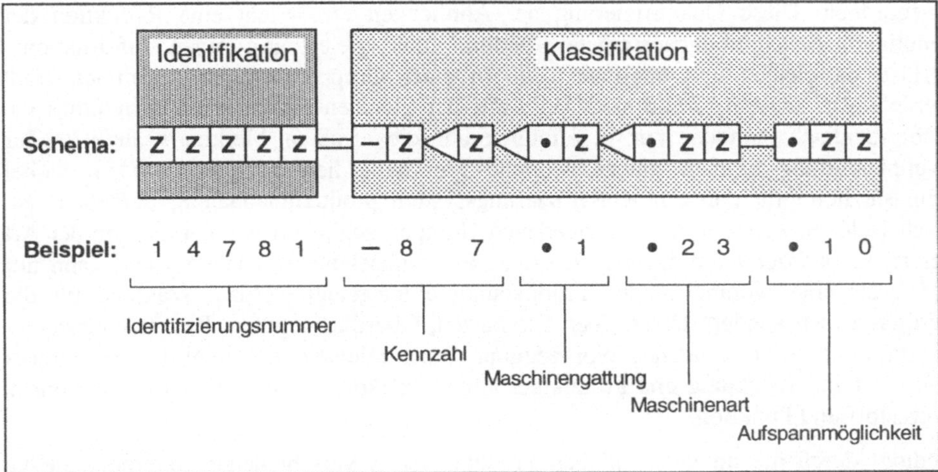

Bild 7.17: Verbundnummernsystem zweiter Art [6, 29]

In der Vergangenheit wurde das Verbundnummernsystem zweiter Art oftmals auch als Parallel-Nummernsystem bezeichnet. Ein **Parallel-Nummernsystem** liegt heute jedoch nach DIN 6763 [6] vor, wenn für dasselbe Teil zwei oder mehr Nummern (parallel) geführt werden. In der Regel ist eine dieser Nummern die betriebsinterne Nummer, während die anderen von den Kunden vergegeben werden. Dieses ist z.B. häufig in der Automobilzulieferindustrie anzutreffen.

Die Klassifizierungs- oder Ordnungsnummern haben einen anderen Aufgabenschwerpunkt. So lassen sich mit ihr Rückschlüsse auf nähere Informationen über das Objekt, wie Form, Funktion und Toleranzen ziehen. Außerdem ermöglicht sie die Auffindung identischer oder ähnlicher Teile mit Hilfe von Klassifizierungssystemen und Sachmerkmalleisten (Bild 7.19) sowie Formen- und Ergänzungsschlüsseln. Da jedoch die Zuordnung eines Objektes zu einem Produkt anhand der Nummer nicht möglich ist, muß für diesen Zweck ein Teileverwendungsnachweis [vgl. Kap. 7.2.3] geführt werden. Ein weiterer Nachteil liegt in der großen Stellenzahl für den praktischen Gebrauch, da sie aufgrund ihrer Struktur mehr Stellen als eine vergleichbare Verbundnummer erster Art benötigen.

Klassifizierungssysteme ermöglichen unter Verwendung einer alphanumerischen Verschlüsselung den systematischen und gezielten Zugriff auf bereits vorhandene Suchmerkmale und Unterlagen sowie die Auffindung gleicher bzw. in bezug auf Konstruktion und Fertigung ähnlicher Teile. Zielsetzung beim Aufbau eines Klassifizierungssystems ist es, die gesamte Bandbreite der Teile im Hinblick auf ihre konstruktive bzw. fertigungstechnische Ähnlichkeit in eine begrenzte Anzahl von Gruppen oder Klassen einzuordnen. Diese Quantifizierung der Ähnlichkeit ermöglicht eine Reduktion der benötigten Beschreibungsparameter, bedingt aber gleichzeitig einen Informationsverlust, da gleiche und ähnliche Teile in einer Gruppe (Klasse) zusammengefaßt werden. Aus diesem Grund sind Teile mit der gleichen Klassifizierungsnummer i.a. nicht identisch, sondern nur in Hinblick auf die erfaßten Merkmale ähnlich. Zur Gruppenbildung können unterschiedliche Merkmale herangezogen werden, wobei grundsätzlich gilt, daß ein Klassifizierungssystem produktunabhängig aufgebaut ist. Nach welchen Kriterien die verschiedenen Gruppen gegliedert werden, ist von der Art der zu klassifizierenden Erzeugnisse bzw. Erzeugniselemente abhängig und kann nur auf Basis einer vorangehenden Produktanalyse festgelegt werden. Während für die Fertigung insbesondere Daten über Toleranzen, Oberflächengüten, Bearbeitungseigenschaften und zu verwendende Werkzeugmaschinen relevant sind, liegt das Augenmerk von Produktentwicklung und Produktgestaltung auf konstruktiven Kriterien wie Form, Werkstoff und Funktion.

Bedingt durch die unterschiedlichen Produktpaletten verschiedener Unternehmen hat sich in der industriellen Praxis eine Vielzahl verschiedener Systeme zur Klassifizierung von Einzelteilen herausgebildet. Obwohl für oft anzutreffende Einzelteile und Baugruppen im Maschinenbau überbetriebliche Systeme entwickelt worden sind, gibt es bis dato kein genormtes oder universell einsetzbares System zur erzeugnisunabhängigen Teileklassifizierung.

Ein Großteil der im Maschinenbau eingesetzten Klassifizierungssysteme geht jedoch auf das formbeschreibende **System von Opitz** [24] zurück, welches vor allem für mechanisch zu bearbeitende Erzeugnisse geeignet ist (Bild 7.18). Ein fünfstelliger Formenschlüssel ermöglicht die numerische Codierung von Informationen über Form und Bearbeitungsverfahren des zu klassifizierenden Teils, während der Ergänzungsschlüssel mit seinen vier Stellen weitere Informationen über Abmessungen, Werkstoff, Ausgangsform und Genauigkeit beinhaltet. In der ersten Stelle des Formschlüssels wird zwischen rotations- und nichtrotationssymmetrischen Teilen bei gleichzeitiger Aussage über das Verhältnis von Länge zu Durchmesser bzw. Länge zu Breite und Länge zu Höhe unterschieden. Die sich so ergebende Grobklassifizierung wird anhand der weiteren Stellen mit Aussagen über Außenform, Innenform und Flächenbearbeitungen des Teiles sowie vorhandener Hilfsbohrungen und Verzahnungen verfeinert.

Dieses einfach handhabbare, formbeschreibende System hat sich in der Vergangenheit auch aufgrund des verhältnismäßig geringen Klassifizierungsaufwandes für die Auffindung formähnlicher Teile bewährt. Für die Suche nach fertigungsähnlichen Teilen und für die Bildung von Fertigungsinseln [vgl. Kap. 8.3.1] hat sich das Opitz-System jedoch als nicht geeignet erwiesen, da aus einer Formähnlichkeit nicht zwangsweise die Bearbeitung auf derselben Werkzeugmaschine folgt. Für diesen Anwendungsfall muß auf weiterführende Verschlüsselungssysteme zurückgegriffen werden, die eine Klassifizierung der Arbeitsvorgänge und Betriebsmittel ermöglichen [43].

Analog zu den Einzelteilen lassen sich Baugruppen oder komplexe Erzeugnisse klassifizieren, wobei der Aufwand nur vertretbar ist, wenn die Wahrscheinlichkeit zur Wiederverwendung dieser Objekte hoch genug ist. Dabei erfolgt die Unterscheidung der Erzeugnisse nicht nach der Form- bzw. Fertigungsähnlichkeit, sondern nach der Ähnlichkeit ihrer Funktion. Es werden dabei zusätzlich spezifischen Eigenschaften und die Benennung erfaßt [12].

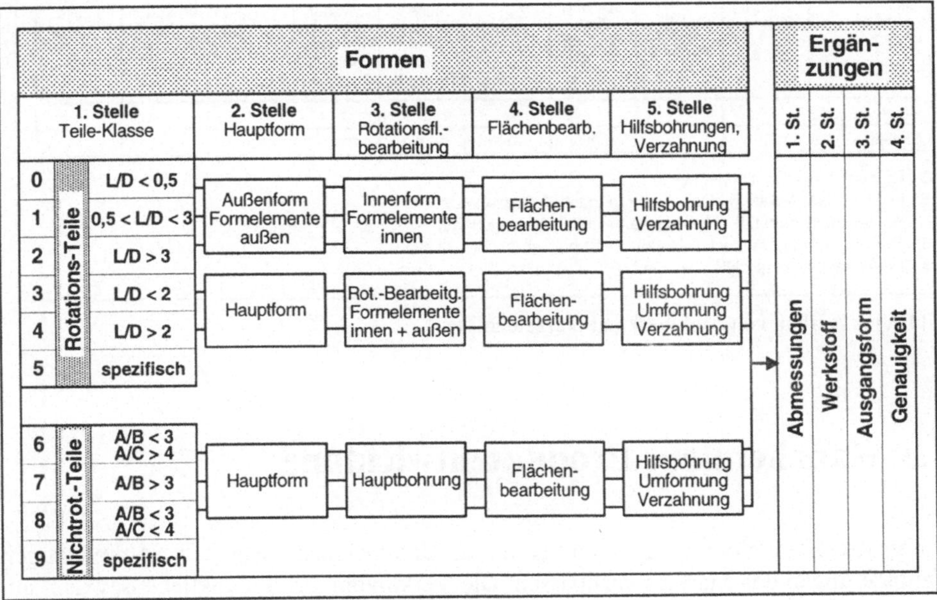

Bild 7.18: Klassifizierungssystem für Einzelteile [24]

Durch die Verwendung von EDV-Hilfsmitteln kann der Wiederverwendungsgrad weiter erhöht werden. Dieses läßt sich beispielsweise durch den Zugriff auf eine gemeinsame Datenbank mit bereits existierenden Teilen erreichen. Die Informationen über die einzelnen Teile werden beim Aufbau einer solchen Datenbank i.d.R. nicht verschlüsselt, sondern in Form sogenannter **Sachmerkmale** abgelegt. Ein Sachmerkmal beschreibt nach DIN 4000 [5] definierte Merkmale eines Gegenstandes, wie z.B. Form, Abmessung, Werkstoff sowie physikalische und chemische Eigenschaften, unabhängig von seiner Herkunft und Verwendung. Folgerichtig fassen **Sachmerkmalleisten** die relevanten Sachmerkmale bestimmter Teilegruppen zusammen. Sie bilden die Kopfzeilen der Sachmerkmal-Verzeichnisse, in denen die Sachmerkmaldaten von Gegenstandsgruppen gespeichert werden (Bild 7.19).

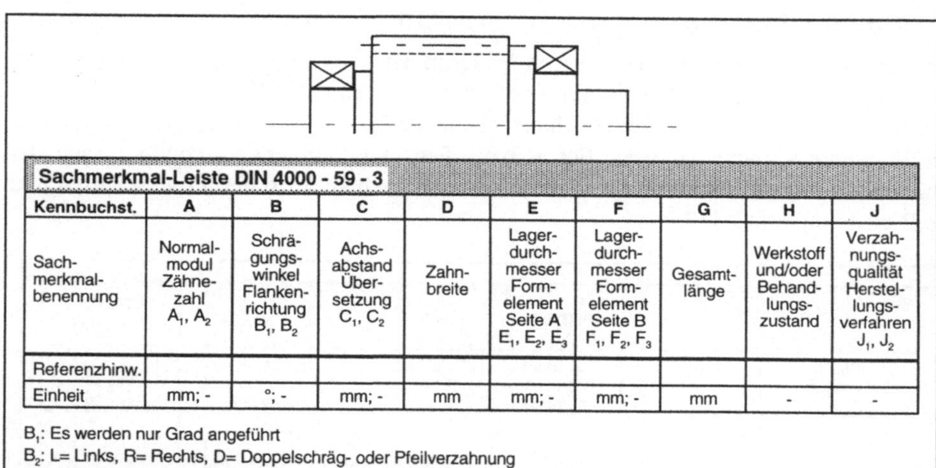

Sachmerkmal-Leiste DIN 4000 - 59 - 3

Kennbuchst.	A	B	C	D	E	F	G	H	J
Sach-merkmal-benennung	Normal-modul Zähne-zahl A_1, A_2	Schrä-gungs-winkel Flanken-richtung B_1, B_2	Achs-abstand Über-setzung C_1, C_2	Zahn-breite	Lager-durch-messer Form-element Seite A E_1, E_2, E_3	Lager-durch-messer Form-element Seite B F_1, F_2, F_3	Gesamt-länge	Werkstoff und/oder Behand-lungs-zustand	Verzah-nungs-qualität Herstel-lungs-verfahren J_1, J_2
Referenzhinw.									
Einheit	mm; -	°; -	mm; -	mm	mm; -	mm; -	mm	-	-

B_1: Es werden nur Grad angeführt
B_2: L= Links, R= Rechts, D= Doppelschräg- oder Pfeilverzahnung
H: E= Einsatzgehärtet, F= Flammgehärtet, I= Induktionsgehärtet, N= Nitriert, V= Vergütet
J_1: Verzahnungsqualität nach DIN 3962 Teil 1 bis Teil 3 oder DIN 3963
J_2: F= Gefräst, L= Geschliffen, R= Gerollt, T= Gestoßen, B= Geschabt

Bild 7.19: Aufbau von Sachmerkmal-Verzeichnissen

7.3 Ganzheitliche Produktentwicklung

Die größte Herausforderung besteht heute für Unternehmen darin, sich an die stetigen Veränderungen des Marktes anzupassen. Die Verkürzung der Produktlebenszyklen, ein dynamisches Markt- und Wettbewerbsumfeld sowie die Einführung neuer Technologien erfordern die Entwicklung neuer Strategien, die neben der Verkürzung der Innovationszeiten und der Verbesserung der Qualität von Produkten und Produktionseinrichtungen auch zu einer Reduzierung der Gesamtkosten beitragen. Diese Entwicklungen münden u.a. in der Formulierung verschiedener ganzheitlicher Ansätze, von denen das Simultaneous Engineering und das Target Costing im folgenden behandelt werden sollen.

7.3.1 Simultaneous Engineering

Die Auftragsbearbeitung in Produktionsunternehmen im Sinne der „alten Fabrik" läßt sich basierend auf den Prinzipen des Taylorismus durch eine hohe Arbeitsteilung mit vielen inhaltlich stark abgegrenzten Arbeitsvorgängen in sequentieller Folge charakterisieren. Eine solche funktionsorientierte Vorgehensweise, die im Gegensatz zu einer objektorientierten Sichtweise eine starke Abgrenzung der Zuständigkeiten impliziert, so daß z.B. Produktkonstruktion und Betriebsmittelplanung mehr hintereinander als miteinander arbeiten, wird auch als „Throw it over the wall" (über die Mauer werfen) Prinzip bezeichnet [10].

So fertigt z.B. der Konstrukteur i.d.R. einen Lösungsvorschlag für ein Produkt an, welcher nach Durchlaufen der Detaillierungsphase, Anfertigung aller Unterlagen und Produktfreigabe an den Fertigungsmittelplaner in einer anderen, räumlich getrennten Abteilung zur Konzeption der notwendigen Produktionseinrichtungen weitergeleitet wird [33]. Wenn die Betriebsmittelplanung ebenso wie andere Abteilungen nicht mit in die Produktentwicklung einbezogen wird, sind die Anforderungen dieser Bereiche nicht berücksichtigt. Häufig sind deshalb nachträgliche Änderungen erforderlich. Dieses ist ein unnötiger zusätzlicher Aufwand (Verschwendung), der Ursache einer Terminverzögerung sein kann, die im schlimmsten Fall zu einer verspäteten Markteinführung des Produktes führen kann. Dadurch kann der Markterfolg des Produktes gefährdet werden [vgl. Kap. 7.1.1].

Die wirksamste Maßnahme für die Vermeidung nachträglicher Änderungen und die Beschleunigung der Prozesse stellt die frühe Einbindung aller beteiligten Bereiche in den Entwicklungsprozeß dar. Empirisch fundiert wird diese Erkenntnis durch Studien, die zeigen, daß allein 33,7 % des gesamten Entwicklungsaufwandes für Änderungen verwendet wird, die durch eine verbesserte Planung und durchgängige Informationsflüsse vermeidbar wären [3].

Auf Basis der Erkenntnis, daß ein tayloristisches Verteilen der Aufgaben und ein getrenntes Bearbeiten einzelner Problemstellungen in engen Systemgrenzen nicht mehr zeitgemäß ist, entstand die Idee und das Prinzip des Simultaneous Engineering. Unter dem Begriff des **Simultaneous Engineering** wird die integrierte und zeitlich parallele Produkt- und Prozeßgestaltung verstanden.

Im Bereich des Maschinenbaus stellt das Simultaneous Engineering eine Vorgehensstrategie zur Strukturierung und Koordination eines Entwicklungsvorhabens dar, durch die über die unternehmensinterne Systemintegration hinaus eine vertrauensvolle Zusammenarbeit der Zulieferer, der Konstruktions- und Produktionsbereiche des Kunden sowie des Maschinenherstellers in der Phase der Produktplanung gestaltet wird. Die parallele und zeitgleiche Planung des noch zu konzipierenden Produktes und der Betriebsmittel ermöglicht eine frühzeitige Festlegung der wesentlichen Produktionskomponenten.

Die Zielsetzung des Simultaneous Engineerings besteht dabei in der Qualitätssteigerung von Produkt und Betriebsmitteln sowie einer drastischen Senkung der Innovationszeiten und -kosten durch die Einbeziehung der an der Produktherstellung beteiligten Bereiche zu einem Zeitpunkt, an dem die wesentlichen Produkt- und Kostenfestlegungen noch nicht erfolgt sind [2, 33]. Im Gegensatz zum Simultaneous Engineering, welches bewußt auf die Parallelisierung von Produkt- und Produktionsentwicklung abzielt, liegt der Schwerpunkt des **Concurrent Engineering** auf einer optimalen Produkterstellung durch interdisziplinäre Zusammenarbeit im Team. Im deutschsprachigen Raum werden jedoch beide Begriffe synonym verwendet [19].

Praxiserfahrungen mit Simultaneous Engineering auf dem Gebiet des Automobilbaus und der Luft- und Raumfahrttechnik zeigen, daß sich Durchlaufverkürzungen von 20%-50%, eine Verringerung der Herstellkosten von 5%-30% und verringerte Reklamationsquoten von bis zu 80% erreichen lassen [22]. Diese drastischen Verbesserungen können im wesentlichen auf folgende Ursachen zurückgeführt werden:

- zeitliche Synchronisierung der Arbeitsabläufe

- ganzheitliche Betrachtungsweise des zu lösenden Problems und die Anwendung bereichsübergreifender Arbeitsweisen

- intensiver Informationsaustausch aller Beteiligten durch eine enge informatorische Zusammenarbeit und die Verkürzung der Informationswege

- Verwendung von Ablaufplänen, die zu einer systematischen Organisation der Arbeiten, z.B. mit Hilfe von Meilensteinen, Kostenvorgaben, Zwischenrevisionen und Freigabebesprechungen, beitragen

- Einsatz von ressortneutralen, interdisziplinären Simultaneous Engineering-Teams, die speziell für die Entwicklungs- und Entstehungsdauer eines innovativen Produktes gebildet und nach Abschluß des Projektes wieder aufgelöst werden. Die Mitglieder dieser Projektteams setzen sich aus unterschiedlichen Unternehmensbereichen und Positionen, mitunter auch aus Fachleuten anderer Unternehmen, wie z.B. Zulieferer und Betriebsmittelhersteller, zusammen. Aufgrund ihrer Verantwortung für alle Produkteigenschaften ist die Motivation dieser Teams i.d.R. sehr hoch

- Einbeziehung der Entwicklungsressourcen von Zulieferern und Betriebsmittelherstellern

- Verringerung des Aufwands für nachträgliche Änderungen

Obwohl sich durch die entstehenden Abstimmungserfordernisse und den notwendigen intensiven Informationsaustausch die Planungsphase beim Simultaneous Engineering verlängern kann, werden trotz des anfänglich erhöhten Aufwandes erhebliche Innovationszeit- und Kosteneinsparungen erzielt (Bild 7.20).

Schwierigkeiten bereiten hingegen die Entkopplung und Abgrenzung von Teilaufgaben innerhalb des Gesamtablaufs mit dem Ziel eines möglichst hohen Parallelisierungsgrades. Bei der Einbeziehung von Partnern, wie z.B. Zulieferern und Betriebsmittelherstellern, stellt sich die Frage, wie das eigene Know-how gegenüber dem Wettbewerb geschützt werden kann. Eine weitere Problematik sehen Unternehmen immer noch in der Schwächung der Position des Einkaufs gegenüber den Zulieferern bei Preisverhandlungen. Hier helfen langfristige Rahmenverträge, die für beide Seiten das Preisbindungs- bzw. Entwicklungsrisiko mindern.

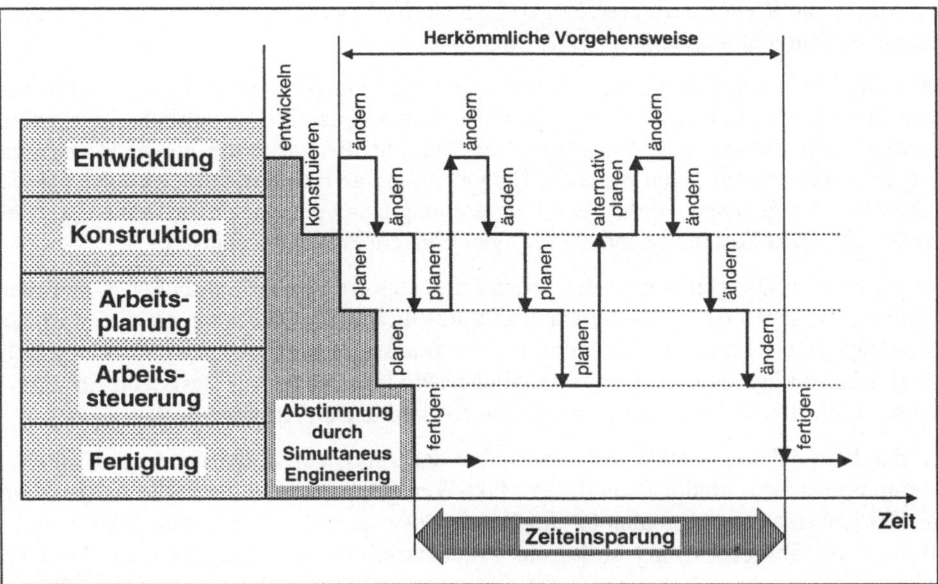

Bild 7.20: Zeiteinsparungen durch Simultaneous Engineering [10]

7.3.2 Target Costing

Die wettbewerbsorientierte Zielkostenplanung des **Target Costings** stellt einen in japanischen Unternehmen entwickelten Ansatz für die markt- bzw. kundenorientierte strategische Gestaltung, d.h. Planung, Steuerung und Kontrolle, von Kosten dar. Die bisherige unzureichende Berücksichtigung von Kostengesichtspunkten wird hauptsächlich darauf zurückgeführt, daß traditionell die Kalkulation erst im Anschluß an die Konstruktion erfolgt. Die veränderte Marktlage erfordert jedoch eine Zielkostenplanung.

Die Zielsetzung des Target Costings bezieht sich dabei nicht auf technische Perfektion, sondern auf die Verkäuflichkeit des Produktes am Markt. Daher muß ein modernes Preis- und Kostenmanagement seinen Ursprung in den Bedürfnissen der Kunden haben und Kostenstruktur sowie Preisgestaltung konsequent an den Erfordernissen des Marktes ausrichten [2].Weiterhin sollten sinnvolle Kostenziele (Target Costs) ehrgeizig, aber nicht utopisch sein und zu ihrer Erreichung Kapazitäten zur Verfügung gestellt werden. Aufgrund der Zusammenhänge von Kostenverursachung und Kostenverantwortung [vgl. Kap. 7.1.4] wird das Target Costing in erster Linie in den frühen Phasen der Produktentwicklung eingesetzt, um die Produktkosten rechtzeitig in bezug auf die Erfordernisse von Markt und Wettbewerb gestalten zu können. Im folgenden soll kurz der allgemeine Ablauf verdeutlicht werden.

Mit Hilfe von Marktforschungsuntersuchungen wird ein potentieller Kaufpreis für das neue Produkt ermittelt. Das Produkt wird im Rahmen der Zielkostenspaltung in seine einzelnen Funktionen bzw. Baugruppen zerlegt, für die wiederum eigene Zielkosten festgelegt werden, auf deren Basis der Entwicklungsabteilung verbindlich einzuhaltende Kostenziele vorgegeben werden. Die Fragestellung lautet demnach nicht mehr „Wieviel **wird** ein Produkt kosten?", sondern „Wieviel **darf** ein Produkt kosten?" [32].

Die maximal zulässigen Kosten des neuen Produktes ergeben sich anschließend aus der Differenz zwischen dem potentiellen Marktpreis und der erwünschten Rendite. Auf der Grundlage einer simultanen Kalkulation der voraussichtlich anfallenden Kosten durch Vergleiche mit bereits existierenden ähnlichen Produkten oder auf Basis von Erfahrungen wird schrittweise ein Schätzwert für die zu erwartenden Kosten ermittelt.

Für den Fall, daß die geschätzten Kosten über den zulässigen Zielkosten liegen, müssen sie durch geeignete Maßnahmen der Produkt-Wertgestaltung und durch die Ausnutzung von Kostensenkungspotentialen an die Target Costs angeglichen werden. Nach Durchführung des Target Costing sollte ein Produktkonzept vorliegen, welches die vom Kunden gewünschten Leistungsmerkmale aufweist und zu den vereinbarten Target Costs produziert werden kann. Im Zuge des anschließenden Entwicklungsprozesses können mit Hilfe des Kosten-Forechecking, d.h. regelmäßigen Kostenüberprüfungen und -prognosen, Soll-Ist-Abweichungen rechtzeitig erkannt und entsprechende Maßnahmen eingeleitet werden. Durch die retrograde Kalkulation der Produktkosten, ausgehend vom Produktpreis, wird der Ablauf des gesamten Produktionsprozesses durch die Kostenziele bestimmt. Target Costing wirkt somit nicht nur produkt- sondern auch prozeßoptimierend.

7.4 Lernfragen

1. Wie sieht der Verlauf des Produktlebenszyklus aus und was beinhalten die einzelnen Phasen?

2. Was besagt die Erfahrungs-Kosten-Kurve und welche Ursachen gibt es dafür?

3. Welche Strategien werden in den jeweiligen Feldern des Marktanteils-Marktwachstums-Portfolios angewendet?

4. Welche Bereiche umfaßt die operative Produktplanung und wie ist der Ablauf?

5. Aus welchen Bereichen stammen die Eingangsinformationen für die Produktplanung?

6. Nach welchen Grundsätzen läuft das Brainstorming der Ideenfindung ab und welche Nachteile hat diese Methode?

7. Welche Aufgaben hat die Produktplanungsverfolgung?

8. Wofür ist eine Produktüberwachung erforderlich?

9. Welche Konstruktionsarten gibt es und welche Phasen des Konstruierens werden dabei durchlaufen?

10. In welche drei Kategorien läßt sich der Informationsgehalt technischer Zeichnungen untergliedern? Nennen Sie für die jeweiligen Kategorien Beispiele.

11. Durch welche Prinzipien läßt sich der Aufwand im Konstruktionsprozeß verringern und wie wirken sich diese auf die nachfolgenden Unternehmensbereiche aus?

12. Welche Vorteile hat der Einsatz von CAD-Systemen in der Konstruktion?

13. Wodurch unterscheiden sich Struktur- und Baukastenstückliste?

14. Wofür lassen sich die Erzeugnisgliederung und der Teileverwendungsnachweis einsetzen?

15. Welche Anforderungen gibt es an Nummernsysteme?

16. Welche Nachteile hat das formbeschreibende Klassifizierungssystem nach Opitz?

17. Nennen Sie Ursachen für die drastischen Innovationszeit- und Kosteneinsparungen beim Simultaneous Engineering.

18. Wie ist das Vorgehen beim Target Costing?

7.5 Literaturverzeichnis

[1] Bindlingmaier, E. E.:
Marketing. Bd. 2. 10. Aufl. Hamburg: 1982.

[2] Buggert, W./Wiepütz, A.:
Target Costing. Grundlagen und Umsetzung des Zielkostenmanagements.
München, Wien: Hanser Verlag 1995.

[3] Bullinger, H.-J.:
IAO-Studie F+E-heute. Industrielle Forschung und Entwicklung in der
Bundesrepublik Deutschland. München: gfmt Verlag 1990.

[4] DIN 199:
Technisches Zeichnen. Benennungen. Berlin, Köln, Frankfurt: Beuth Verlag 1972.

[5] DIN 4000:
Sachmerkmalleisten. Begriffe und Grundsätze. Berlin, Köln, Frankfurt: Beuth
Verlag 1981.

[6] DIN 6763:
Nummerung. Allgemeine Begriffe. Berlin, Köln, Frankfurt: Beuth Verlag 1985.

[7] DIN 6771:
Schriftfelder für Zeichnungen, Pläne und Listen. Berlin, Köln, Frankfurt: Beuth
Verlag 1972.

[8] DIN 6774:
Technische Zeichnungen. Ausführungsregeln, vervielfältigungsgerechte Ausführung. Berlin, Köln, Frankfurt: Beuth Verlag 1986.

[9] DIN 6789 T1:
Dokumentensystematik. Aufbau technischer Erzeugnisdokumentationen. Entwurf
2/86. Berlin, Köln, Frankfurt: Beuth Verlag 1986.

[10] Ehrlenspiel, K.:
Integrierte Produktentwicklung. München, Wien: Hanser Verlag 1995.

[11] Eversheim, W.:
Organisation in der Produktionstechnik. Bd. 2. 2. Aufl. Düsseldorf: VDI-Verlag
1990.

[12] Eversheim, W./Wiendahl, H.-P.:
Rationelle Auftragsabwicklung im Konstruktionsbereich. Essen: Giradet Verlag 1971.

[13] Gerlach, H.-H.:
Stücklistenwesen. In: Brankamp, K. (Hrsg.): Handbuch der modernen Fertigung und Montage. München: Verlag Moderne Industrie 1975.

[14] Gerlach, H.-H.:
Stücklisten. In: Kern, W. (Hrsg.): Handbuch der Produktionswirtschaft. Stuttgart: Poeschel-Verlag 1979.

[15] Hamersmesh, R.:
Die Grenzen der Portfolioplanung. In: Harvard Manager, H. 1, 1984.

[16] Henderson, B. D.:
Die Erfahrungskurve in der Unternehmensstrategie. Frankfurt a. M.: Herder Verlag 1974.

[17] Hopfenbeck, W.:
Allgemeine Betriebswirtschafts- und Managementlehre. 8. Aufl. Landsberg/Lech: Verlag Moderne Industrie 1995.

[18] Kosin, T.:
Modellbildung für einen zeitlich verbesserten Produktionsprozeß thermoplastischer Formteile. Dissertation Technische Universität Hamburg-Harburg 1993.

[19] Kusiak, A.:
Concurrent Engineering. Automation, Tools and Techniques. New York: Wiley-Verlag 1993.

[20] Michels, W.:
Systematische Produktüberwachung im Maschinenbau. Dissertation Rheinisch-Westfälische Technische Hochschule Aachen 1973.

[21] Müller, K.:
Management für Ingenieure. 2. Aufl. Berlin, Heidelberg, New York: Springer-Verlag 1995.

[22] N.N.:
Systematische Produktplanung. Ein Mittel zur Unternehmenssicherung. Düsseldorf: VDI-Verlag 1976.

[23] N.N.:
Erste Erfahrungen mit Simultaneous Engineering. CIM-Management: Nr. 6 1990.

[24] Opitz, H.:
Werkstückbeschreibendes Klassifizierungssystem. Essen: Giradet Verlag 1966.

[25] Osborn, A. F.:
Applied Imagination - Principles and Procedures of Creative Thinking. New York: Scribner-Verlag 1957.

[26] Pahl, G.:
Konstruktionslehre. Berlin, Heidelberg, New York: Springer-Verlag 1977.

[27] Pahl, G./Beitz, W.:
Konstruktionslehre. Methoden und Anwendung. 3. Aufl. Berlin, Heidelberg, New York: Springer-Verlag 1993.

[28] Pfeiffer, W./Bischof, P.:
Produktlebenszyklen. Instrument jeder strategischen Produktplanung. In: Steinmann, H (Hrsg): Planung und Kontrolle. München: Vahlen Verlag 1981.

[29] REFA:
Methodenlehre der Planung und Steuerung. Teil 1. München, Wien: Hanser Verlag 1975.

[30] Rupp, M.:
Produkt/Markt Strategien. 3. Aufl. Zürich: Verlag Industrielle Organisation 1988.

[31] Schmelzer, H. J./Buttermilch, K.-H.:
Reduzierung der Entwicklungszeiten in der Produktentwicklung als ganzheitliches Problem. ZfbF Sonderheft Nr. 23, 1988.

[32] Seidenschwarz, W.:
Target Costing. Ein japanischer Ansatz für das Kostenmanagement. In: Controlling, Nr. 4 1991

[33] VDI Berichte 758:
Simultaneous Engineering. Neue Wege des Projektmanagements. VDI-Tagung Frankfurt, Tagungsband. Düsseldorf: VDI-Verlag 1989.

[34] VDI-Gesellschaft Produktionstechnik:
Arbeitshilfen zur systematischen Produktplanung. VDI-Taschenbücher T 79. Düsseldorf: VDI-Verlag 1978.

[35] VDI-Gesellschaft Produktionstechnik:
Produktinnovation. Herausforderung und Aufgabe. Düsseldorf: VDI-Verlag 1976.

[36] VDI-Gesellschaft Produktionstechnik:
Systematische Produktplanung. Ein Mittel zur Unternehmenssicherung. VDI-Taschenbücher T 76. Düsseldorf: VDI-Verlag 1976.

[37] VDI-Richtlinie 2210:
Analyse des Konstruktionsprozesses in Abhängigkeit von den Konstruktionsarten. Düsseldorf: VDI-Verlag 1975.

[38] VDI-Richtlinie 2220:
Produktplanung. Ablauf, Begriffe, Organisation. Düsseldorf: Beuth Verlag 1980.

[39] VDI-Richtlinie 2221:
Methodik zum Entwickeln und Konstruieren technischer Systeme und Produkte.
Düsseldorf: VDI-Verlag 1986.

[40] VDI-Richtlinie 2222, Blatt 1:
Konzipieren technischer Produkte. Düsseldorf: VDI-Verlag 1977.

[41] VDI-Richtlinie 2223:
Begriffe und Bezeichnungen im Konstruktionsbereich. Düsseldorf: VDI-Verlag
1969.

[42] Warnecke, H.-J.:
Der Produktionsbetrieb 1. Berlin, Heidelberg, New York: Springer-Verlag 1993.

[43] Wiendahl, H.-P.:
Betriebsorganisation für Ingenieure. 3. Aufl. München, Wien: Hanser Verlag 1989.

[44] Zwicky, F.:
Entdecken, Erfinden, Forschen im Morphologischen Weltbild. München: Drömer-
Knaur-Verlag 1971.

8 Fertigung

Dirk Scholz, Olaf Rokitta

Die Fertigung ist der operative Betriebsbereich, in dem die im Vorfeld geplanten Maßnahmen in die Realität umgesetzt werden. Eine rationelle Erfüllung der Aufgabe, Einzelteile herzustellen und zu Endprodukten zusammenzufügen, bedarf der Kenntnis und Berücksichtigung der Interdependenzen mit anderen Betriebsbereichen. Dafür ist die Abstimmung der Material- und Informationsflüsse zwischen den Gliedern der Wertschöpfungskette notwendig. Entsprechend ihrer Aufgabe im Wertschöpfungsprozeß läßt sich die Fertigung in die Teilefertigung und die Montage unterteilen [14].

In der **Teilefertigung** werden die Einzelteile hergestellt, die anschließend an die Montage oder direkt an den Abnehmer weitergeleitet werden. Die wesentliche Aufgabe der Teilefertigung ist die Überführung eines Teils aus dem Ausgangszustand in den Fertigzustand durch die im Bild 8.1 genannten Verfahren. Urformen ist das Fertigen eines

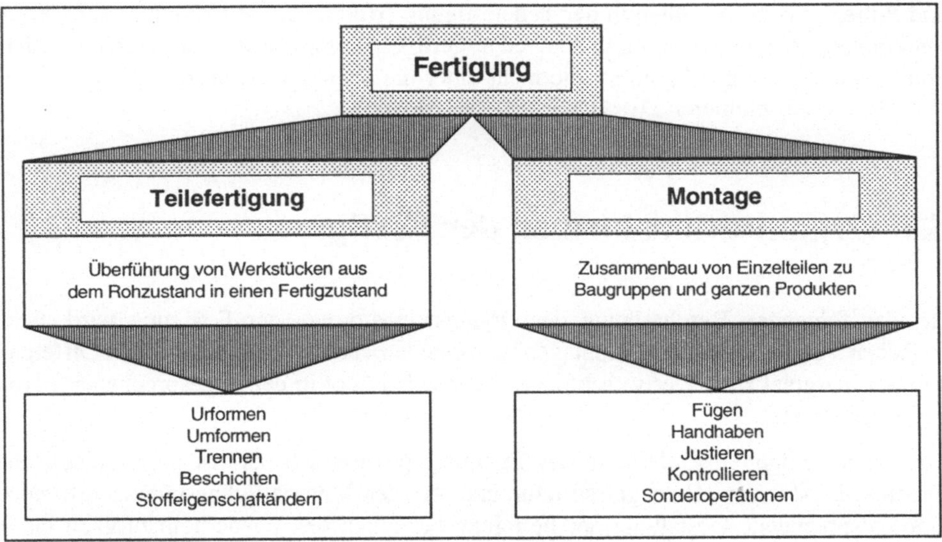

Bild 8.1: Teilbereiche der Fertigung

festen Körpers aus formlosem Stoff durch Schaffen des Zusammenhalts. Das Umformen hingegen bedeutet die Änderung der Form, der Oberfläche und der Werkstoffeigenschaften eines Werkstücks unter Beibehaltung von Masse und Stoffzusammenhalt. Wesentliche Bedeutung kommt dem Trennen zu. Es ist das Fertigen durch Ändern der Form eines festen Körpers, wobei lokal der Stoffzusammenhalt aufgehoben wird. Das Beschichten erfolgt durch das Aufbringen einer fest haftenden Schicht aus formlosem Stoff auf einem Werkstück. Das letzte in diesem Zusammenhang zu nennende Verfahren ist das Stoffeigenschaftändern, d.h. das Umlagern, Aussondern oder Einbringen von Stoffteilchen. Der Teilefertigung zugeordnete Aufgaben sind auch die Handhabung von Werkzeugen und -stücken, die Kontrolle der am Prozeß beteiligten Fertigungsmittel und -hilfsmittel, die Werkstückmessung und -prüfung sowie der Transport und die Lagerung der Werkstücke [3].

Die **Montage** folgt in der Wertschöpfungskette auf die Teilefertigung. Sie umfaßt alle Vorgänge des Zusammenbaus von Einzelteilen zu Fertigerzeugnissen. Zusätzlich zum Fügen, das zu den sechs Hauptgruppen der Fertigungstechnik zählt und gleichwertig mit seinen unterschiedlichen Verfahren für die Montage kennzeichnend ist, werden weitere Aufgaben wahrgenommen: Das Handhaben besteht in der Einstellung der räumlichen Anordnung von Einzelteilen in bezug auf andere Elemente. Unter dem Begriff Justierung versteht man den Ausgleich fertigungstechnischer Abweichungen, um die Anforderungen an das Werkstück zu erfüllen. Kontrolle bezieht sich neben dem Messen und Prüfen, wie es vor allem in der Teilefertigung erfolgt, auf die Erfüllung geforderter Funktionen montierter Baugruppen oder fertiger Erzeugnisse. Zusätzlich werden Sonderoperationen durchgeführt, die nicht unter die oben genannten Kategorien fallen, wie z.B. das Abschmieren [3].

8.1 Organisationsformen der Fertigung

Bei der folgenden Beschreibung der Organisationsformen der Fertigung wird nicht zwischen Teilefertigung und Montage unterschieden, da die organisatorischen Differenzen nur marginal sind. Der wesentliche Unterschied liegt in den angesprochenen Fertigungsverfahren.

Für die jeweiligen Erfordernisse des Fertigungsprozesses bedarf es unterschiedlicher Organisationsformen. Erzeugnisstruktur und Art der Materialflußgestaltung erfordern eine entsprechende Gestaltung der Fertigung bezüglich der Wiederholhäufigkeit eines Vorganges und der räumlichen Anordnung der Betriebsmittel.

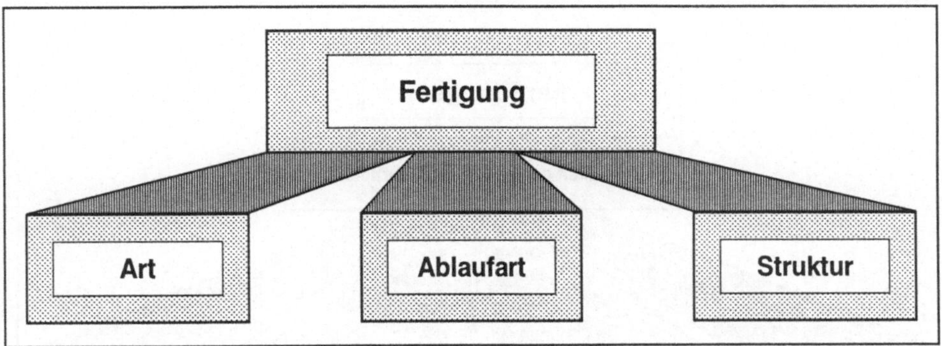

Bild 8.2: Fertigungstypologien

Die Fertigung läßt sich in Typologien nach der Fertigungsart, -ablaufart und -struktur unterteilen (Bild 8.2) [13], wobei Fertigungsart und -ablaufart in den folgenden Kapiteln beschrieben werden. Die Festlegung der **Fertigungsstruktur** ist eine strategische Entscheidung der Betriebsführung, die durch die Fertigungstiefe charakterisiert wird, die angibt, wieviele Leistungen selbst erstellt bzw. von externen Lieferanten zugekauft werden. Bei geringer Fertigungstiefe werden große Teile der Produktion extern durchgeführt, bei großer Fertigungstiefe hingegen werden die meisten Leistungen selbst erstellt und nur wenige Aufträge extern vergeben [vgl. Kap. 10.1][16].

8.1.1 Fertigungsart

Die Fertigungsart determiniert die Flexibilität und den Automatisierungsgrad der Fertigungsmittel. **Flexibilität** ist im allgemeinen die Fähigkeit zur Anpassung an veränderte Bedingungen. Sie wird duch den Vorbereitungsgrad bestimmt, der den Aufwand zur Umgestaltung einer Produktionsanlage zur Anpassung an geänderte Bedingungen kennzeichnet.

Die **Automatisierung** beschreibt die Entkopplung der Maschine vom Menschen [12], d.h. daß zunehmend ein bedienerloser Betrieb bzw. eine Mehrmaschinenbedienung möglich ist. Dabei wird das Verhältnis der autonom von der Maschine wahrgenommenen Aufgaben zu der Anzahl der gesamten Teilaufgaben des Systems als Automatisierungsgrad bezeichnet.

Die Fertigungsarten werden nach der Wiederholhäufigkeit gleicher oder sehr ähnlicher Fertigungsobjekte in Einmal-, Einzel- und Kleinserien-, Serien- und Massenfertigung unterschieden (Bild 8.3) [13].

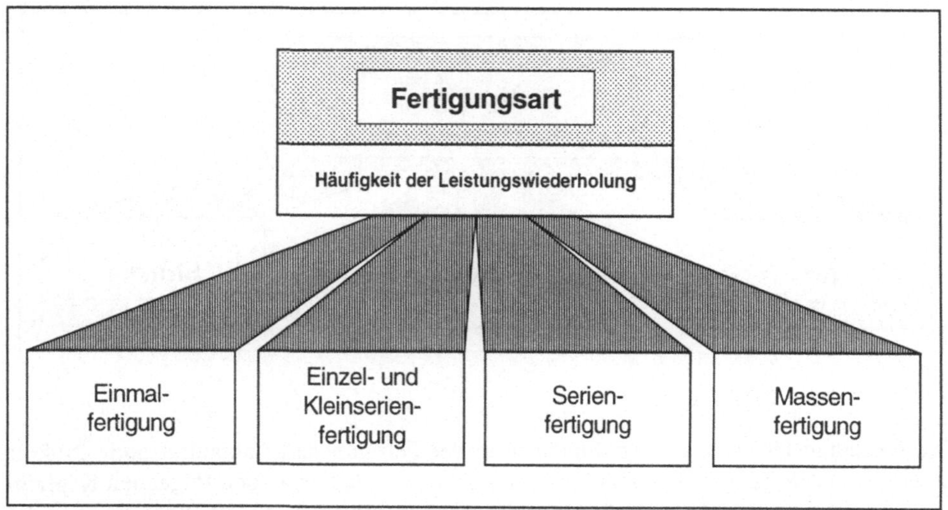

Bild 8.3: Fertigungsarten

Einmalfertigung

Unikate sind Erzeugnisse, die nur einmal hergestellt werden. Ihr Vorbereitungsaufwand im Sinne der Arbeitsplanung ist bei nicht zu hoher Komplexität geringer als für Produkte mit größerer Häufigkeit der Leistungswiederholung. Die Speicherung der Daten ist nur zur Information während der Auftragsabwicklung und zur Bearbeitung anschließender administrativer Aufgaben notwendig, z.B. für die Kostenrechnung. Die Fertigung wird auf Bestellung durchgeführt, durch Einzelaufträge ausgelöst und findet unter Verwendung universeller Fertigungsmittel statt [13].

Einzel- und Kleinserienfertigung

Unter der Einzel- und Kleinserienfertigung wird die Fertigung in geringen Stückzahlen mit niedriger Wiederholhäufigkeit verstanden. Im Vergleich zur Einmalfertigung werden aufgrund des Wiederholcharakters die Fertigungsunterlagen detaillierter aufbereitet und diese Informationen gespeichert. Aufgrund vorhandener Planungsdaten kann eine genaue Durchlaufterminierung und Kapazitätsermittlung stattfinden. Im Rahmen dieser Fertigungsart werden die Termin- und Kapazitätsplanung auftragsbezogen und die Auftragsveranlassung und -überwachung arbeitsvorgangsbezogen durchgeführt [13].

Serienfertigung

Die Serienfertigung dient der Produktion großer Auflagestückzahlen bei geringer bis großer Wiederholhäufigkeit. Zur kostengünstigen Produktion und unter Betrachtung der

Leistungswiederholung wird ein hoher Vorbereitungsaufwand betrieben. Es bedarf daher einer Spezialisierung und Automatisierung der Fertigungsmittel. Detaillierte Planungsdaten und transparente Produktionsprozesse können in dieser Fertigungsart erzielt werden. Der Zugriff auf die gespeicherten Planungsinformationen muß jederzeit möglich sein, wobei der Umfang der Daten im Vergleich zur Einzel- und Kleinserienfertigung geringer ist.

Der Detaillierungsgrad der Daten hingegen ist größer und die Informationen werden wegen der geringen Fertigungsflexibilität und der damit verbundenen hohen Planungsintensität häufiger angesprochen. Die detaillierten Planungsdaten und die Konstanz der Fertigungsabläufe ermöglichen eine planmäßige Steuerung. Die Termin- und Kapazitätsplanung wird fertigungsmittelbezogen durchgeführt und verfolgt das Ziel der hohen und gleichmäßigen Kapazitätsauslastung. Der fest definierte Material- und Informationsfluß macht die Erfassung des Arbeitsfortschrittes entbehrlich [13].

Massenfertigung

Mit der Massenfertigung wird die Fertigung von großen Auflagestückzahlen bei hoher Wiederholhäufigkeit bezeichnet. Sie verläuft über längere Zeiträume gleichmäßig und ohne größere Unterbrechung, wobei aus denselben Gründen wie bei der Serienfertigung ein hoher, meist einmaliger Vorbereitungsgrad wirtschaftlich notwendig ist. In der Regel kommen hochautomatisierte Sondermaschinen zum Einsatz.

Für die Massenfertigung ist eine ständige Zugriffsmöglichkeit auf die Informationen notwendig, da hier die Zugriffshäufigkeit im Vergleich zu den anderen Fertigungsarten am größten ist. Aufgrund der i.d.R. starren Verkettung der Fertigungsmittel ist die periodenbezogene Durchführung der Termin- und Kapazitätsplanung relativ einfach. Die Auftragsveranlassung und -überwachung zur Sicherung der Material- und Fertigungsmittelverfügbarkeit wird unter Überwachung der Ausbringungsmengen durchgeführt mit dem Ziel der gleichmäßig hohen Auslastung der Kapazitäten [13].

8.1.2 Fertigungsablaufart

Zu den weitgehend durch Stückzahl und Losgröße bestimmten Fertigungsarten tritt die durch die Organisationsstruktur bedingte räumliche Anordnung der Fertigungsmittel, die das zweite Merkmal der Organisation des Fertigungsbereiches ausmacht. Die Fertigungsablaufart charakterisiert neben der räumlichen Anordnung die kapazitätsmäßige Abstimmung der Fertigungsmittel sowie deren Transportbeziehungen untereinander. Entsprechend der Ausprägung dieser Merkmale werden Baustellen-, Werkstatt-, Gruppen-, Linien- und Fließfertigung unterschieden (Bild 8.4).

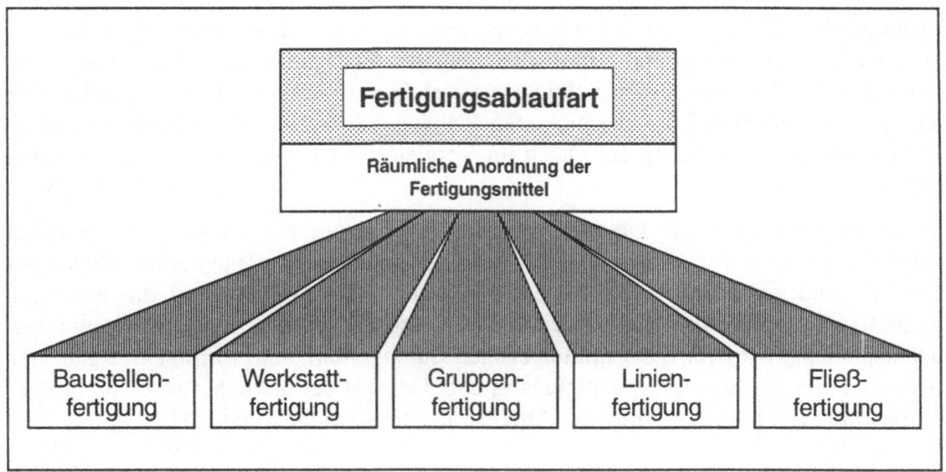

Bild 8.4: Fertigungsablaufarten

Baustellenfertigung

Bei der Baustellenfertigung werden die Fertigungsmittel räumlich am ortsfesten Fertigungsobjekt angeordnet. Die Fertigungsmittel können dabei ortsfest oder ortsveränderlich sein, wobei die Betrachtung der beweglichen Fertigungsmittel einen größeren Einfluß auf die Produktionsplanung und -steuerung hat, da ihre Kapazitäten auf mehrere Fertigungsobjekte aufgeteilt werden können. Auftragsveranlassung und -überwachung erfolgen im Rahmen einer auftragsbezogenen Steuerung, da die Fertigungsmittel im Vergleich zum Fertigungsobjekt meist eine geringere wirtschaftliche Bedeutung haben [13].

Die Baustellenfertigung findet in Bereichen Verwendung, wo das Werkstück im Verhältnis zum Werkzeug schwerer oder gar nicht beweglich ist, wie z.B. im Schiffbau. Aufgrund des geringeren Automatisierungsgrades und der damit verbundenen Kostenproblematik verliert die Baustellenfertigung an Bedeutung. Auch im Schiffbau ist eine Entwicklung zur flußorientierten „Hallenfertigung" zu beobachten.

Werkstattfertigung

Im Rahmen der Werkstattfertigung werden Fertigungsmittel mit gleichartigen Bearbeitungsverfahren in Abteilungen zusammengefaßt, wie z.B. Dreherei, Fräserei oder Schleiferei. Gekennzeichnet ist sie dadurch, daß keine festen Transportbeziehungen zwischen den Fertigungsmitteln existieren. Die Werkstattfertigung ist anpassungsfähig gegenüber den Anforderungen des Produktionsprozesses. Sie ist imstande, eine große Vielfalt an Formen von Werkstücken zu erzeugen, wobei unterschiedliche Operationen und Ablauffolgen realisiert werden können.

Die Werkstattfertigung bedarf aufgrund ihrer Komplexität eines hohen Planungs- und Steuerungsaufwands. Es bestehen viele Übergangsbeziehungen, also viele miteinander abzustimmende Belegungseinheiten.

Des weiteren bedingt diese Fertigungsablaufart einen hohen Transportaufwand, der durch die unterschiedlichen Reihenfolgen der Fertigungsoperationen hervorgerufen wird. Dieses vermindert stark die Transparenz über den Prozeß [13]. Die große Anzahl der Schnittstellen führt im Rahmen der Werkstattfertigung zu langen Durchlaufzeiten und somit hohen Beständen in der Fertigung, was mit einer hohen Umlaufkapitalbindung verbunden ist. Vorteil der Werkstattfertigung ist, daß die Betriebsmittel unverkettet und universell einsetzbar sind. Bei Störungen oder Kapazitätsengpässen ist daher ein Ausweichen auf andere Kapazitäten möglich.

Gruppenfertigung

Die Gruppenfertigung ist so organisiert, daß die zur Bearbeitung ähnlicher Objekte benötigten Fertigungsmittel räumlich zusammengefaßt werden. Dadurch können für häufiger auftretende Fetigungsobjekte kürzere Durchlaufzeiten realisiert und i.d.R. eine produktivere Fertigung erreicht werden, für die zudem eine grobe Kapazitätsplanung ausreichend ist. Ein typisches Beispiel für die Gruppenfertigung ist die Fertigungsinsel, auf die in Kap. 8.3.2 detailliert eingegangen wird.

Linienfertigung

In der Linienfertigung sind die Fertigungsmittel in Fertigungsvorgangsfolge angeordnet und flexibel verkettet. Somit kann die Fertigungsvorgangsfolge in begrenztem Umfang geändert werden. Im Kap. 8.2.2 werden die Merkmale der Linienfertigung ausführlich am Beispiel der flexiblen Fertigungslinie erläutert.

Fließfertigung

In der Fließfertigung sind die Fertigungsmittel in der Arbeitsvorgangsfolge angeordnet, ihre Verkettung miteinander ist starr. Dadurch ist eine exakte Kapazitätsabstimmung erforderlich. Die Durchlaufzeit durch die gesamten Bearbeitungsstationen ist gering und die Fertigungsmittel sind übersichtlich angeordnet. Aus der ablaufgerechten Anordnung der Fertigungsmittel mit einmaliger Kapazitätsabstimmung vor Produktionsbeginn folgt eine Termin- und Kapazitätsplanung in einfachster Form [12]. Zur Fertigung sind nur relativ wenige Arbeitskräfte und ein geringer Platzbedarf erforderlich.

Für die Fließfertigung spricht weiterhin, daß Werkstücke mit einer gleichbleibenden Qualität produziert werden und eine einfache Leistungs- und Wirtschaftlichkeitskontrolle möglich ist. Die Probleme der Fließfertigung sind in der mangelnden Flexibilität und der Anfälligkeit gegen Störungen begründet. Produktionsschwankungen haben aufgrund des hohen Anlagenkapitals einen starken Einfluß auf das Betriebsergebnis. Die Kapitalbindung durch Bestände ist aufgrund des Zwangsdurchlaufs im Vergleich zur Werkstattfertigung gering.

8.2 Gestaltungskriterien der Fertigung

Wesentlichen Einfluß auf das Gesamtergebnis des Unternehmens hat die Struktur der Fertigung. Der innere Aufbau der Bereiche weist vielschichtige Strukturen auf, deren Zusammenhänge und gegenseitige Abhängigkeiten nur schwer zu erfassen und zu beurteilen sind. Neben der Fertigungsart, Fertigungsablaufart und Fertigungsstruktur, die im wesentlichen eine Einordnung in bestimmte Organisationsformen ermöglichen, sind die inneren Einflüsse aus den operativen Bereichen auf das Ergebnis prägend. Hierbei lassen sich drei unterschiedliche Gestaltungskriterien unterscheiden: Erstens der Produktbereich, der durch das zu fertigende Teilespektrum repräsentiert wird, zweitens den Fertigungsmittelbereich, welcher im wesentlichen durch die Maschinen festgelegt wird und drittens der Personalbereich.

Als Planungsgrundlage für die Fertigungsstruktur ist eine Analyse des Teilespektrums durchzuführen. Ziel dabei ist i.d.R. eine Komplettbearbeitung auf einer Maschine bzw. einer Maschinengruppe. Eine in der Praxis bewährte Methode zur Analyse des Teilespektrums ist die Gruppentechnologie. Für ein Teilespektrum, welches hauptsächlich aus Einzel- und Kleinserien besteht, ist eine flexible Fertigungsstruktur erforderlich. Hier kommen deshalb die flexiblen Fertigungskonzepte zur Anwendung. Eine geeignete Arbeitsorganisation für diese Fertigungsstruktur ist die Gruppenarbeit. Sie erfüllt zum einen die Forderung nach einer hohen Produktivität und zum anderen die Forderung nach einer besseren Mitarbeiterzufriedenheit.

8.2.1 Gruppentechnologie

Die Fertigungsstrukturplanung erhält durch die Ermittlung des funktionellen Ablaufes der Produktion ein größeres Gewicht. Die Grundlage der Planung entsprechender Strukturen im Fertigungsbereich ist die Gruppentechnologie.

Die methodische Entwicklung der Gruppentechnologie läßt sich in drei Phasen unterteilen [7]. Im ersten Schritt wird die Teilefamilienbildung durchgeführt. Danach erfolgt die Analyse und Optimierung des Fertigungsablaufes und des Materialflusses. Abschließend bedarf es der Gestaltung der Steuerungs- und Informationssysteme und des organisatorischen Umfeldes.

Die Prinzipien der **Ähnlichkeitsbildung**, die auf Kostenvorteile durch größere Auflagestückzahlen abzielen, werden vor allem nach der Form, dem Werkstoff, dem Fertigungsablauf und der Funktion der herzustellenden Teile angewendet. Eine Teilefamilie besteht aus Teilen, deren Endform ähnlich ist und die gemeinsam gefertigt werden können, weil sie aufgrund ähnlicher Arbeitsschritte dieselben Anforderungen an die Fertigungsmittel stellen [11]. Die gemeinsame Fertigung dieser Familien erfolgt in einer „Scheinserie". Hierbei werden ähnliche Erzeugnisse, d.h. Varianten eines Grundtyps, mehrfach hintereinander gefertigt. Dieses wird als Sorten- oder Variantenfertigung bezeichnet. Nach der Bildung einer geeigneten Familie werden dieser die erforderlichen Betriebsmittel für die Komplettbearbeitung zugeordnet.

8.2.2 Flexible Fertigungskonzepte

Flexible Fertigungskonzepte zeichnen sich insbesondere durch ihre hohe Flexibilität aus. Als Flexibilität wird dabei die Fähigkeit zur Anpassung an geänderte Bedingungen bezeichnet [vgl. Kap. 8.1.1], wobei sich nach zeitlichem Maßstab die kurz- und langfristige Flexibilität unterscheiden lassen:

Die kurzfristige Flexibilität bewertet den Aufwand, der für die Umstellung eines Produktionssystems zwischen bekannten Aufgaben im Rahmen des aktuellen Produktionsprogrammes erforderlich ist. Die langfristige Flexibilität bewertet den Aufwand, der für die Umstellung eines Produktionssystems auf neue Aufgaben aufgrund von nicht vorhersehbaren Änderungen im Produktionsprogramm und damit verbundenen Änderungen der qualitativen und quantitativen Kapazität des Produktionssystems erforderlich ist [12].

Es gibt mehrere Fertigungsstrukturen, die auf der Gruppentechnologie aufbauen. Je nachdem wie stark die jeweiligen Ausprägungen der wesentlichen Kriterien sind, ergibt sich eine unterschiedliche Flexibilität und Produktivität der Strukturen. Das Spektrum der Fertigungssysteme reicht von der Werkstattfertigung bis zur starr verketteten Transferstraße. Hierbei nimmt die Flexibilität der Strukturen i.a. mit zunehmendem Automatisierungsgrad ab, wobei die Produktivität steigt. Bild 8.5 veranschaulicht diesen Zusammenhang graphisch.

Die Ausprägungsformen der Anpassungsfähigkeit führen zu unterschiedlichen Systemen. Eine prinzipielle Unterscheidung der Fertigungsarten und -ablaufarten ist nicht mehr hinreichend, so daß Mischformen angewendet werden. Aus der im wesentlichen technologischen Betrachtungsweise ergeben sich technologieorientierte Fertigungssysteme. Charakteristisch für diese Systeme ist die Verknüpfung von Teilaufgaben der Teilefertigung und Montage mit den informationstechnischen Interdependenzen zwischen den Komponenten.

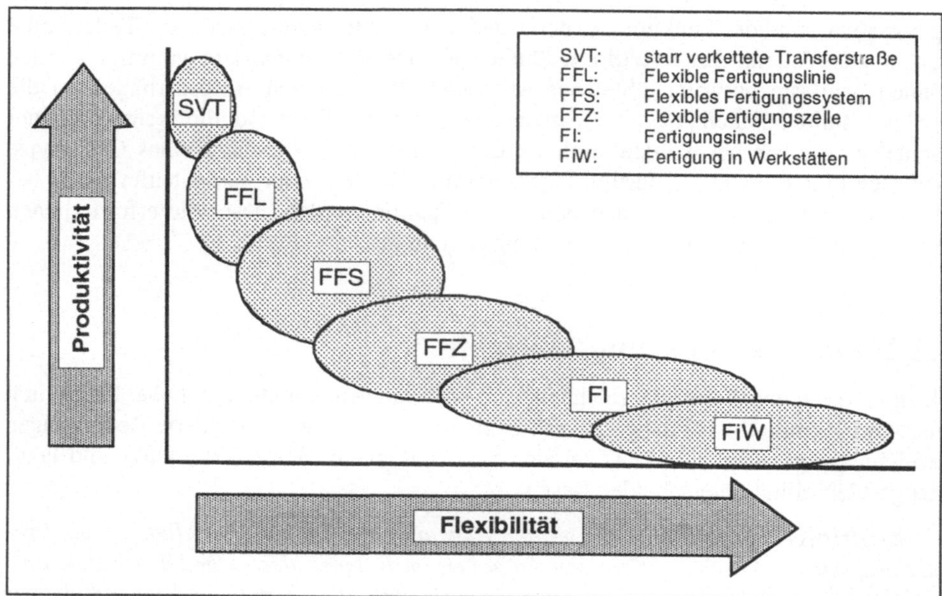

Bild 8.5: Konzepte der flexiblen Fertigung

Aus technischer Sicht ist eine hochautomatisierte Fertigungsstruktur mit möglichst weit-
gehender Ausprägung der Entkopplung von Mensch und Maschine das Ziel. Die wesentlichen Strukturen sind in diesem Sinne Flexible Fertigungszellen (FFZ), Flexible
Fertigungssysteme (FFS) und Flexible Fertigungslinien (FFL), die im folgenden beschrieben werden.

Flexible Fertigungszelle

Eine Flexible Fertigungszelle ist ein einstufiges Produktionssystem, das eine Bearbei-
tungsstation enthält und mit automatisierten Materialflußeinrichtungen für Werkstück-
und gegebenenfalls Werkzeugwechsel sowie jeweiligen Bereitstellungssystemen aus-
gerüstet ist. Sie ist hinsichtlich Materialfluß- und Informationssystem imstande, an mindestens zwei verschiedenen Werkstücken mehr als einen Arbeitsvorgang automatisch
auszuführen. In eine flexible Fertigungszelle können automatisierte Einrichtungen zum
Reinigen, Prüfen, Entgraten und andere, die Bearbeitung ergänzende Funktionen, integriert sein [12].

Flexible Fertigungssysteme

Flexible Fertigungssysteme sind mehrstufige Produktionssysteme, in denen Bearbei-
tungs-, Materialfluß- und Informationssystem integriert sind. Ein flexibles Fertigungssystem enthält mehrere Bearbeitungsstationen, die durch ein automatisiertes Material-

flußsystem so verknüpft sind, daß ein möglichst vollständiges Bearbeiten unterschiedlicher Werkstücke im System möglich ist. Die unterschiedlichen Werkstücke können das System auf verschiedenen Pfaden durchlaufen. Die einzelnen Stationen lassen sich somit in beliebiger Reihenfolge anfahren, was als Außenverkettung bezeichnet wird. Damit ist die automatisierte mehrstufige Mehrproduktfertigung in einem flexiblen Fertigungssystem möglich. Rüstzeiten bei den einzelnen Komponenten der drei Teilsysteme sind so bemessen, daß ein paralleles Arbeiten der übrigen Komponenten während der Rüstvorgänge möglich ist [12].

Flexible Fertigungslinien

Eine flexible Fertigungslinie enthält mehrere automatisierte Bearbeitungsstationen, die durch ein automatisiertes Werkstückflußsystem nach dem Fließprinzip verknüpft sind. Eine flexible Fertigungslinie ist somit imstande, gleichzeitig oder nacheinander unterschiedliche Werkstücke zu bearbeiten, die das System auf dem gleichen Pfad durchlaufen, was als Innenverkettung bezeichnet wird. Zwischen den Stationen können zum Ausgleich von Taktzeitunterschieden, Rüstzeiten oder kurzzeitigen Störungen Puffer angeordnet sein, um die Auswirkungen dieser Einflußgrößen auf die übrigen Systemkomponenten zu minimieren [12].

Die Optimierungsmöglichkeiten aus technologischer Sicht sind mit den beschriebenen Verfahren weitgehend ausgeschöpft. Aufgrund der großen Systemkomplexität mit allen ihren Folgen und des hohen Anlagenwertes geraten diese Fertigungskonzepte vermehrt in die Kritik, während arbeitsorganisatorische Ansätze vermehrt Beachtung finden.

8.2.3 Gruppenarbeit

Ausgehend von Taylor wurde die Arbeitsteilung wesentliches Element der industriellen Fertigung. Aufgrund der Arbeitsteilung entstanden eintönige, immer wiederkehrende Tätigkeiten mit niedrigen Qualitätsanforderungen sowie ständiger Aufmerksamkeitsbindung bei eingeengtem Blickwinkel. Die monotone Nutzung von Produktivkräften aufgrund übermäßiger Arbeitsteilung beeinträchtigt die Persönlichkeitsentwicklung und damit die Motivation der Betroffenen. Im Rahmen der **Humanisierung des Arbeitslebens** entstanden verschiedene Prinzipien der Neustrukturierung der Arbeit, mit deren Hilfe ein erhöhter Abwechslungsreichtum herzustellen ist, um menschengerechte Arbeitsplätze und -hilfen zu entwickeln (Bild 8.6).

Ganzheitliche Tätigkeiten werden zur Überwindung der starren Arbeitsteilung durch Methoden der Arbeitsstrukturierung eingeführt. Dadurch kommt es zur Erweiterung des Handlungsspielraumes für den Mitarbeiter wie auch zu vollständigen Handlungsstrukturen. Diese Maßnahmen wirken persönlichkeitsfördernd und motivierend [9] [vgl. Kap. 3.5.1].

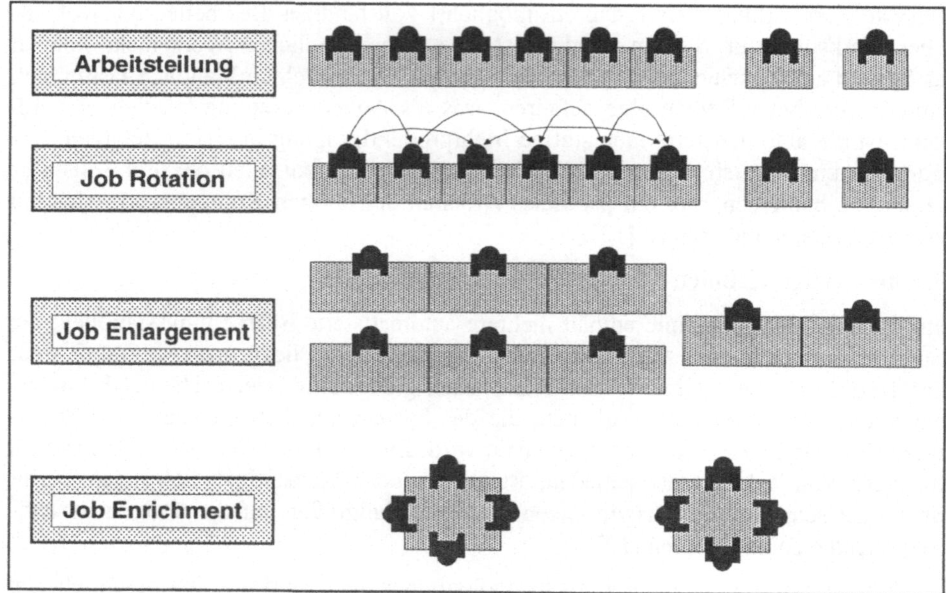

Bild 8.6: Grundformen der Arbeitsorganisation nach IPA

Arbeitsplatzwechsel / Job Rotation

Eine Abwechslung bei der Arbeit soll durch Tauschen der Arbeitsaufgaben untereinander erreicht werden. Dieses geschieht durch Platzwechsel innerhalb von Gruppen,
wobei der Grad der Arbeitsteilung unverändert bleibt. Das Problem der Zersplitterung
kann durch dieses Verfahren nicht abgebaut werden. Die wesentliche Änderung liegt in
der zeitlichen Aufteilung von Teilarbeitsaufgaben. Dadurch lassen sich die Monotomie
der Arbeit verringern und die Arbeitskräfte flexibel einsetzen. Die Einführung von Job
Rotation bedarf keiner Veränderung der Fertigungsmittel oder -anordnung [10].

Arbeitserweiterung / Job Enlargement

Die Änderung durch dieses Prinzip der Arbeitserweiterung liegt in der horizontalen
Aufgabenerweiterung. Dabei handelt es sich um eine quantitative Veränderung, d.h.
dem Mitarbeiter werden zusätzlich strukturell gleiche Teilaufgaben zugeordnet. Die
Arbeitsaufgabe bekommt dadurch einen ganzheitlichen Charakter, wodurch sich eine
größere Identifikation des Mitarbeiters mit dem Produkt erreichen läßt. Der Anreiz liegt
in der Motivation der Mitarbeiter und somit in der Steigerung der Produktivität durch
den Faktor Mensch. Mit der Arbeitserweiterung ist ein Beanspruchungswechsel verbunden, der einseitige Belastungen vermindert. Der Abwechslungsreichtum wie auch
der ganzheitliche Arbeitsvollzug und die Erhöhung der Zykluszeit sprechen für das Job
Enlargement [10].

Arbeitsbereicherung / Job Enrichment

Die Arbeitsbereicherung ermöglicht eine vertikale Aufgabenanreicherung. Die Veränderung liegt in der qualitativen Anforderung, d.h. strukturell gleiche und verschiedene Arbeitsfunktionen werden zu einer neuen Aufgabe zusammengefaßt. Daraus resultiert eine Vergrößerung des Handlungsspielraumes, die sich durch mehr Entscheidungs-, Kontroll-, Durchführungs- und Verantwortungskompetenzen als vorher bemerkbar macht. Demzufolge ist eine höhere Qualifikation der Mitarbeiter notwendig, die in den meisten Fällen betriebliche Weiterbildungsmaßnahmen erfordern. Durch die Anzahl der qualitativ geänderten Teilaufgaben können sowohl Beanspruchungswechsel als auch Reizvielfalt unter der Voraussetzung längerer Wiederholungszyklen erreicht werden. Monotonie und körperliche Einseitigkeit können damit eingeschränkt werden, so daß die Motivation der Mitarbeiter und damit die Produktivität gesteigert werden [10].

Teilautonome Arbeitsgruppen

1. Aufgabe der teilautonomen Arbeitsgruppen ist die Komplettbearbeitung eines Erzeugnisses oder einer Dienstleistung. Die teilautonome Arbeitsgruppe ist eine Anzahl von Mitarbeitern, der ein funktionaler und räumlicher Aufgabenbereich übertragen wird, den sie nur gemeinsam im Rahmen übergeordneter Zielvorgaben effektiv bewältigen können. Verschiedene Aufgaben werden in die Gruppe integriert. Planung, Steuerung und Überwachung müssen von ihr autonom geregelt werden. Auch bei bevorstehenden Investitionen sowie bei Fragen der Arbeitsorganisation und -ablaufgestaltung werden die Gruppenmitglieder frühzeitig integriert. Die Autonomie ist durch technisch, zeitliche und ökonomische Rahmenbedingungen eingeschränkt, weshalb diese Gruppen lediglich als teilautonom bezeichnet werden. Für die Gruppe ergibt sich ein erweiterter Dispositionsspielraum bei der Erfüllung der Arbeitsaufgabe. Die erforderliche Kooperation bedarf einer sozialen und kommunikativen Fähigkeit der Mitarbeiter [10].

Grund für die Einführung der Gruppenarbeit ist neben der Produktivitätserhöhung vor allem die Reduzierung der Mitarbeiterbelastung durch abwechslungsreiche Tätigkeiten und ein natürliches Arbeitsklima. Unter Gruppenarbeit wird die Erfüllung einer ganzheitlichen Arbeitsaufgabe eines Arbeitssystems durch mehrere Menschen unter gemeinsamer Zielsetzung und Verantwortung verstanden. Die Gruppe übernimmt zusätzlich zu den operativen auch noch planende und dispositive Kernaufgaben (Bild 8.7), wobei der Grad der Selbststeuerung von internen und externen Einflüssen abhängig ist und von Betrieb zu Betrieb und von Gruppe zu Gruppe unterschiedlich gehandhabt wird.

Durch Gruppenarbeit wird das Ziel verfolgt, das fachliche und kreative Mitarbeiterpotential für Verbesserungen ihres Arbeitsplatzes zu nutzen. Durch die begleitende Weiterqualifizierung, die fachliche, methodische und soziale Komponenten enthalten sollte, wird ein flexibler, selbständiger Mitarbeitereinsatz angestrebt. Die ganzheitliche

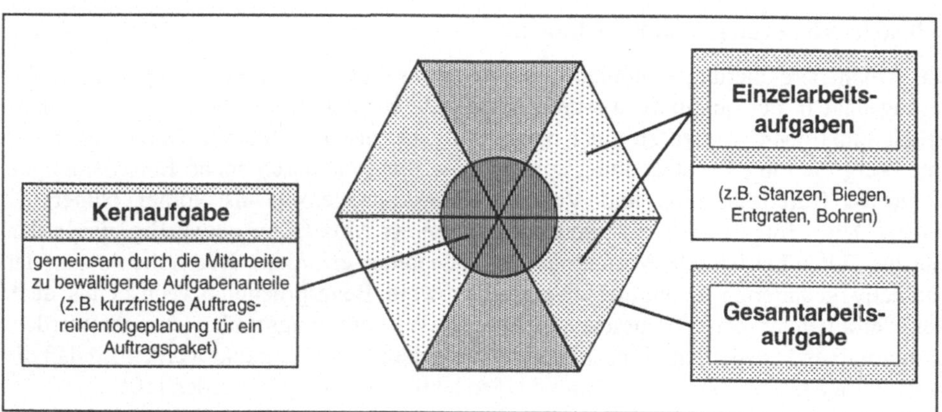

Bild 8.7: Gesamt-, Kern- und Einzelaufgaben der Gruppenarbeit [5]

Aufgabengestaltung vermindert die Arbeitsteilung und die Betonung hierarchischer Strukturen. Die Verbesserung der Arbeitssituation macht sich in Belastungsabbau, Selbstverwirklichung [vgl. Kap. 3.5.2] und damit mehr Arbeitszufriedenheit [vgl. Kap. 3.5.3] bemerkbar [9].

Durch die Gruppenarbeit kommt es zu einer Stärkung der Produktidentifikation und einer Bewußtseinsbildung für Kosten, Leistung und Qualität seitens der Mitarbeiter. Die Gruppe hat die Verantwortung für die kontinuierliche Verbesserung des Arbeitssystems [9]. Durch die schnelle Umsetzung der Verbesserungsvorschläge lassen sich die Stückkosten deutlich reduzieren. Zusätzlich gilt die Gruppenarbeit als Instrument der Qualitätsverbesserung, wodurch Fehlerkosten vermindert werden. Außerdem wird durch die erweiterte Fachkompetenz infolge der Aufgabenerweiterung die Einsatzflexibilität der einzelnen Gruppenmitglieder erhöht. Eine höhere Flexibilität im Personaleinsatz ist auch durch Vereinbarungen von Schicht-, Urlaubs- und Arbeitszeitregelungen möglich. Häufig besteht seitens der Mitarbeiter eine höhere Bereitschaft zu gegebenenfalls erforderlicher Mehrarbeit, wodurch die Anlagen besser genutzt und die Stillstandszeiten vermindert werden.

Die Aufgaben der Gestaltung und Steuerung von Arbeitsabläufen wie auch der Verwaltung und Disposition von Material und Werkzeugen können unter bestimmten Voraussetzungen in das Tätigkeitsfeld der Gruppe integriert werden. Auch die Selbstprüfung der Qualität und die Instandhaltung der Fertigungsmittel kann hinzutreten. Weiterhin erlaubt die Gruppenorganisation einer interne Werkzeug- und Vorrichtungsverwaltung. Die ganzheitliche Wahrnehmung von Aufgaben und die Erzeugung flacherer Strukturen führen zu breiteren Aufgabenbereichen und damit zur Reduzierung von Schnittstellen.

Auch die Entlohnung muß den veränderten Anforderungen angepaßt werden, da höhere Qualifikation und Einsatzbereitschaft gefordert werden. Die Entlohnungsmodelle müssen Einsatzbereitschaft, Qualifikation, Verantwortung, Selbständigkeit, Kreativität, Mehrmaschinenbedienung, Kommunikations- und Teamfähigkeit sowie Sozialkompetenz berücksichtigen [16]. Der Anspruch an das Entlohnungsmodell ist eine Orientierung der Leistung an der Gruppe und nicht am einzelnen Gruppenmitglied, wobei trotzdem Anreize für den einzelnen gegeben werden können. Zur Minimierung von Sozialkonflikten bedarf es eindeutiger Leistungs- und Kompetenzstrukturen.

Wesentliche Funktionen innerhalb der Gruppe nehmen Gruppensprecher und Meister ein [16]. Die ganzheitliche Wahrnehmung von Aufgaben verbunden mit flacheren Strukturen führen zu größeren Aufgabenbereichen sowie zur Reduzierung von Schnittstellen.

Der **Meister** ist ein Vorgesetzter mit Managementfunktion im Rahmen der Gruppe bzw. mehrerer Gruppen. Seine Aufgabe ist die direkte Mitarbeiterführung, wie auch die Sicherstellung der Ausbildung der Mitarbeiter. Die Verteilung von Aufgaben mit Problemcharakter dient der Förderung der Mitarbeiter. Er befaßt sich mit der Sicherung des Informationsflusses und der Koordination innerhalb der Gruppe und mit anderen Fertigungseinheiten.

Nach außen wird die Gruppe durch den **Gruppensprecher** vertreten, der selbst Gruppenmitglied und produktiver Mitarbeiter ist. Die Betreuung und die Unterstützung der Gruppe gehören genauso zu seinen Aufgaben wie die Förderung der Zusammenarbeit und die Weiterleitung von Informationen. Darüber hinaus kann er den Meister bei der Mitarbeiterführung und -ausbildung helfen. Die Interessenvertretung der Gruppenmitarbeiter dient der Institutionalisierung und Versachlichung sozialer Konflikte.

8.3 Integrierte Fertigungskonzepte

Jede der oben beschriebenen Gestaltungsprinzipien kann im geeigneten Anwendungsfall eine Verbesserung der Ausgangssituation hervorrufen. Eine deutliche Verbesserung der Ist-Situation wird jedoch nur erreicht, wenn die Gestaltungsprinzipien miteinander kombiniert werden. Es entstehen dadurch integrierte Fertigungskonzepte unterschiedlicher Ausprägung. Hierbei lassen sich zwei Grundtypen unterscheiden. Zum einen das Fertigungssegment, welches auf einer groben Ebene die Fertigung in einzelne Bereiche gliedert, die ähnlich den strategischen Geschäftseinheiten [vgl. Kap. 2.3.4.4] eine produktspezifische Marktbeziehung haben und meistens als Cost- oder Profit-Center organisiert sind. Zum anderen die Fertigungsinsel, die als kleinste organisatorische Einheit auf der operativen Ebene gebildet wird.

8.3.1 Fertigungssegment

Durch die Komplexität des Produktspektrums und die hohe Anzahl der Schnittstellen zwischen den Aufgabenbereichen im Unternehmen bedarf es einer Strukturierung der Interdependenzen. Die herkömmlichen Formen der Fertigung zeichnen sich durch eine unstrukturierte Vernetzung von Systemelementen aus, was zu einer starken Intransparenz des Produktionsprozesses führt. Weiterhin sind die Reaktionsgeschwindigkeit gering und das Störverhalten in den bestehenden Organisationsformen schlecht, was an den umständlichen Informationswegen liegt. Der Anspruch der Segmentierung liegt darin, die Gestaltungsprinzipien und deren Organisation derart zu gestalten, daß durch eine strukturierte Vernetzung die Stabilität und Effizienz des Produktionsprozesses erhöht und die Reaktionsfähigkeit verbessert werden (Bild 8.8).

Die Modularisierung dient der strukturellen Vereinfachung der Einzelprozesse, denen somit eine autonome Regelung ermöglicht wird. Die wenigen verbleibenden Verbindungen sind intensiv und leicht überschaubar. Im Rahmen der Segmentierung werden nach Marktaspekten festgelegte Produktgruppen untersucht, inwieweit sie einheitliche Anforderungen an das Produktionssystem stellen. Gruppen weitgehend homogener Produktionsanforderungen können als Segment definiert werden. Sie umfassen mehrere Stufen der Wertschöpfungskette eines Produktionsprozesses und verfolgen eine spezifische Wettbewerbsstrategie [vgl. Kap. 2.2] [18].

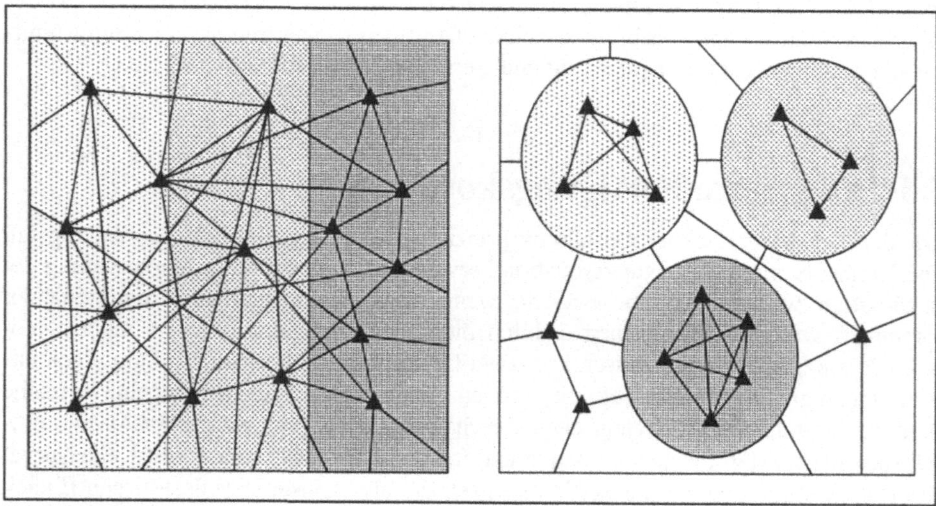

Bild 8.8: Unstukturierte und strukturierte Vernetzung

Durch die stärkere Kundenorientierung und die Reduzierung von Schnittstellen im Produktionsprozeß werden mit der Segmentierung folgende Ziele verfolgt [31]:

- Senkung der Durchlaufzeiten und Bestände

- Steigerung der Produktivität

- Reduzierung der Gemeinkosten und Erzielung von Kostentransparenz

- Erhöhung der Mitarbeitermotivation und -identifikation [vgl. Kap. 3.5.1]

- Verbesserung des Servicegrades [vgl. Kap. 10]

Um die Zahl der organisatorischen Schnittstellen möglichst gering zu halten, sollen Leistungsverflechtungen zwischen den Segmenten weitgehend vermieden werden. Zum Abbau der Nachteile durch Schnittstellen zwischen direkten und indirekten, d.h. planenden und ausführenden Funktionen, werden indirekte Funktionen in das Segment integriert. Je mehr Stufen der logistischen Kette und je mehr indirekte Aufgaben in die Fertigungssegmente verlagert werden, desto geringer ist der Einfluß von Störungen durch Schnittstellen auf den Produktionsprozeß. Es wird ein hoher Autonomiegrad des Segments angestrebt. Dieses beinhaltet sowohl die Kostenverantwortlichkeit als auch die Selbststeuerung auf Segmentebene.

Das Segment kann auf operativer Ebene wiederum aus noch kleineren selbststeuernden Einheiten, z.B. den Fertigungsinseln, bestehen. Dieses bedeutet nach dem Ansatz der strukturierten Vernetzung, daß auf einer weiteren, detaillerteren Systemebene [vgl. Kap. 4.1.1] eine Entflechtung der Prozesse vorgenommen wird.

8.3.2 Fertigungsinsel

Die Fertigungsinsel hat die Aufgabe, aus gegebenem Ausgangsmaterial Produktteile oder Endprodukte möglichst vollständig zu fertigen. Die notwendigen Betriebsmittel sind räumlich und organisatorisch in der Fertigungsinsel zusammengefaßt [12]. In dieser Einheit müssen alle Verfahren, Betriebsmittel und Mitarbeiterqualifikationen vereint werden, die zur Herstellung dieser Teile notwendig sind. Die Fertigungsorganisation der Fertigungsinsel verfolgt das Ziel, die Vorteile der Fließfertigung und die der Werkstattfertigung zusammenzuführen (Bild 8.9) [2]. Es geht darum, die hohe Flexibilität der Werkstattfertigung mit ihren universellen Fertigungsmitteln mit den kurzen Durchlaufzeiten und der hohen Produktivität der Fließfertigung zu kombinieren.

Zur Umsetzung der Komplettbearbeitung von Erzeugnissen bedarf es des Einsatzes gruppentechnologischer Strukturen. Für jede gebildete Teilefamilie wird eine Fertigungsinsel zu deren Bearbeitung errichtet. Die Ausstattung der Fertigungsinseln mit

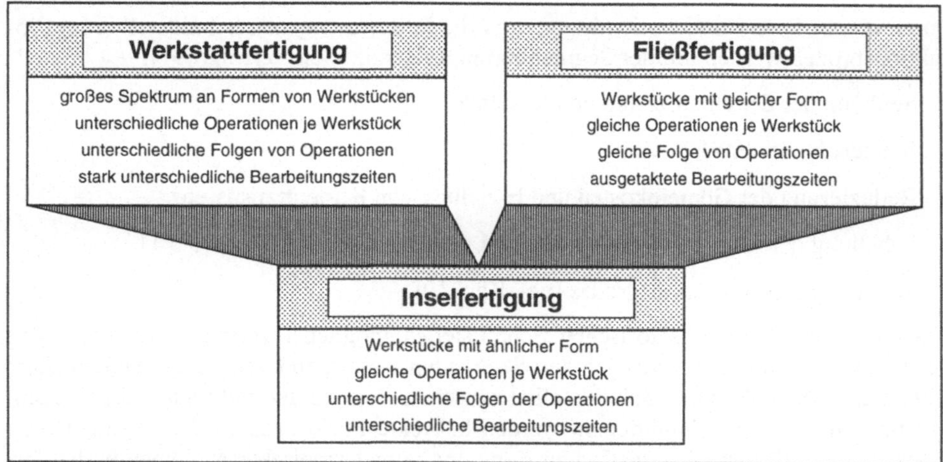

Bild 8.9: Inselfertigung

Fertigungsmitteln und -hilfsmitteln ist entsprechend der anzuwendenden Verfahren vorzunehmen. Die durch die Fertigungsinselbildung erreichbaren Ziele beziehen sich auf Kosten, Flexibilität, Qualität und Humanisierung (Bild 8.10).

Durch die materialflußorientierte Anordnung der Maschinen ist ein pufferloses Fließprinzip ohne Eingriff indirekter Stellen möglich, wodurch Durchlaufzeit und Bestände minimiert werden. Weiterhin läßt sich die Durchlaufzeit und damit der Materialbestand durch eine fertigungsintegrierte Qualitätsprüfung verringern. Prozeßnähe der Qualitätssicherung und damit verbundene schnelle Reaktionsfähigkeit auf Prozeßfehler kann zur Minimierung von Ausschußfolgekosten beitragen. Die Abkehr von der losweisen Fertigung hin zur flußorientierten Vereinzelung innerhalb von Teilefamilien nach dem **One-Piece-Flow-Prinzip** (ein Stück fließt) ist ein wesentliches Flexibilitätsziel [9].

Das Optimierungspotential der Fertigungsinsel ist nur dann auszuschöpfen, wenn die Arbeitsorganisation entsprechend angepaßt ist. Ein wesentliches Merkmal der Fertigungsinsel ist die Mitarbeiterorientierung. Die Gruppenarbeit ist deshalb idealtypisch für Fertigungsinseln [9]. Die Gruppenaufgaben haben arbeitsorganisatorischen und sozialen Charakter: Die arbeitsorganisatorischen Tätigkeiten liegen weitgehend in der Gruppenverantwortung. Dazu gehört die Verantwortung für die Technologie, die Kosten und die erbrachte Leistung.

Der soziale Charakter der Gruppenaufgaben ist durch die Vertretung von Gruppeninteressen und Koordination von Gruppentätigkeiten ersichtlich, wobei die in der Insel arbeitende Gruppe durch zwei wesentliche Merkmale gekennzeichnet ist: Zum einen wird eine weitgehende **Selbststeuerung** der Arbeits- und Kooperationsprozesse ver-

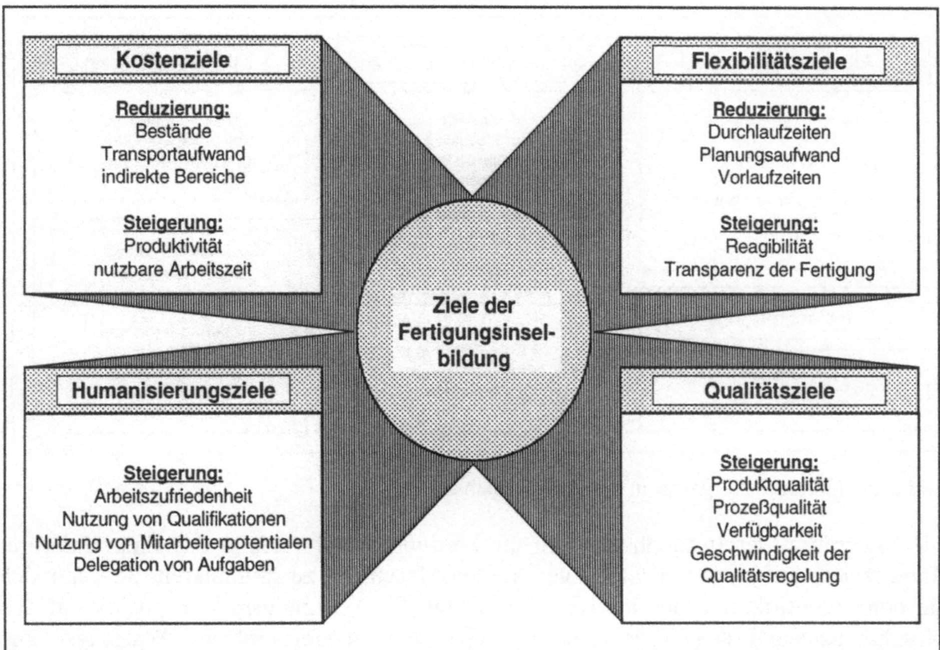

Bild 8.10: Ziele der Fertigungsinselbildung

bunden mit Planungs-, Entscheidungs- und Kontrollfunktionen innerhalb vorgegebener Rahmenbedingungen umgesetzt. Zum anderen wird der **Dispositionsspielraum** für den Inselmitarbeiter erweitert und die starre Arbeitsteilung abgebaut. Wesentlich für die erfolgreiche Arbeit der Fertigungsinsel ist die Ausstattung der Gruppe mit den notwendigen Funktionen und Entscheidungskompetenzen. Die eigenverantwortliche Lösung von Problemen direkt im Wertschöpfungsprozeß erlaubt eine schnelle Reaktion auf Störungen.

Organisatorische Schnittstellen im Fertigungsablauf sind zu vermeiden. Deshalb ist für die operative Auftragsabwicklung eine Integration indirekter Aufgaben notwendig. Die organisatorische Gestaltung der Fertigungsinsel bezieht sich auf die optimale Funktion des Gesamtsystems einschließlich der indirekten Aufgaben (Bild 8.11). Ziel ist eine möglichst geringe Anzahl von Verknüpfungen zwischen der Fertigungsinsel und den übrigen zentralen indirekten Bereichen sowie den anderen operativen Organisationseinheiten, wobei die Intensität dieser Beziehungen durchaus hoch sein kann. Der sogenannte **Autonomiegrad** ist wesentlicher Einflußparameter für Fertigungsinseln und äußert sich in der Ausprägung der Integration von unterschiedlichen Funktionen in die Fertigungsinsel.

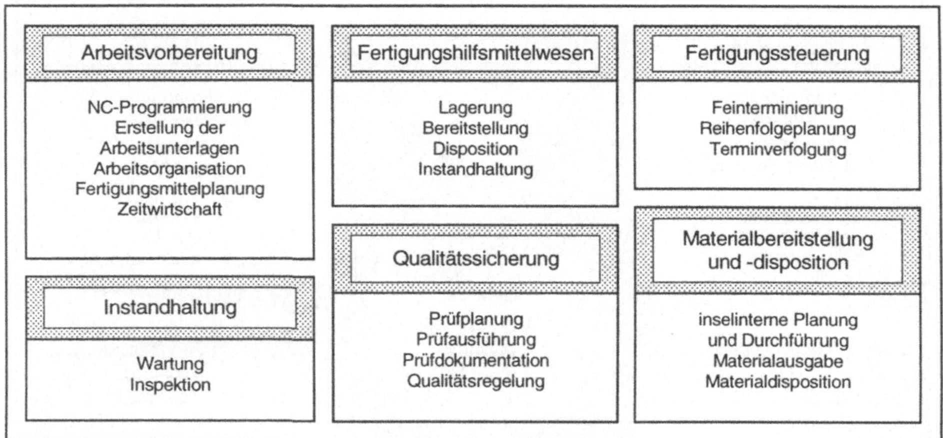

Bild 8.11: Indirekte Aufgaben in der Fertigungsinsel

Die Integration der Instandhaltung in die Fertigungsinsel verfolgt das Ziel, Unterbrechungszeiten aufgrund von Störungen an den Maschinen zu minimieren. So kann sich die hohe Identifikation der Inselmitarbeiter mit den Fertigungsmitteln positiv auf den Maschinenzustand auswirken. Erreicht wird dies, indem einfache Wartungs- und Instandsetzungstätigkeiten von den Inselmitarbeitern vor Ort durchgeführt werden. Dieses hat den weiteren Vorteil, daß aufgrund der Feinsteuerung innerhalb der Insel und der Entkopplung von Mensch und Maschine diese Tätigkeiten in betriebsarme Zeiten gelegt werden können.

Die Materialbereitstellung wird durch dezentrale Materialbereitstellungslager realisiert, die kurze Reaktionszeiten und schnittstellenreduzierte Wertschöpfungskettengestaltung ermöglichen. Die Beschaffungsauslösung vorbestimmter Mengen erfolgt soweit wie möglich seitens der Insel. Die Arbeitsplanung wird in Teilen unter Nutzung der Fachkenntnisse der Mitarbeiter auf der Fertigungsebene durchgeführt. Die Fertigungsfeinsteuerung erfolgt weitgehend autonom auf Inselebene. Die zentral durchzuführenden Planungs- und Steuerungsaufgaben liegen lediglich in der groben Terminierung und Koordination der Material- und Informationsflüsse zwischen den Inseln und gegenüber dem Auftragsmanagement. Ebenso wie qualitätssichernde können auch konstruktive Maßnahmen aufgrund der Prozeßnähe und im Rahmen des kontinuierlichen Verbesserungsprozesses als Strukturelement in der Insel weniger zeitintensiv durchgeführt werden.

Die betriebsinterne Hierarchie wird durch die Fertigungsinsel abgeschwächt. Es findet eine Veränderung der Aufbauorganisation statt, und zwar derart, daß Kompetenzen und Verantwortung auf hierarchisch nachgeordnete Ebenen verlagert werden [1]. Durch die

Dezentralisierung entsteht eine qualitative und quantitative Aufgabenverschiebung. Die quantitative Verschiebung ist durch die Zusammenfassung verstreuter gleichartiger Aufgabenelemente begründet. Eine qualitative Verschiebung wird durch die Erweiterung des Arbeitsinhalts der Mitarbeiter und die Übertragung indirekter Funktionen erreicht, wie z.B. Qualitätssicherung und Instandhaltung.

8.4 Lernfragen

1. Welche Aufgaben hat die Fertigung im Rahmen des Produktionsprozesses und aus welchen Bereichen setzt sie sich zusammen?

2. Welche Verfahren werden in den Fertigungsbereichen angewendet? Beschreiben Sie diese Hauptgruppen.

3. Durch welche Größen ist die Organisation der Fertigung charakterisiert?

4. Was besagt die Fertigungstiefe?

5. Welche Kenngrößen sind für die Fertigungsarten maßgeblich?

6. Welche Fertigungsarten werden unterschieden?

7. Welche Kenngrößen sind für die Fertigungsablaufarten maßgeblich?

8. Welche Fertigungsablaufarten werden unterschieden?

9. Erläutern Sie die Vor- und Nachteile der Werkstatt- und Fließfertigung.

10. Was ist unter Gruppentechnologie zu verstehen?

11. Welche flexiblen Fertigungskonzepte gibt es und worin unterscheiden sie sich?

12. Was besagen Außen- und Innenverkettung?

13. Was ist unter Gruppenarbeit zu verstehen und welche Ziele werden damit verfolgt?

14. Welche Prinzipien der Arbeitsstrukturierung gibt es? Erklären Sie diese.

15. Welche Funktionen haben Meister und Gruppensprecher?

16. Was besagt das Prinzip der strukturierten Vernetzung?

17. Welche Ziele werden mit der Fertigungssegmentierung verfolgt?

18. Welche Aufgaben nimmt die Fertigungsinsel wahr?

19. Warum ist es häufig zweckmäßig, Fertigungsinseln zu bilden?

20. Nennen Sie indirekte Aufgaben, die sich in Fertigungsinseln integrieren lassen, und beschreiben Sie die damit verbundenen Ziele.

8.5 Literaturverzeichnis

[1] awfi Arbeitswissenschaftliches Forschungsinstitut:
Produktinseln und Auftragsteam. Ein ganzheitliches Organisationsmodell für mittelständische Betriebe. Schriftenreihe Humanisierung des Arbeitslebens. Band 95. Frankfurt a. M., New York: Campus Verlag 1988.

[2] Bötzow, H.:
Die Fertigungsinsel als Konzept zur Einführung flexibler Automation in mittelständischen Industriebetrieben der Einzel- und Kleinserienfertigung. Dissertation Universität Köln. Düsseldorf: VDI-Verlag 1988.

[3] DIN 8580:
Begriffe der Fertigungsverfahren. Berlin, Köln, Frankfurt: Beuth Verlag 1984.

[4] Eversheim, W.:
Organisation der Produktionstechnik. Bd. 4. 2. Aufl. Düsseldorf: VDI-Verlag 1989.

[5] Gohde, H.-E./Kötter, W.:
Gruppenarbeit in Fertigungsinseln. In: Technische Rundschau 44/90.

[6] Luczak, H./Eversheim, W.:
Marktorientierte Flexibilisierung der Produktion. Sicherung der Wettbewerbsfähigkeit am Standort Deutschland. Köln: Verlag TÜV Rheinland 1993.

[7] Martin, J.:
Methodik zur Planung und Bewertung gruppentechnologischer Fertigungsstrukturen in der Einzel- und Kleinserienfertigung. Dissertation Universität Dortmund 1989.

[8] Maßberg, W.:
Fertigungsinselstrukturen in CIM-Strukturen. Leitfaden zum Erfolg. Köln: Verlag TÜV Rheinland 1993.

[9] Nedeß, Chr./Mallon, J./Strosina, Chr.:
Die Neue Fabrik. Handlungsleitfaden zur Gestaltung integrierter Produktionssysteme. Berlin, Heidelberg, New York: Springer-Verlag 1995.

[10] REFA:
Grundlagen der Arbeitsgestaltung. 2. Aufl. München, Wien: Hanser Verlag 1993.

[11] REFA:
Methodenlehre der Planung und Steuerung. Teil 1. München, Wien: Hanser Verlag 1985.

[12] REFA:
Planung und Gestaltung komplexer Produktionssysteme. München, Wien: Hanser Verlag 1987.

[13] Schomburg, E.:
Entwicklung eines betriebstypologischen Instrumentariums zur systematischen Ermittlung der Anforderungen an EDV-gestützte Produktionsplanungs- und -steuerungssysteme im Maschinenbau. Dissertation Rheinisch-Westfälische Technische Hochschule Aachen 1980.

[14] VDI-Richtlinie 2815:
Begriffe für die Produktionsplanung und Produktionssteuerung. Düsseldorf: VDI-Verlag 1981.

[15] Warnecke, H.-J.:
Der Produktionsbetrieb 2. Berlin, Heidelberg, New York: Springer-Verlag 1993.

[16] Wildemann, H.:
Die modulare Fabrik. Kundennahe Produktion durch Fertigungssegmentierung. St. Gallen: gfmt Verlag 1992.

9 Arbeitsvorbereitung

Joachim Käselau, Olaf Rokitta

Mit steigender Komplexität der Werkstücke und Fertigungsverfahren besteht die Forderung nach einer systematischen Vorbereitung der Arbeit. Die Arbeitsaufgabe muß
geplant, festgelegt, gesteuert und überwacht werden. Diese Aufgaben können nur durch
qualifiziertes Personal und effiziente Informationsträger mit organisiertem Informationsfluß bewerkstelligt werden. Dabei muß der ständige Wechsel der Betriebsbedingungen
beachtet werden, um den Arbeitsprozeß auf wirtschaftliche Art durchführen zu können.
Der menschlichen Arbeit wird ein Eigenwert beigemessen, der seinen Ausdruck in der
Forderung nach Berücksichtigung der spezifischen Bedürfnisse des Menschen bei der
Gestaltung des Arbeitsprozesses findet.

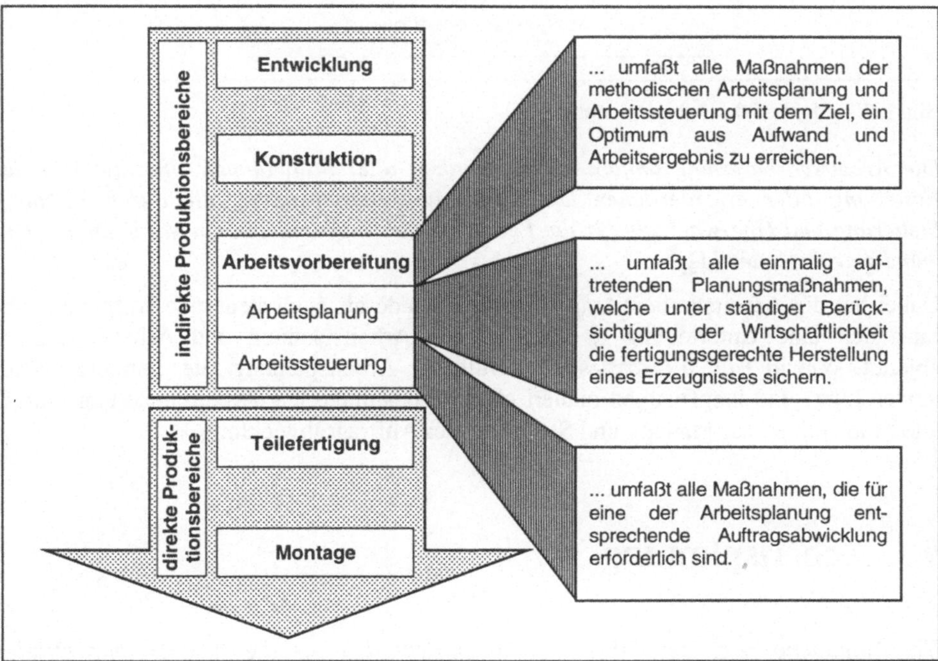

Bild 9.1: Definition der Arbeitsvorbereitung nach REFA

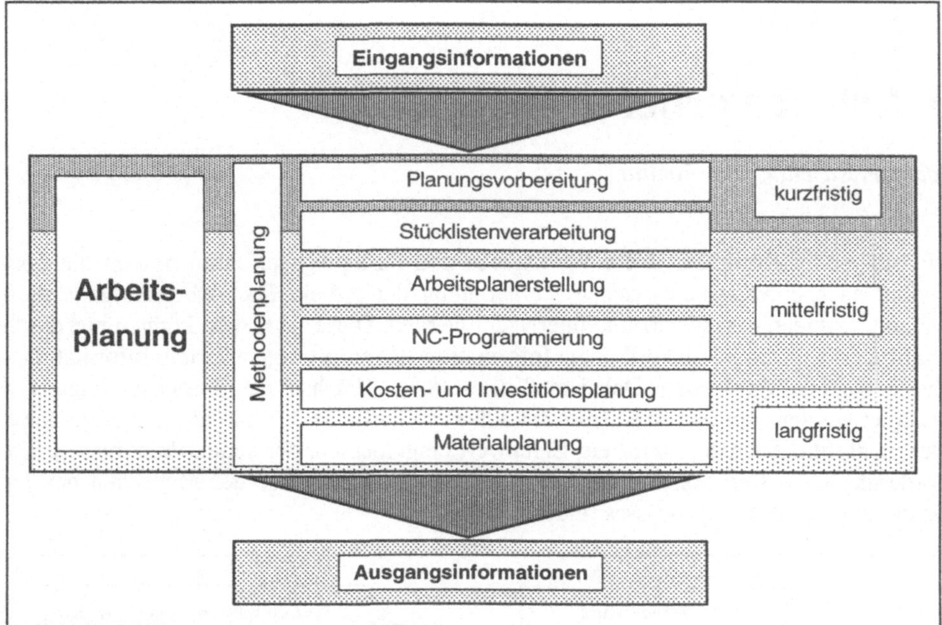

Bild 9.2: Aufgaben der Arbeitsplanung

Die Arbeitsvorbereitung umfaßt die Gesamtheit aller Maßnahmen einschließlich der Erstellung aller erforderlichen Unterlagen und Betriebsmittel, die durch Planung, Steuerung und Überwachung für die Fertigung von Erzeugnissen ein Minimum an Aufwand gewährleisten [1].

Dabei hat die Arbeitsvorbereitung sowohl planende als auch steuernde Aufgaben, woraus sich eine Unterteilung in die Bereiche Arbeitsplanung und Arbeitssteuerung ableitet. Wie in Bild 9.1 dargestellt, erfüllt die Arbeitsplanung alle einmalig auftretenden kurz- und langfristigen planerischen Maßnahmen. Die Arbeitssteuerung umfaßt alle Maßnahmen zur Planung und Steuerung der Auftragsabwicklung.

9.1 Arbeitsplanung

Der Aufgabenbereich der Arbeitsplanung bezieht sich auf alle einmalig auftretenden Planungsmaßnahmen, die unter ständiger Berücksichtigung der Wirtschaftlichkeit zur Sicherung der fertigungsgerechten Herstellung eines Erzeugnisses führen [1].

Weiterhin liegen die kurzfristigen Aufgaben in der Planung und Festlegung der wirtschaftlichen Auftragsabwicklung. Die langfristige Aufgabe ist die Entwicklung geeigneter Maßnahmen für eine wirtschaftliche Gestaltung und Auslegung der Bereiche Fertigung und Montage [3].

Die Arbeitsplanung muß dabei die in Bild 9.2 dargestellten Teilaufgaben verrichten. Beginnend mit der Planungsvorbereitung müssen die Eingangsinformationen auf Richtigkeit überprüft werden. Die zu verarbeitenden Informationen sind Auftragsdaten, Konstruktionsstücklisten und -zeichnungen sowie allgemeine Planungsunterlagen [3]. Im nächsten Schritt werden die Stücklisten in fertigungsgerechte Planungsunterlagen verarbeitet. Die Arbeitsplanerstellung stellt das Kerngebiet der Arbeitsplanung dar. Ziel der NC-Programmierung ist es, aus den Planungsunterlagen Steuerprogramme für die NC-Maschinen zu erzeugen. Sowohl Kosten- als auch Investitionsplanung sichern die kostengünstigste Abwicklung der Fertigung. Weiterhin wird das erforderliche Material in Hinsicht auf Abmessungen und Menge geplant. Parallel zu diesen Aufgaben beschäftigt sich die Methodenplanung mit der kontinuierlichen Verbesserung der Abläufe, Verfahren und Methoden.

9.1.1 Planungsvorbereitung

Die Planungsvorbereitung ist die systematische Vorbereitung der Planungstätigkeiten. Die Eingangsinformationen der jeweiligen Planungsbereiche durchlaufen eine Prüfung auf Richtigkeit. Organisatorisch ist sie meist keine eigene Institution, sondern ausschließlich eine Koordinationsstelle zwischen Arbeitsvorbereitung und Konstruktion. Die Koordinierungstätigkeiten bezüglich der Konstruktion liegen in der Beratung und Überprüfung der Unterlagen sowie in der Erstellung von Konstruktionsrichtlinien [3].

9.1.2 Stücklistenverarbeitung

Stücklisten enthalten *die Mengen aller Gruppen, Teile und Rohstoffe, die für die Fertigung einer Einheit des Erzeugnisses oder einer Gruppe erforderlich sind* [6]. Zusätzlich können sie Stammdaten und Strukturdaten der Erzeugnisse, Gruppen und Teile beinhalten [vgl. Kap. 7.2.2]. Die Stücklisten fungieren als Grundlage zur Erstellung von Arbeitsplänen. Sie werden ebenfalls zur Ermittlung des Bedarfs an Eigenfertigungs- und Zukaufteilen verwendet. Als Eingangsinformation dienen Konstruktionsstücklisten. Diese werden gemeinsam mit der Zeichnung erstellt und enthalten alle in der Zeichnung dargestellten Gegenstände. Stücklisten werden üblicherweise wie folgt unterschieden [6]:

In **Mengenübersichtsstücklisten** ist für einen Gegenstand jedes Teil nur einmal mit Gesamtmengenangabe aufgeführt. **Strukturstücklisten** enthalten Baugruppen, Eigen- und Fremdteile aller Ebenen eines Gegenstandes. Jedes Element wird entsprechend seiner hierarchischen Stellung im Produkt abgebildet, wobei jede Gruppe bis zur niedrigsten Ebene aufgegliedert ist. **Baukastenstücklisten** beinhalten die Gruppen, Eigen- und Fremdteile eines Gegenstandes. Sie geben Aufschluß über die Einzelteile, aus denen sich das Endprodukt zusammensetzt und welche Einzelteile aufgrund von Funktion, Organisation oder Fertigungstechnologie zu Baugruppen zusammengefaßt werden [9]. In ihnen werden keine Baugruppen wiederholt, sondern es wird nur auf diese verwiesen.

Die Unterscheidung dient der Anpassung des Planungsaufwandes an die zu erbringende Leistung. Die aus der Konstruktion stammenden Informationen werden im Rahmen der Stücklistenverarbeitung in **Fertigungsstücklisten** umgewandelt. Diese unterscheiden sich von Konstruktionsstücklisten insofern, als daß sie mit Angaben für die organisatorische Vorbereitung, die Abwicklung und Abrechnung der Fertigung und unter Betrachtung des Fertigungsablaufs erstellt werden. Je nach Anforderung werden unterschiedliche Fertigungsstücklisten erstellt. **Bedarfsermittlungsstücklisten** enthalten alle Angaben über das Material, das für die Fertigung eines Gegenstandes notwendig ist. **Montagestücklisten** verfügen zusätzlich über Informationen zum Montagearbeitsplatz. **Eigenfertigungsteilstücklisten** enthalten nur die Teile, die in Eigenfertigung hergestellt werden, **Kaufteilstücklisten** hingegen nur solche, die nicht in Eigenfertigung hergestellt werden.

9.1.3 Arbeitsplanerstellung

Je nach Häufigkeit der Erstellung von Planungsunterlagen muß ein unterschiedlich hoher Aufwand für die Planung betrieben werden. Unterschieden werden die Planungsarten Neuplanung, Ähnlichkeitsplanung und Wiederholplanung. Eine **Neuplanung** ist notwendig, wenn kein Rückgriff auf bereits existierende Daten anderer Arbeitspläne möglich ist, also die Neuerstellung eines Arbeitsplanes durchgeführt werden muß. Für die **Ähnlichkeitsplanung** ist nur die Manipulation von Parametern maßgeblich, wobei ähnliche Arbeitspläne Verwendung finden. Der geringste Aufwand wird für die **Wiederholplanung** betrieben, da bereits vorhandene Arbeitspläne für wiederkehrende Aufgaben verwendet werden [3].

Die Arbeitsplanerstellung ist das Kerngebiet der Arbeitsplanung. Im Arbeitsplan ist die *Vorgangsfolge zur Fertigung eines Teiles, einer Gruppe oder eines Erzeugnisses beschrieben; dabei sind mindestens das verwendete Material sowie für jeden Arbeits-*

*vorgang der Arbeitsplatz, die Betriebsmittel, die Vorgabezeiten und gegebenenfalls die
Lohngruppe angegeben* [8].

Bild 9.3 zeigt die Folge der Arbeitsschritte in der Arbeitsplanerstellung am Beispiel der
Neuplanung.

Beginnend mit der Ausgangsteilbestimmung erfolgt im Anschluß daran die Ermittlung
der Arbeitsvorgangsfolge. Danach werden Fertigungsmittel und Maschinen ausgewählt.
Im nächsten Schritt werden die Fertigungsmittel zugeordnet und abschließend die Vorgabezeiten ermittelt sowie die Arbeitsbewertung durchgeführt.

Aufgabe der **Ausgangsteilbestimmung** ist die Festlegung von Rohteilart und Rohteil-
abmessungen unter Berücksichtigung der Anforderungen des Werkstücks nach den Kriterien Technologie, Wirtschaftlichkeit und Zeit.

Zur **Arbeitsvorgangsfolgeermittlung** bedarf es einer Gegenüberstellung von End- und
Anfangszustand und der Berücksichtigung aller Verfahren zur Realisierung des End-
zustandes. Die *Arbeitsvorgangsfolge ist die Reihenfolge, durch die ein Stoff oder*

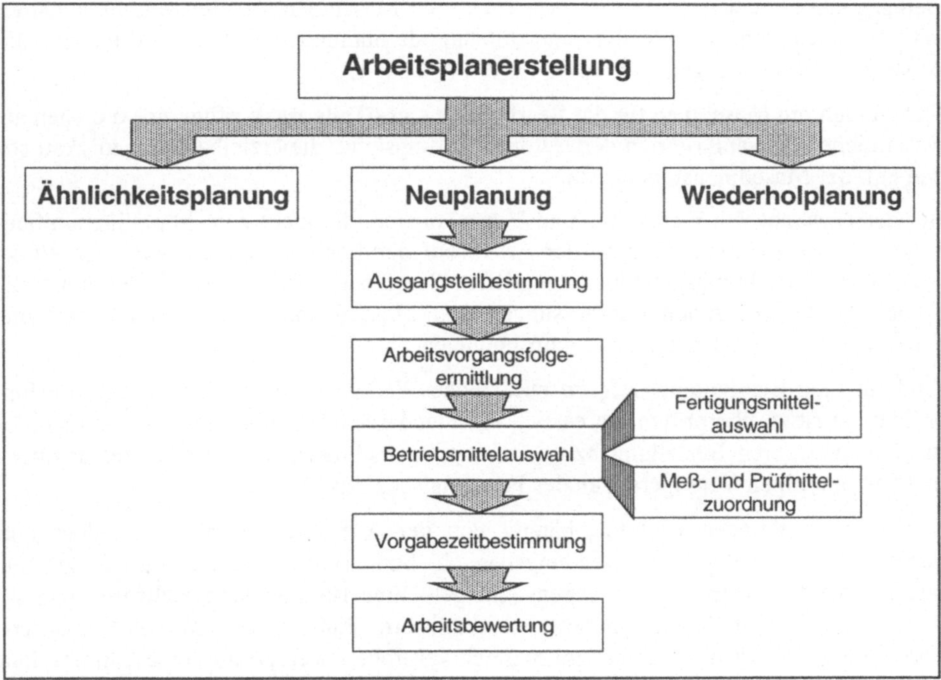

Bild 9.3: Aufgaben der Arbeitsplanerstellung bei Neuplanung

Körper über schrittweise Veränderung der Form und/oder der Stoffeigenschaften vom Rohzustand in einen Fertigzustand überführt wird [3]. Mittels eines Wirtschaftlichkeitsvergleichs einzelner Verfahren, z.B. anhand von Relativkostenkatalogen, erfolgt dann die Festlegung der einzelnen Arbeitsvorgänge und die Zuordnung der Maschinen und Betriebsmittel zu den Arbeitsvorgängen. Man bedient sich diesbezüglich der detaillierten Kenntnis aller Bearbeitungsverfahren und der Erfahrung der Mitarbeiter. Als weitere Hilfsmittel finden Richtlinien, Arbeitspläne für ähnliche Werkstücke und Standardarbeitspläne bei ausreichend hoher Wiederholhäufigkeit Verwendung.

Bei der **Betriebsmittelauswahl** sind die Fertigungsmittelauswahl sowie die Meß- und Prüfmittelzuordnung zu unterscheiden. Fertigungsmittel sind dabei definiert als Einrichtungen, die eine Zustandsänderung am Werkstück vornehmen. Beispiele für Fertigungsmittel sind Maschinen, Werkzeuge und Vorrichtungen.

Die **Fertigungsmittelauswahl** beginnt mit der Analyse der Bearbeitungsaufgabe. Das zu fertigende Teilespektrum wird auf die Möglichkeiten der Anwendung gruppentechnologischer Maßnahmen geprüft [vgl. Kap. 8.2.1]. Anschließend werden die Anforderungen an die Maschine definiert und die Arbeitsraumabmessungen festgelegt. Demgegenüber stehen die technischen Daten der Maschinen, die auf Maschinenkarten bzw. bei entsprechender Rechnerunterstützung als Stammdaten erfaßt sind und für die Auswahl zu Rate gezogen werden.

Stehen mehrere Maschinen für die Bearbeitung eines Teils zur Verfügung, so dienen als wesentliche Auswahlkriterien der Automatisierungsgrad, die erzielbare Genauigkeit sowie ggf. der Maschinenstundensatz.

Bei der Auswahl der Werkzeuge und Vorrichtungen, die nicht zum Maschinenumfang gehören, aber zur Durchführung der Arbeitsaufgabe benötigt werden, wird auf Werkzeug- und Vorrichtungskataloge zugegriffen. Diese beinhalten geometrische und technologische Informationen (Abmessungen und Einsatzbedingungen) sämtlicher Standard- und Sonderwerkzeuge bzw. -vorrichtungen.

Sind für eine Bearbeitungsaufgabe zusätzliche Werkzeuge bzw. Vorrichtungen erforderlich, so ist zu überprüfen, ob es sich um Standard- oder Sonderfertigungshilfsmittel handelt, und deren Bestellung bzw. Anfertigung rechtzeitig zu veranlassen, damit es nicht zu unnötigen Verzögerungen des Fertigungsbeginns kommt.

Standardvorrichtungen sind unabhängig von der Aufgabenstellung verwendbar und haben einen festgelegten Anwendungsbereich. Sondervorrichtungen ermöglichen nur den Einsatz für bestimmte Aufgabenstellungen. Eine **Baukastenvorrichtung**, wie sie in Bild 9.4 dargestellt ist, beinhaltet standardisierte Bauelemente. Mittels Baukastenvorrichtungen kann der Anwendungsbereich vergrößert werden und eine Universalität hergestellt werden.

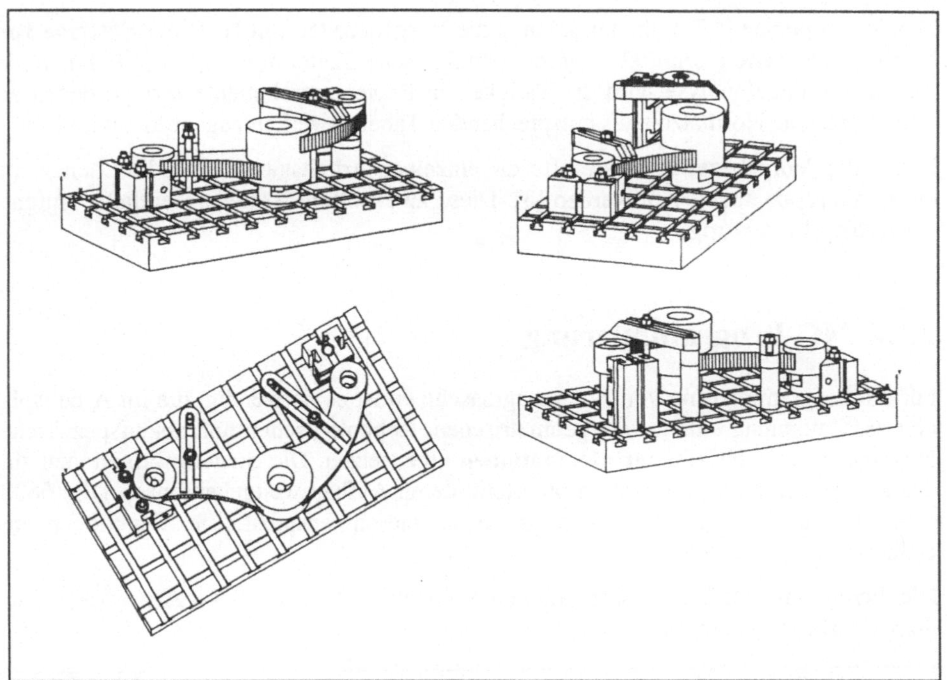

Bild 9.4: Baukastenvorrichtung

Aufgabe der **Meß- und Prüfmittelzuordnung** ist es, die für die geplanten Prüfarbeitsgänge erforderlichen Meß- und Prüfmittel zu ermitteln und auszuwählen bzw. deren Beschaffung anzustoßen. Ähnlich wie bei den Vorrichtungen und Werkzeugen werden auch die vorhandenen Meßwerkzeuge mit ihren Kennwerten (z.B. Meßbereich, Genauigkeit) katalogisiert und stehen so dem Planer zur Verfügung.

Eine wesentliche Angabe im Arbeitsplan ist die Vorgabezeit. Sie wird einerseits für die Entlohnung bei Akkord- bzw. Prämienlohn benötigt, andererseits dient sie als Eingangsgröße für die Terminermittlung.

Die **Ermittlung der Vorgabezeiten** kann auf unterschiedliche Arten erfolgen. Bei der **Zeitermittlung durch Zeitaufnahme** (analytische Zeitermittlung) werden durch Selbstoder Fremdaufschreibung die verbrauchten Ist-Zeiten gemessen und über den Leistungsgrad in Vorgabezeiten umgerechnet [10]. Diese Vorgehensweise kann nur bei wiederkehrenden Tätigkeiten, also in der Massen- oder Serienfertigung angewendet werden. Problematisch dabei ist die Bestimmung des Leistungsgrades, der sowohl bei verschiedenen Mitarbeitern als auch bei einem Mitarbeiter im Verlaufe der Zeit schwanken kann.

Für neu zu planende Tätigkeiten können die Vorgabezeiten mit Hilfe der **Systeme vorbestimmter Zeiten** ermittelt werden (synthetische Zeitermittlung). Im Rahmen der
Bewegungsablaufanalyse wird die Tätigkeit in Bewegungselemente zerlegt, denen anschließend eine Normalzeit aus entsprechenden Tabellenwerken zugeordnet wird [10].

Neben den Vorgabezeiten müssen für die einzelnen Arbeitsgänge auch die Lohnart und
die Lohngruppe angegeben werden [3]. Diese zu ermitteln ist die wesentliche Aufgabe
der **Arbeitsbewertung**.

9.1.4 NC-Programmierung

Für die Programmierung von Werkzeugmaschinen ist es notwendig, die im Arbeitsplan
und der Zeichnung enthaltenen geometrischen, technologischen und ablaufspezifischen
Informationen in **NC-Steuerinformationen** umzusetzen. Die Steuerinformationen sind
dabei in einzelne Programmsätze unterteilt, deren Aufbau weitgehend nach DIN 66025
genormt ist. Zusätzliche steuerungs- bzw. maschinenspezifische Funktionen und
Befehle sind jedoch möglich.

Die Erzeugung der Steuerinformationen kann auf unterschiedliche Art erfolgen, wie
dieses in Bild 9.5 dargestellt ist.

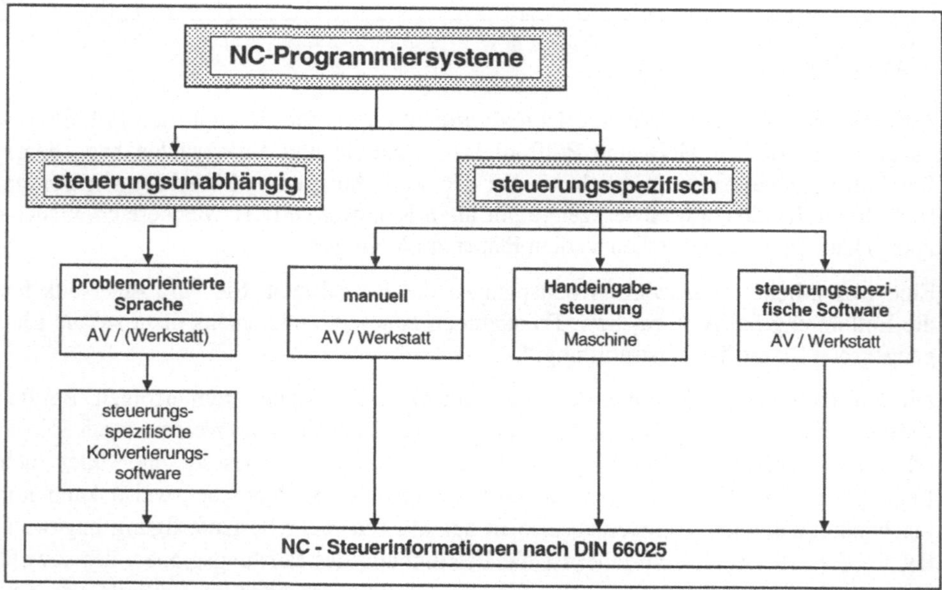

Bild 9.5: Einteilung der NC-Programmiersysteme

Wesentliche Unterscheidungskriterien für die NC-Programmiersysteme sind der **Ort der Programmierung** (Arbeitsvorbereitung, Werkstatt, Maschine) und die **Abhängigkeit von der Maschine bzw. Steuerung** (steuerungsunabhängig, steuerungsspezifisch). Mit zunehmender Dezentralisierung der Arbeitsvorbereitung [vgl. Kap. 9.3] nehmen die Unterschiede zwischen Programmierung in der Arbeitsvorbereitung bzw. Werkstatt ab. Bei der steuerungsunabhängigen Programmierung ist eine anschließende Konvertierung der Steuerdaten mit Hilfe einer steuerungsspezifischen Konvertierungssoftware notwendig.

Der allgemeine Aufbau eines NC-Programms, wie es z.B. mit der Programmiersprache APT (Automatically Programmed Tools) erstellt wird, sieht wie folgt aus:

- Programm-Initialisierung (programmtechnische Anweisungen)

- Beschreibung der Werkstückgeometrie

- Beschreibung der Verfahrwege

- Programmende

9.1.5 Kosten- und Investitionsplanung

Während das betriebliche Rechnungswesen eine Kontrolle der entstandenen Kosten vornimmt, indem z.B. über die Nachkalkulation die Selbstkosten ermittelt werden, ist es Aufgabe der **Kostenplanung**, durch Berücksichtigung betriebswirtschaftlicher Aspekte bei der Fertigungsmittelauswahl eine Minimierung bzw. Optimierung der Kosten zu erwirken.

Für die Ermittlung des **kostengünstigsten Fertigungsverfahrens** werden in erster Linie die Material-, Fertigungsmittel- und Lohnkosten in Betracht gezogen. Ein Hilfsmittel für die einfache Kostenabschätzung alternativ einsetzbarer Fertigungsverfahren bzw. für die Ermittlung der Relativkosten eines Bearbeitungsverfahrens in Abhängigkeit von der Werkstofflegierung sind Relativ-Kosten-Kataloge [3, 10]. Durch den Einsatz solcher Kataloge ist es möglich, unter Umgehung einer detaillierten Berechnung der Herstellkosten über die Fertigungszeiten das günstigste Fertigungsverfahren auszuwählen.

Die Aufgabe der **technischen Investitionsplanung** ist es, Art und Umfang von Investitionen in Betriebsmittel festzulegen, so daß das von der Unternehmensplanung festgelegte Produktionsprogramm am wirtschaftlichsten bearbeitet werden kann. Dazu ist es notwendig, den Kapazitätsbedarf mit dem Maschinenprofil technologisch und kapazitätsmäßig abzugleichen. Hieraus ergibt sich der Bedarf an Neuinvestitionen bzw. die Auflistung der nicht mehr benötigten Fertigungsmittel.

Die technische Investitionsplanung dient als Entscheidungsvorbereitung von Investitionen aus technischer Sicht. Eine Entscheidung über die jeweils wirtschaftlichste Variante kann auf der Basis einer Wirtschaftlichkeitsrechnung (Investitionsrechnung) erfolgen. Hierzu stehen zahlreiche Verfahren, wie z.B. die interne Zinsfußmethode, die Kapitalmethode und die Amortisationsrechnung zur Verfügung.

9.1.6 Methodenplanung

Die Methodenplanung hat die Aufgabe der Planung und Entwicklung neuer Methoden, Verfahren und Hilfsmittel für Fertigung und Arbeitsvorbereitung (Bild 9.6). Sie ist aufgrund der Rationalisierungsbestrebungen in den operativen Bereichen zu einem wesentlichen Bestandteil der Arbeitsplanung geworden.

In der Arbeitsvorbereitung befaßt sich die Methodenplanung mit Arbeitsstudien, d.h. mit Fragen der Arbeitsplatzgestaltung, der Arbeitsbewertung und Arbeitsablaufstudien sowie mit Fragen der Planungsmethoden und -hilfsmittel.

Im Rahmen der **Arbeitsplatzgestaltung** wird einerseits den Forderungen nach Wirtschaftlichkeit und andererseits einer humanen Arbeitsplatzgestaltung Rechnung getragen. Die Ziele dabei sind minimierte zeitabhängige Kosten, ausreichende Qualität, erträgliche Belastung und Beanspruchung des Arbeitenden sowie die Einhaltung der

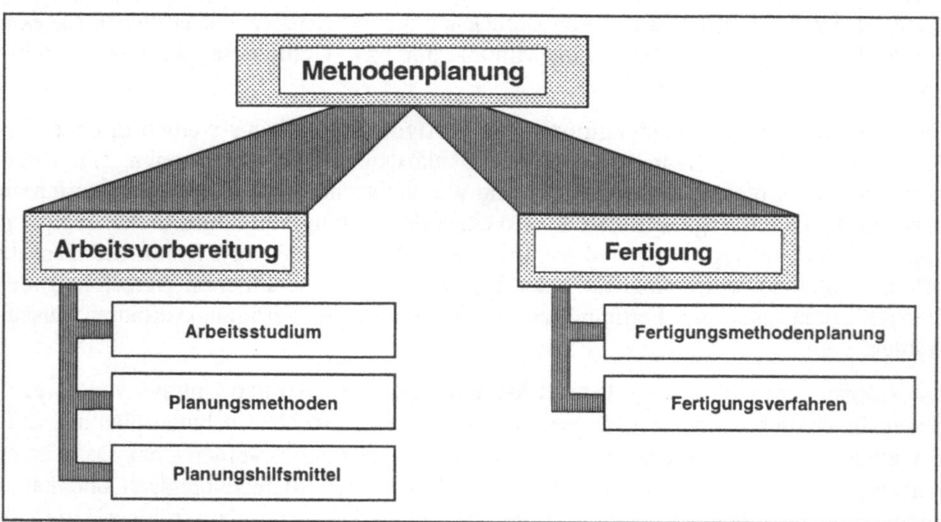

Bild 9.6: Aufgaben der Methodenplanung

vorgeschriebenen Arbeitssicherheit. Die Gestaltung des Arbeitsplatzes erfolgt unter technologischen, technischen, anthropometrischen und physiologischen Aspekten [11].

Die **Arbeitsbewertung** verfolgt das Ziel der Festlegung von Lohngruppen für jeden im Arbeitsplan angegebenen Arbeitsgang. Damit soll der Arbeitsaufgabe ein Schwierigkeitsgrad zugeordnet werden, durch den sie monetär bewertbar und dokumentierbar wird.

Für die Durchführung von **Arbeitsablaufstudien** werden Arbeitsablaufdaten benötigt. Diese können z.B. in Form von Arbeitsplänen oder Netzplänen vorliegen [6]. Ziel der Arbeitsablaufstudien ist es, einen optimalen Fertigungsablauf zu ermitteln bzw. bestehende Abläufe zu optimieren.

Die **Planungsmethoden** und **Planungshilfsmittel** bedürfen einer ständigen Aktualisierung und Verbesserung. Der Konzipierung von Methoden und Hilfsmitteln für die Planung, wie z.B. die Entwicklung von Relativkostenkatalogen, Klassifizierungs- und Sachnummernsystemen, kommt dabei eine besondere Bedeutung zu. Weiterhin werden Vorschriften, Richtlinien und Formblätter erarbeitet und als Planungshilfsmittel zur Verfügung gestellt.

Im Bereich Fertigung beschäftigt sich die Methodenplanung mit der Analyse und Bewertung vorhandener Fertigungsverfahren, der Prognose von zukünftigen Entwicklungen vorhandener Verfahren und deren Anwendungen (Verfahrenserweiterung) sowie der systematischen Untersuchung der Anwendbarkeit neuer Fertigungsverfahren (Verfahrensentwicklung) [10].

9.1.7 Materialplanung

Die wesentlichen Aufgaben der Materialplanung im Rahmen der Arbeitsvorbereitung sind die langfristige und auftragsunabhängige Lagerort- und Lagersortenplanung.

Die **Lagerortplanung** berücksichtigt die betrieblich vorhandenen Randbedingungen des Lagers. Hierzu zählen der Raumbedarf je Materialsorte wie auch das Raumangebot für die Lagerung. Die Zugriffshäufigkeit auf die Materialsorten ist genauso wesentlich wie Art und Länge der Transportwege und die vorhandene Personalkapazität. Das Ziel der Lagerortplanung ist die Minimierung des Entnahmeaufwands [7].

Die **Lagersortenplanung** verfolgt das Ziel, Art und Menge des lagerhaltigen Halbzeugs unter Berücksichtigung der Anforderung seitens der Werkstücke und Betriebsmittel anzupassen. Die Grundlagen dafür sind die Rohmaterialsolldaten.

Das übergeordnete Ziel ist die Gewährleistung der ständigen Lieferbereitschaft bei gleichzeitiger Minimierung der Lagerhaltungskosten. Da die Zielsetzungen in gegen-

sätzliche Richtungen tendieren, bedarf es eines Kompromisses zwischen den Bestre-
bungen. Mit Hilfe von Wirtschaftlichkeitsrechnungen kann eine Abwägung zwischen
gebundenem Kapital und günstigeren Einkaufspreisen bei hohen Abnahmemengen
vorgenommen werden [vgl. Kap. 10.2.3].

9.2 Arbeitssteuerung

Die Aufgaben der Arbeitssteuerung sind die mittel- und kurzfristige Planung, Steuerung und Überwachung von Fertigungs- und Montageprozessen [4]. Für diese Aufgaben
hat sich heute mit zunehmendem Rechnereinsatz der Begriff Produktionsplanung und
-steuerung (PPS) durchgesetzt.

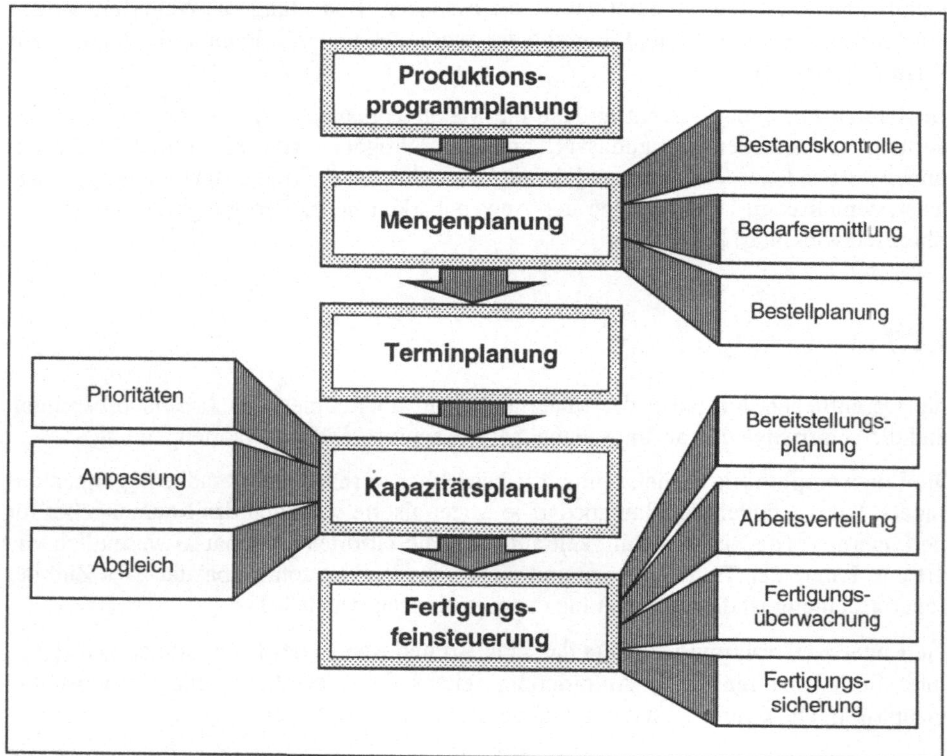

Bild 9.7: Aufgaben der Arbeitssteuerung

Die durchaus nicht widerspruchsfreien Ziele der Arbeitssteuerung sind:

- Reduzierung der Durchlaufzeit
- Optimierung der Kapazitätsauslastung
- Minimierung der Kosten für Umlaufkapitalbindung
- Verringerung der auftragsbezogenen Betriebsmittel- und Personalkosten

Im Rahmen der Produktionsprogrammplanung werden zeitliche und mengenmäßige Angaben über die künftige Produktion festgelegt. Dieses Programm ist mit den Möglichkeiten der Produktion abzustimmen, wobei die Arbeitsvorbereitung nur bei neuen Produkten zu Rate gezogen wird. Auf eine detaillierte Beschreibung wird deshalb an dieser Stelle verzichtet und auf die einschlägige Literatur verwiesen [12].

Eine weitere Aufgabe der Arbeitssteuerung ist die Mengenplanung (Bild 9.7), die durch Bestandskontrolle, Bedarfsermittlung und Bestellplanung sowohl für optimale Nutzung der Lagerkapazitäten als auch für die Reduzierung des gebundenen Kapitals sorgt. Mit Hilfe der Termin- und Kapazitätsplanung ist es möglich, Durchlaufzeiten zu senken und die Auslastung der Kapazitäten zu optimieren. Aufgabe der Fertigungsfeinsteuerung ist es, die Auslösung und Überwachung innerbetrieblicher Fertigungs- und Montageaufträge durchzuführen [12].

9.2.1 Mengenplanung

Die Mengenplanung verfolgt das Ziel der mengen- und termingerechten Bereitstellung der zur Fertigung benötigten Materialien, Teile und Baugruppen. Sie ist ein Teil der Materialwirtschaft [vgl. Kap. 10]. Dabei werden in erster Linie Bestandskontrolle, Bedarfsermittlung und Bestellplanung durchgeführt. Die **Bestandskontrolle** hat die Aufgabe der mengen- und wertmäßigen Fortschreibung der Bestände. Dabei wird unterschieden in Bewegungs- und Stammdaten. Während die Stammdaten für jeden Artikel die längerfristig festgelegten Kenngrößen beschreiben, beziehen sich die Bewegungsdaten auf alle körperlichen und nichtkörperlichen Lagerbewegungen und ermöglichen somit die Ermittlung der Lagerbestände. Die **Bedarfsermittlung** bestimmt den Materialbedarf nach Art und Menge zu einem bestimmten Termin oder für eine bestimmte Periode. Sie bedient sich dabei je nach Anforderung bestimmter Bedarfsermittlungsverfahren. Die **Bestellplanung** ist entsprechend der Aufgabe als bedarfsbezogene, terminbezogene oder bestandsbezogene Bestellauslösung ausgebildet [7]. Ihre Aufgabe ist es, die Beschaffung so rechtzeitig auszulösen, daß die benötigten Materialien zur richtigen Zeit, in der benötigten Menge und am richtigen Ort zur Verfügung stehen.

9.2.2 Terminplanung

Die Terminermittlung besteht in der Festlegung von Anfangs- und Endterminen für das Durchführen von Aufgaben in bestimmten Arbeitssystemen. Dadurch soll ermöglicht werden, daß die Gesamtaufgabe zum vorgegebenen Zieltermin abgeschlossen werden kann [8]. Die Terminermittlung kann dabei auf unterschiedliche Arten durchgeführt werden.

Bei der **auftragsorientierten Terminermittlung** wird nur der einzelne Auftrag berücksichtigt. Weder Kapazitätsbelastung noch Kapazitätsgrenzen werden bei dieser Art der Terminermittlung berücksichtigt [8].

Zusätzlich betrachtet werden bei der **kapazitätsorientierten Terminermittlung** die Interdependenzen konkurrierender Aufträge in den verschiedenen Arbeitssystemen und die vorherrschenden Kapazitätsbelastungen und -grenzen. Eine termingebundene Abstimmung von Kapazitätsbestand und -bedarf erfolgt durch Anpassung der Kapazitäten oder Abgleich der Belastung (Kapazitätsabgleich) [8].

Sowohl Kapazitätsbelastung und gegenseitige Beeinflussung verschiedener Aufträge als auch die Verfügbarkeit aller zur Fertigung erforderlichen Mittel finden bei der **inte-**

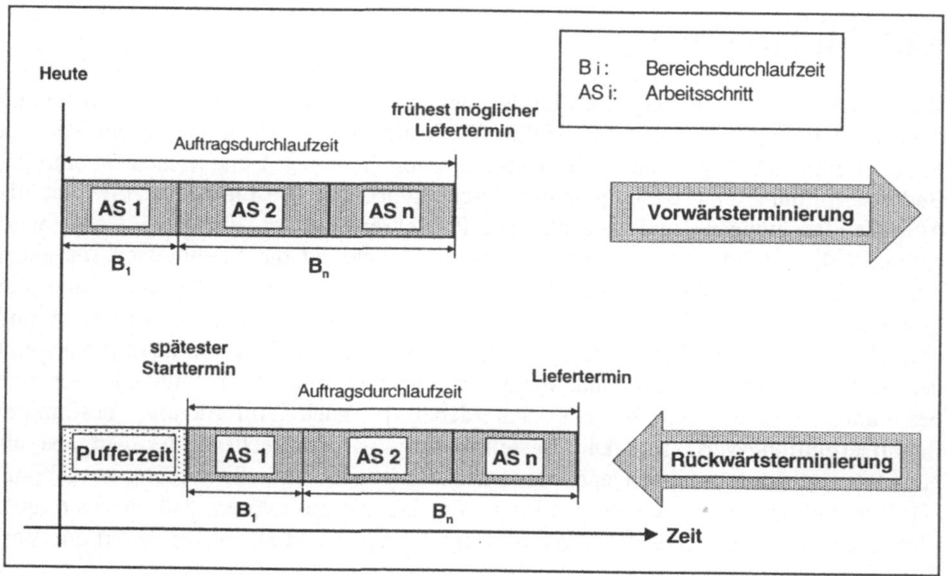

Bild 9.8: Terminierungsverfahren nach REFA

grierten Terminermittlung Beachtung [8]. Insbesondere wird hierbei die Verfügbarkeit des Materials, der Werkzeuge und Vorrichtungen, der Meß- und Prüfmittel sowie der Arbeitsunterlagen überprüft.

Im Rahmen der Durchlaufterminierung ergeben sich je nach zeitlicher Folge unterschiedliche Methoden zur Terminermittlung, die schematisch in Bild 9.8 dargestellt sind.

Bei der **Vorwärtsterminierung** werden, ausgehend vom Starttermin, sowohl alle Anfangs- und Endtermine der einzelnen Vorgänge des Gesamtablaufs als auch der frühestmögliche Bereitstellungstermin ermittelt. Sind die einzelnen Arbeitsgangdurchlaufzeiten unter Berücksichtigung von Übergangszeiten, Zusatzzeiten, wie z.B. Lagerungszeiten, Rüst- und Ausführungszeiten bestimmt, kann der früheste Endtermin für den Auftrag ermittelt werden.

Bei der **Rückwärtsterminierung** werden, ausgehend vom Liefertermin, der späteste Starttermin des Gesamtablaufes sowie alle End- und Anfangstermine der einzelnen Vorgänge ermittelt. Dabei handelt es sich bei den Zwischenterminen um die spätest zulässigen Termine. Zu Zielterminüberschreitungen kann es kommen, wenn eine größere Anzahl von Vorgängen auf dem kritischen Weg liegt, d.h auf dem Pfad des Netzplanes, der keinen zeitlichen Spielraum für die Verschiebung von Vorgängen bietet [14].

Bei der **kombinierten Terminierung** werden durch Überlagerung der Ergebnisse aus Vorwärts- und Rückwärtsterminierung jedem Arbeitsgang frühester Start- und spätester Endtermin zugewiesen.

Die Vorteile der kombinierten Terminierung liegen in der Nutzung nichtkritischer Vorgänge zum Kapazitätsabgleich. Dadurch ist insbesondere das Auffangen von Störungen möglich. Einen Nachteil stellt die hohe Kapitalbindung durch das lagernde Material dar.

Die Terminermittlung hat je nach Fristigkeit unterschiedliche Aufgaben zu erfüllen.

Die **langfristige Terminermittlung** ist gleichzusetzen mit der Produktions- und Fertigungsprogrammbildung. Die Eingangsinformationen sind die vorliegenden Kundenaufträge bzw. der stochastisch ermittelte Primärbedarf. Die Aufgaben liegen zum einen in der Festlegung von Lieferterminen für Kundenaufträge und zum anderen in der Berechnung von Eckterminen und monatlichem Kapazitätsbedarf für einzelne Produktionsbereiche [8].

Die **mittelfristige Terminermittlung** erhält als Eingangsinformation das Produktions- bzw. Fertigungsprogramm. Daraus werden die Zwischentermine für einzelne Vorgänge und der wöchentliche Kapazitätsbedarf an Einzelkapazitäten ermittelt. Des weiteren werden Kapazitätsbestand und -bedarf abgeglichen und Entscheidungen über die Nutzung des Kapazitätsspielraumes und die Kapazitätsanpassung getroffen [8].

Die **kurzfristige Terminermittlung** dient der Belegung der Einzel- und Gruppen-
kapazitäten mit Werkstattaufträgen und ist mit einer Rückmeldung der fertiggestellten
Aufträge verbunden. Sie dient als Grundlage für die Fertigungssteuerung [8].

9.2.3 Kapazitätsplanung

Die Kapazitätsplanung dient der Optimierung der Verteilung der Tätigkeiten auf die
Kostenstelleneinheiten unter Beachtung der Belastungsgrenzen. Der Kapazitätsbedarf
läßt sich den Belastungsplänen, also dem Kapazitätsprofil entnehmen. Die wesentliche
Aufgabe der Kapazitätsplanung ist die **Kapazitätsabstimmung**, also die Abstimmung
zwischen Kapazitätsbedarf (Nachfrage) und -bestand (Angebot). Diese kann auf zwei
unterschiedliche Arten erfolgen.

Erstens kann eine **Anpassung der Kapazitäten** vorgenommen werden. Der Bestand an
Kapazitäten wird in diesem Fall dem Bedarf angepaßt. Maßnahmen hierfür sind z.B. die
Anordnung von Überstunden bzw. die Ausnutzung flexibler Arbeitszeiten, zusätzliche
Schichten, kurzfristige Anschaffung neuer Maschinen bzw. Einstellung weiterer Mit-

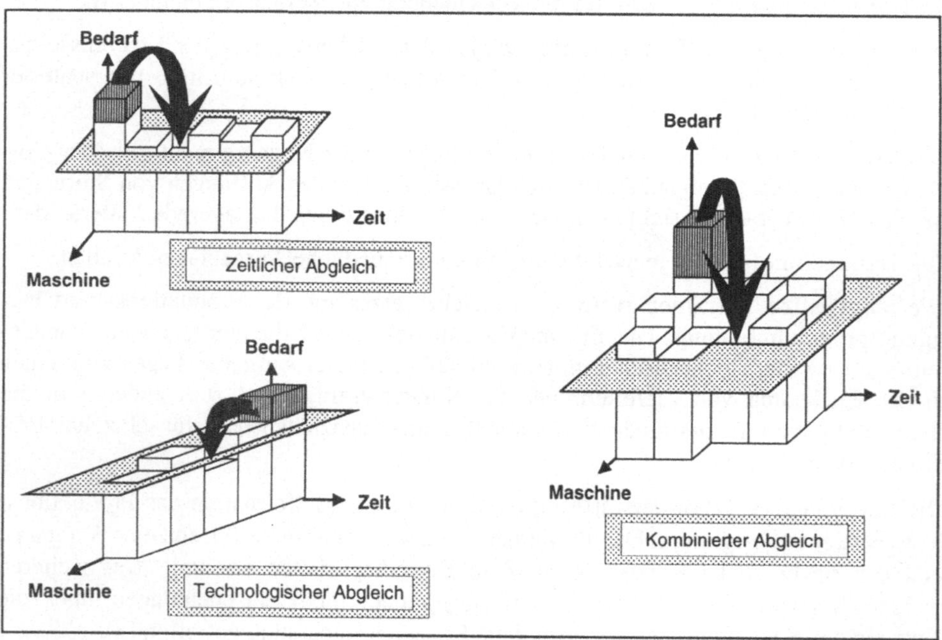

Bild 9.9: Methoden des Kapazitätsabgleichs nach REFA

arbeiter. Hier sind insbesondere Leiharbeitskräfte kurzfristig verfügbar. Es sind aber auch Maßnahmen zur Senkung des Kapazitätsangebotes, wie z.B. Kurzarbeit oder Stilllegung von Maschinen möglich.

Die zweite Möglichkeit ist der **Abgleich der Kapazitäten** (Belastungsabgleich). In Bild 9.9 sind die grundlegenden Methoden dargestellt. Der **zeitliche Abgleich** erlaubt eine gleichmäßige Kapazitätsauslastung durch zeitliches Verschieben von Aufträgen auf einer Kapazitätseinheit. Beim **technologischen Abgleich** wird versucht, durch Ausweichen auf alternative Betriebsmittel, den Kapazitätsbedarf an den Bestand anzugleichen. Häufig ist es jedoch notwendig, sowohl durch Verschiebung als auch durch Verlagerung, d.h. durch einen **kombinierten Abgleich**, Belastungsspitzen abzubauen. Eine weitere Möglichkeit besteht darin, durch Auswärtsvergabe von einzelnen Arbeitsgängen oder Bauteilen den Belastungsabgleich durchzuführen.

Die Reihenfolge der Ausführung von Aufgaben erfolgt neben der kapazitiven und terminlichen Reihenfolge nach **Prioritätsregeln** [10, 12]:

- first in, first out (FIFO)
- last in, first out (LIFO)
- längste Operationszeit (LOZ)
- kürzeste Operationszeit (KOZ)
- größte gesamte Bearbeitungszeit
- größte restliche Bearbeitungszeit

Prioritätsregeln sind Vereinbarungen über die Reihenfolge der Durchführung mehrerer konkurrierender Aufgaben beziehungsweise Teilaufgaben an einem Arbeitssystem. Weitere Kriterien für die Bildung von Prioritäten können z.B. vereinbarte Konventionalstrafen oder auftragsbezogene Umsatzzahlen sein.

9.2.4 Fertigungsfeinsteuerung

Die Aufgabe der Fertigungsfeinsteuerung ist die kurzfristige Steuerung und Überwachung der Werkstattaufträge. Dabei müssen die in Bild 9.10 dargestellten Teilaufgaben der Bereitstellungssteuerung, Arbeitsverteilung, Fertigungsüberwachung und Fertigungssicherung bewerkstelligt werden [8]. Die angestrebten Ziele sind die Einhaltung der Vorgaben aus der Arbeitsplanung für eine wirtschaftliche Durchführung von Arbeitsaufgaben sowie eine qualitäts- und termingerechte Fertigung von Teilen, Gruppen und Erzeugnissen entsprechend den Vorgaben der Mengen-, Termin- und Kapazitätsplanung.

Bereitstellungssteuerung

Durch die Bereitstellung werden die zur Durchführung einer Aufgabe erforderlichen Werkzeuge, Vorrichtungen, Materialien, Informationen und Kapazitäten termingemäß

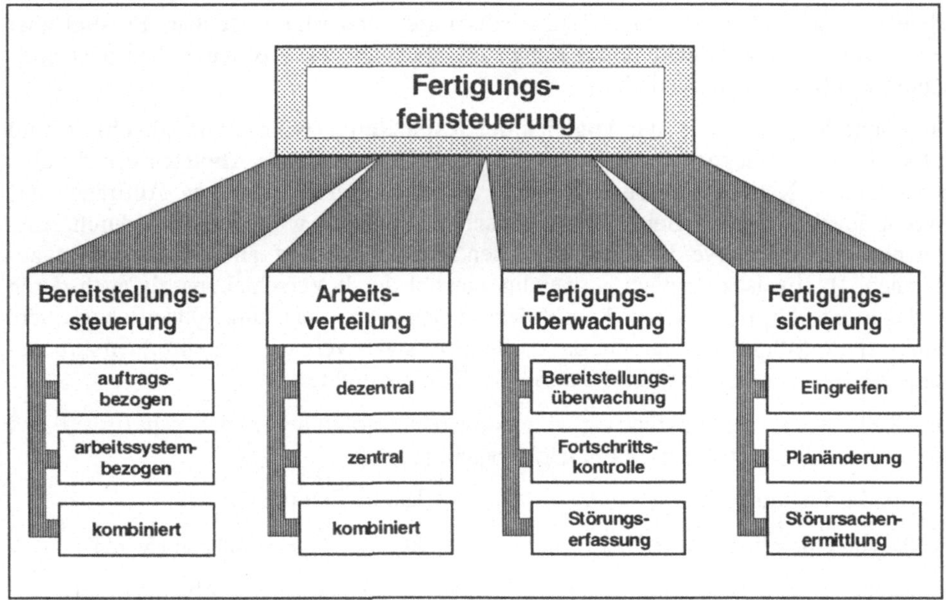

Bild 9.10: Teilaufgaben der Fertigungsfeinsteuerung

in der durch die Arbeitsplanung ermittelten Art und Menge am Arbeitsplatz zur Verfügung gestellt. Im Rahmen der Bereitstellungssteuerung werden als Kapazitäten sowohl die Mitarbeiter als auch die Betriebsmittel betrachtet. Die Planung von Kommissionierung und Bereithaltung der benötigten Materialien erfolgt sowohl unter zeitlichen als auch unter mengenmäßigen Aspekten [9].

Ist die Bereitstellung der zur Durchführung notwendigen Kapazitäten, Informationen und Materialien auf einen bestimmten Auftrag beschränkt, wird von einer **auftragsbezogenen Bereitstellung** gesprochen. Alle auftragsspezifischen Werkzeuge, Vorrichtungen usw. werden von einem (zentralen) Betriebsmittellager zur Verfügung gestellt und nach Ende der Durchführung dorthin zurückgebracht. Kennzeichen der **arbeitssystembezogenen Bereitstellung** ist die ständige Bereithaltung von Betriebsmitteln und Material am Arbeitsplatz. Dadurch ist zwar ein geringer Bereitstellungsaufwand nötig, es sind aber hohe direkte Platzkosten unvermeidbar. Eine Mischform aus auftrags- und arbeitsbezogener Bereitstellung ist die **kombinierte Bereitstellung**. Dabei ist permanent eine Grundausstattung von Betriebsmitteln am Arbeitsplatz vorhanden und die darüber hinaus erforderliche Ausstattung wird zentral gelagert. Dadurch kann der Bereitstellungsaufwand für die vorhandenen Betriebsmittel niedriggehalten werden, ohne die direkten Platzkosten wesentlich zu erhöhen [7].

Die Bereitstellung ist grundsätzlich durch Hol- und Bringsysteme realisierbar. In **Holsystemen** fordert die Stelle, die die Verantwortung für den rechtzeitigen Beginn des Arbeitsvorgangs hat, die Bereitstellungen. Bezogen auf den einzelnen Arbeitsvorgang ist das Holsystem sehr wirkungsvoll. Der Nachteil dieses Systems liegt darin, daß für jedes am Arbeitsplatz benötigte Element ein einzelner Transport durchgeführt wird und somit viele lange Wege zurückgelegt werden müssen.

In **Bringsystemen** werden Materialien und Betriebsmittel zusammengestellt und die kommissionierten Teile anschließend gemeinsam zum geplanten Fertigungstermin zum Bereitstellungsort transportiert.

Die Vorteile der Hol- und Bringsysteme werden in **kombinierten Systemen** verbunden. Für auftragsbezogene kapitalintensive Materialien werden Bringsysteme und für arbeitsbezogene Verbrauchsmaterialien Holsysteme eingerichtet. Die wesentliche Problematik kombinierter Systeme liegt in der Koordination. Diese bedürfen daher spezieller Bereitstellungsmittel und einer strukturierten Organisation [8].

Arbeitsverteilung

Durch die Arbeitsverteilung wird veranlaßt, daß die einzelnen Arbeitsaufträge entsprechend der vorgesehenen Reihenfolge den geplanten Arbeitssystemen zugeleitet werden, so daß die Durchführung termingemäß begonnen und beendet werden kann. Die Aufgaben der Arbeitsverteilung liegen in der Überwachung der Bereitstellung und der Meldung der Fertigstellung.

Eine Methode ist die **dezentrale Arbeitsverteilung**. Sie hat den Vorteil, daß die Entscheidungen in Kenntnis der Lage am Arbeitsplatz getroffen werden, läßt allerdings keine Berücksichtigung anderer Fertigungsbereiche zu. Handelt es sich um eine **zentrale Arbeitsverteilung**, so hat sie bereichsübergreifende Kenntnis über den Stand der Auftragsabwicklung. Die Vorteile der zentralen und dezentralen Organisation werden in der **kombinierten Arbeitsverteilung** vereint. In der Fertigung angeordnet kann sie sowohl global als auch partiell die Arbeitsaufträge einteilen [8].

Fertigungsüberwachung

Überwachen ist das kontinuierliche oder in zeitlichen Abständen erfolgende Aufnehmen der Ist-Daten und das Ermitteln der Abweichungen von den Soll-Daten während der Aufgabendurchführung.

Im Rahmen der **Bereitstellungsüberwachung** reichen Verfügbarkeitsprüfungen allein nicht aus. Zu berücksichtigen sind die je Arbeitsgang genau festgestellten Materialbestände in der Werkstatt, die offenen Aufträge sowohl in den eigenen Werkstätten als auch bei den Lieferanten und der Bearbeitungszustand der überwachten Aufträge nach Fälligkeit und Priorität.

Mengen und Termine werden durch eine **Fortschrittskontrolle** überwacht [10]. Sie dient der Überprüfung der Durchführung aller Teilaufgaben. Die ermittelten Daten werden anschließend für die Lohnabrechnung und die Kostenrechnung verwendet. Bei der Informationserfassung aus der Fertigung spricht man im allgemeinen von Rückmeldungen oder von **Betriebsdatenerfassung**. Diese Rückmeldungen können manuell, halbautomatisch, oder automatisch sowie zentral, bereichsweise oder dezentral erfolgen. Weiterhin sind laufende, fallweise bzw. kombinierte Rückmeldungen möglich.

Die **Erfassung von Störungen** dient der Ermittlung der Störursache und der Meldung an die verursachende Stelle. Störungen können durch Unterbrechung der Versorgung mit Materialien und Werkzeugen bzw. durch Fehler an diesen sowie durch Betriebsmittel- und Personalausfall entstehen. Störungen sind Ereignisse, die unerwartet auftreten und eine Unterbrechung oder zumindest Verzögerung der Aufgabendurchführung zur Folge haben. Störungen treten plötzlich, zufällig und grenzwertüberschreitend auf.

Fertigungssicherung

Sichern ist das Veranlassen und Durchführen von Maßnahmen zur Vermeidung oder Verminderung von Abweichungen zwischen Ist- und Soll-Daten. Die Sicherung kann durch das Eingreifen oder die Planänderung erfolgen. Das **Eingreifen** ist das Abstimmen der Ist- mit den Soll-Daten, wobei die Arbeitsaufgabe direkt beeinflußt wird. Die **Planänderung** bezieht sich auf das Abstimmen der Ist- und Soll-Daten durch eine Korrektur des Planes, das heißt eine Anpassung der Soll- an die Ist-Daten. Abweichungen entstehen durch Planungsfehler oder Störungen in der Auftragsdurchführung.

Das Ziel der Fertigungssicherung ist die **Störursachenermittlung**. Die Erfassung und Analyse geschieht meist durch Arbeitshypothesen, die von Fachleuten aus der Fertigung aufgestellt werden. Das Eingreifen in den Fertigungsablauf gilt der Verringerung oder Beseitigung der Störungswirkung durch Behebung der Ursache. Mit möglichst geringen Gesamtkosten für den Betrieb sollen die gesetzten technischen, wirtschaftlichen, organisatorischen und sozialen Ziele erreicht werden.

Die Möglichkeiten der Störungsbeseitigung sind direkt mit der Störungsursache verknüpft. Es kann versucht werden, das Verhalten des gestörten Systems zu verändern, oder die Störungsursache zu umgehen. Weiterhin kann das gestörte Systemelement beseitigt bzw. durch ein geeignetes ersetzt oder der Arbeitsablauf geändert werden. Die Planänderung erfolgt nur dann, wenn die Störungen so stark sind, daß die Auswirkungen durch Eingreifen nicht oder nur unvollständig beseitigt werden können oder ein Planungsfehler aufgetreten ist [8].

9.3 Integrierte Arbeitsvorbereitung

Restrukturierungsmaßnahmen, wie sie z.B. im Rahmen von Business-Process-Reengineering-Projekten durchgeführt werden, dürfen sich nicht nur auf die direkten, wertschöpfenden Bereiche beziehen. Vielmehr müssen sie auch indirekte Bereiche, wie z.B. die Arbeitsvorbereitung mit berücksichtigen. Nur durch eine Integration indirekter Tätigkeiten in die direkten, wertschöpfenden Unternehmensbereiche lassen sich die bisher ungenutzten Potentiale in den Bereichen Organisation und Mitarbeiter ausschöpfen. Kennzeichnende Strategien der Neuen Fabrik aus Sicht der Arbeits- und Betriebsorganisation sind [5, 13]:

- Innere und äußere Kundenorientierung

- Mitarbeiterorientierung

- Wertschöpfungsorientierung

- Komplexitätsoptimierung

- Kontinuierliche Verbesserung

Die innerbetriebliche **Kundenorientierung** soll der Arbeitsvorbereitung den Charakter einer dienstleistenden Institution verleihen. Die Umorientierung soll verdeutlichen, daß es sich dabei nicht nur um eine Abteilung mit Schnittstellen zu Konstruktion und Fertigung handelt, sondern um einen Bereich, der in den Produktionsprozeß integriert ist und seine Leistungen anderen Stellen anbietet.

Durch die **Mitarbeiterorientierung** ergibt sich eine neue Situation, die sowohl Chancen als auch Risiken für die einzelnen Mitarbeiter bietet (Bild 9.11).

Wertschöpfungsorientierung ist fundamental für neuere Ansätze. Sie soll dafür sorgen, daß Tätigkeiten, die nur Zeit, Aufwand und Fläche benötigen, ohne den Wert des Produktes zu steigern (Verschwendungstätigkeiten), vermieden werden. Die Arbeitsvorbereitung ist daher auch dahingehend zu analysieren, welche der durchgeführten Tätigkeiten keinen Nutzen für den Kunden bzw. das Produkt haben.

Für neue Organisationskonzepte, die eine **Komplexitätsoptimierung** z.B. durch Segmentierung verfolgen [vgl. Kap. 8.3.1], ist eine global zentrale Arbeitsvorbereitung als Organisationsform kein geeigneter Lösungsansatz. Die Länge der Entscheidungswege und Anzahl der Schnittstellen kann nur durch die Implementierung kleiner selbststeuernder Regelkreise in die operative Ebene minimiert werden.

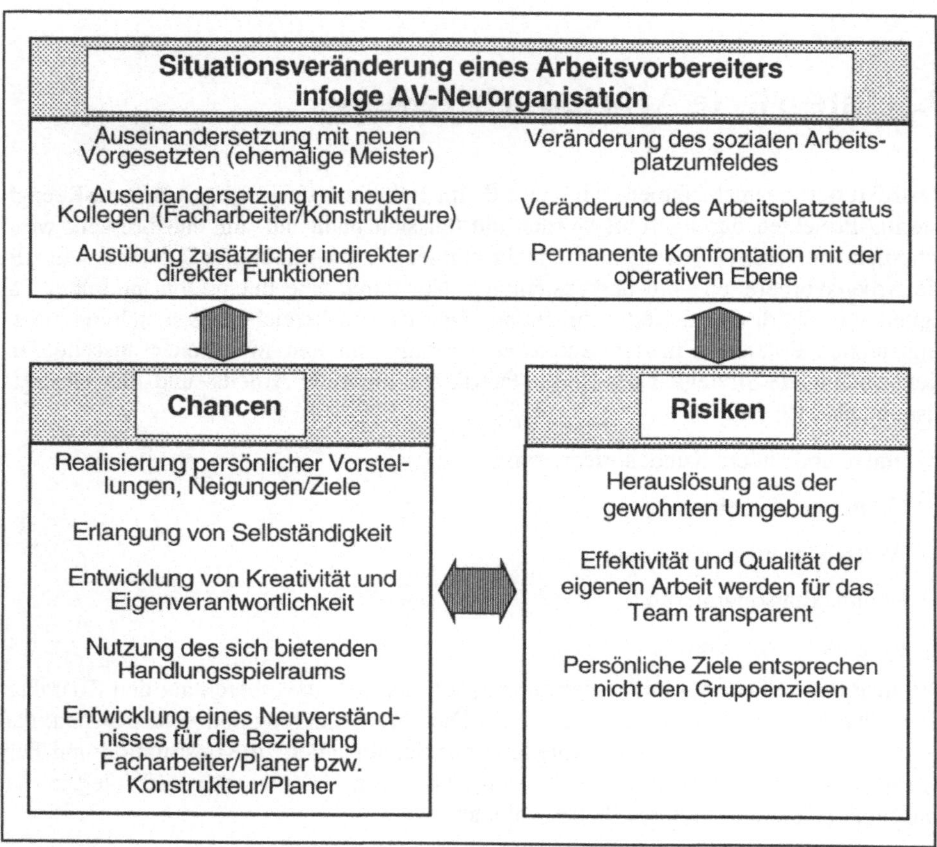

Bild 9.11: Chancen und Risiken für die Mitarbeiter

Eine zentral im Unternehmen organisierte Arbeitsvorbereitung ist unter Beachtung der Komplexitätsoptimierung nicht vertretbar. Die Länge der Entscheidungswege kann nur durch die Einrichtung autonomer Regelkreise verkürzt werden, womit kurzfristige Re-aktionen auf Störungen möglich werden.

Die Ziele der **kontinuierlichen Verbesserung** lassen sich auch auf die Arbeitsvor-bereitung übertragen. Die in der konventionellen Arbeitsvorbereitung existierende Methodenplanung muß zur Steigerung der Wirtschaftlichkeit, zur Anpassung an veränderte Bedingungen des Unternehmens und zur Innovation in Richtung eines kontinuierlichen Verbesserungsprozesses weiterentwickelt werden. Das Ziel ist eine ständige Verbesserung der Abläufe, Arbeitsplätze, Produkte sowie der internen und externen Kunden-/Lieferantenbeziehungen.

Zusätzlich zu den ursprünglichen Aufgaben wird die Arbeitsvorbereitung in Entwicklungs-, Konstruktions- und Qualitätsmanagementtätigkeiten involviert. Die Mitarbeit in der **Entwicklung und Konstruktion** bezieht sich im wesentlichen auf die technologische Beratung bezüglich einer fertigungs- und motagegerechten Konstruktion. Die **Qualitätsmanagementfunktionen** der Arbeitsvorbereitung liegen in der Prüfmittelplanung, -steuerung, -überwachung und -bereitstellung. Für eine detaillierte Darstellung des Qualitätsmanagements sei an dieser Stelle auf die Ausführungen in Kapitel 5 verwiesen.

Bei der Frage nach der **Dezentralisierung der Arbeitsplanung** wird unterschieden in (bereichs-, segment-)zentrale Aufgaben und solche, die dezentral sinnvoll durchgeführt werden können. Letztgenannte Aufgaben können in strategische und operative unterschieden werden (Bild 9.12). Die strategischen Bereiche sind Aufgabengebiete mit langfristigem, operative Bereiche hingegen solche mit kurzfristigem Charakter. Die kurzfristigen Elemente werden weiterhin unterteilt in solche, die der Produktentwicklung und -konstruktion, und solche, die der Fertigung und Montage nahestehen.

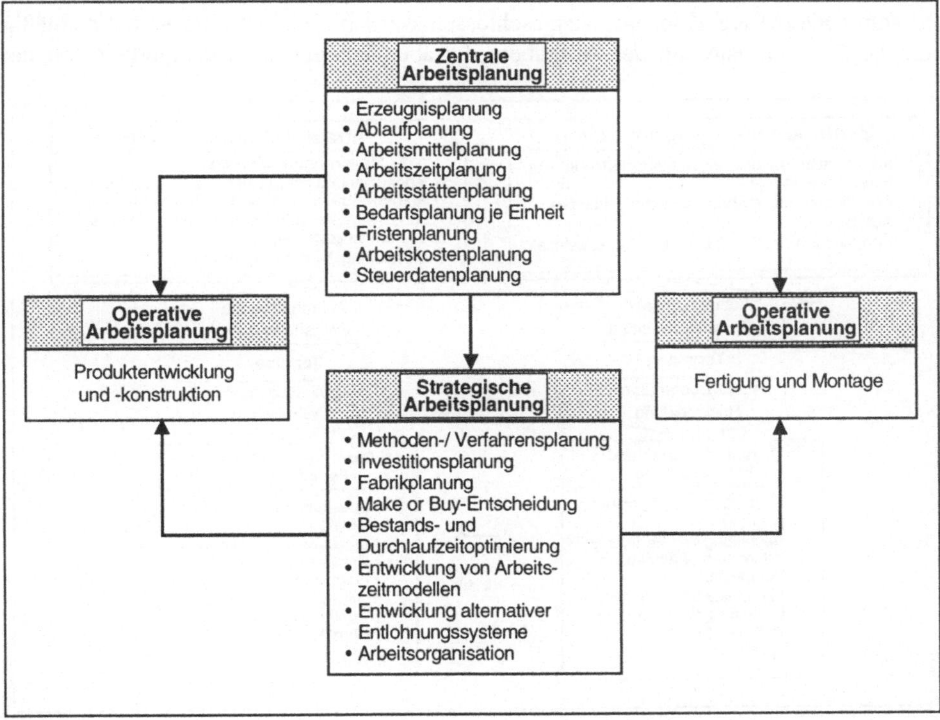

Bild 9.12: Aufgabenverteilung in der integrierten Arbeitsvorbereitung

Die **strategische Arbeitsplanung** befaßt sich z.B. mit der Methoden- und Verfahrensplanung, der Investitionsplanung, der Bestands- und Durchlaufzeitoptimierung, der Entwicklung von Arbeitszeitmodellen und Entlohnungsformen und fällt in einzelnen Fällen die Make-or-Buy-Entscheidung. Die **operative Arbeitsplanung** führt Änderungs- und Variantenplanung durch. Sie übernimmt auch die Stücklistenverarbeitung, Erstellung der Arbeitsunterlagen, Arbeitsorganisation, NC-Programmierung, Zeitwirtschaft und Fertigungsmittelplanung. Neben den dispositiven Aufgaben hat sie administrative Tätigkeiten wie Angebotskalkulation für interne und externe Kunden sowie Arbeitsbewertungen durchzuführen und berät im Rahmen ihres dienstleistenden Charakters.

Die Umsetzung der genannten Gestaltungsprinzipien kann prinzipiell auf drei verschiedene Arten erfolgen, wobei Mischformen nicht ausgeschlossen sind.

Die erste Alternative ist eine Dezentralisierung der Arbeitsplanung in der Art, daß konventionell organisierte (homogene) Planungsteams definierten Fertigungs- oder Montageteams in unterschiedlicher Zahl zugeordnet werden. Der Begriff "Team" wird deshalb verwandt, daß nicht Strukturen, wie Insel, Gruppe oder Werkstatt, vordefiniert und somit alternative Konzepte ausgeschlossen werden. Dies ist eine verhältnismäßig einfache Dezentralisierung der Aufgaben, die aber dennoch in Abhängigkeit von der

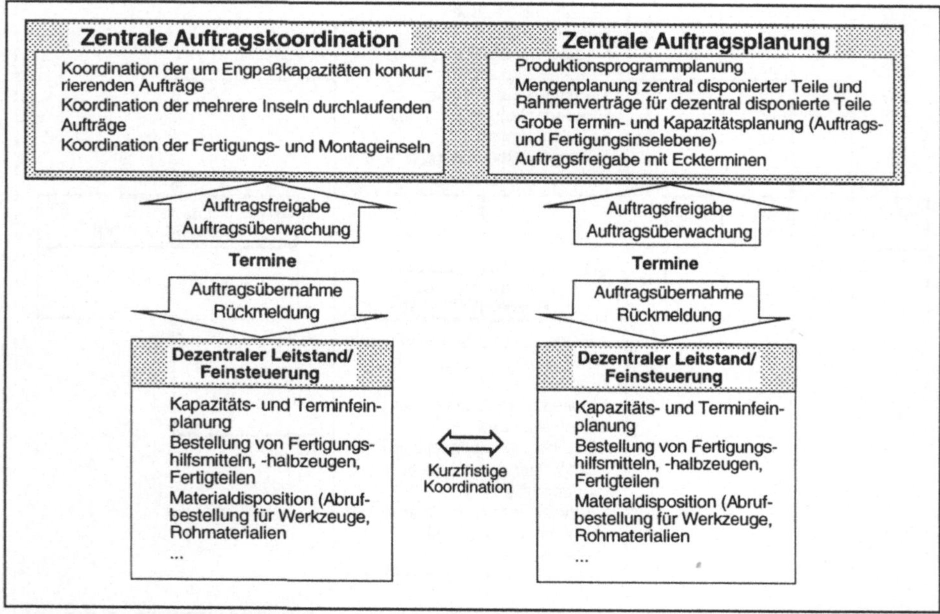

Bild 9.13: Modell eines dezentralen Auftragsmanagements

vorliegenden Unternehmensorganisation in ihrer Wirkung bereits erhebliche Fortschritte erwarten lassen kann.

Die zweite Alternative sieht die Integration der Planungskomponente unmittelbar in heterogene, dezentrale Fertigungs- und Montageteams vor. Konkret werden einem oder mehreren Teams beispielsweise ein Arbeitsplaner und ein NC-Programmierer direkt zugeordnet.

Die dritte Alternative sieht eine Aufteilung in Produktplanungs- und Produktfertigungs-teams, also eine Zuordnung auf Konstruktion einerseits und Fertigungs- und Montage-teams andererseits vor. Zu den Aufgaben der ersten Gruppe können Änderungs- und Variantenplanung, Angebotskalkulation, Make-or-Buy-Entscheidungen usw. gehören. Aufgaben der zweiten Gruppe können beispielsweise die Betriebsmittelplanung, die NC-Programmierung oder die Zeitwirtschaft sein.

Für die Arbeitssteuerung bietet sich die Unterteilung in zentrale Aufgaben mit den PPS-Funktionen Produktionsprogrammplanung, Mengen-, Termin- und Kapazitätsplanung sowie der Koordination und in die dezentrale Feinsteuerung an (Bild 9.13). Letztere ist den Fertigungs- und Montageteams direkt zugeordnet und beinhaltet je nach Typologie neben der Kapazitäts- und Terminfeinplanung auch dispositive Aufgaben.

9.4 Lernfragen

1. Welche Aufgaben hat die Arbeitsvorbereitung?

2. In welche Teilbereiche läßt sich die Arbeitsvorbereitung unterteilen?

3. Welche Aufgaben und Ziele hat die Arbeitsplanung?

4. Welche Teilaufgaben werden von der Arbeitsplanung durchgeführt?

5. Was legt ein Arbeitsplan fest?

6. Welche Schritte sind für die Erstellung eines Arbeitsplans notwendig?

7. Welche Aufgaben verrichtet die Kosten- und Investitionsplanung?

8. Welches Ziel verfolgt die Materialplanung?

9. Welche Aufgaben und Ziele hat die Arbeitssteuerung?

10. Welche Funktionen führt die Materialdisposition aus?

11. Auf welche Arten erfolgt die Terminermittlung?

12. Wie und mit welchen Zielen werden die unterschiedlichen Terminierungsverfahren durchgeführt?

13. Welche Ziele werden durch unterschiedliche Fristigkeiten der Terminermittlung verfolgt?

14. Welche Methoden der Kapazitätsabstimmung gibt es?

15. Welche Maßnahmen kennzeichnen diese Methoden?

16. Welche Aufgaben und Teilaufgaben hat die Fertigungssteuerung?

17. Woran orientiert sich die Integrierte Arbeitsvorbereitung?

18. Worin liegen die wesentlichen Unterschiede zur „klassischen" Arbeitsvorbereitung?

9.5 Literaturverzeichnis

[1] AWF/REFA:
Handbuch der Arbeitsvorbereitung. Berlin, Köln, Frankfurt a. M.: Beuth Verlag 1969.

[2] Brankamp, K.:
Handbuch der modernen Fertigung und Montage. München: Verlag Moderne Industrie 1973.

[3] Eversheim, W.:
Organisation in der Produktionstechnik. Bd. 3. 2. Aufl. Düsseldorf: VDI-Verlag 1989.

[4] Grochla, E.:
Handwörterbuch der Organisation. Stuttgart: Poeschel-Verlag 1973.

[5] Nedeß, Chr./Mallon, J./Strosina, Chr.:
Die Neue Fabrik. Handlungsleitfaden zur Gestaltung integrierter Produktionssysteme. Berlin, Heidelberg, New York: Springer-Verlag 1995.

[6] REFA:
Methodenlehre der Planung und Steuerung. Teil 1. München, Wien: Hanser Verlag 1985.

[7] REFA:
Methodenlehre der Planung und Steuerung. Teil 2. München, Wien: Hanser Verlag 1985.

[8] REFA:
Methodenlehre der Planung und Steuerung. Teil 3. München, Wien: Hanser Verlag 1985.

[9] Sonnenberg, H.:
Betriebslehre und Arbeitsvorbereitung. Braunschweig, Wiesbaden: Vieweg Verlag 1987.

[10] Warnecke, H.-J.:
Der Produktionsbetrieb 1. Berlin, Heidelberg, New York: Springer-Verlag 1993.

[11] Luczak, H./Volpert, W.:
Handbuch Arbeitswissenschaft. Stuttgart: Schäffer-Poeschel Verlag 1997.

[12] Hackstein, R.:
Produktionsplanung und -steuerung (PPS). Düsseldorf: VDI-Verlag 1989.

[13] Nedeß, Chr.:
Die Arbeitsvorbereitung in der Neuen Fabrik. Industrie Management, Heft 3 (1996), S. 43-47.

[14] Schwarze, J.:
Netzplantechnik. Berlin: Verlag Neue Wirtschafts-Briefe 1990.

10 Materialwirtschaft

Joachim Käselau, Detlef Schmidt

Die Materialwirtschaft ist ein wichtiger Teil des Unternehmens, da im Materialbestand ein großer Teil des Vermögens gebunden ist. Etwa 30% dieses Vermögens sind im Maschinenbau in Form von Vorräten gebunden (Bild 10.1) [5, 9]. Die Kostenstruktur dieser Branche zeigt, daß ca. 45% der Kosten Materialkosten sind. Die in Verbindung mit dem Material anfallenden Kosten entstehen durch den Einkauf, die Lagerung und die Verwaltung der Materialien.

Die Ziele der Materialwirtschaft sind [2, 6, 7, 8]:

- das Ausschöpfen optimaler Einkaufsmöglichkeiten nach den Kriterien Preis, Menge, Termin und Qualität

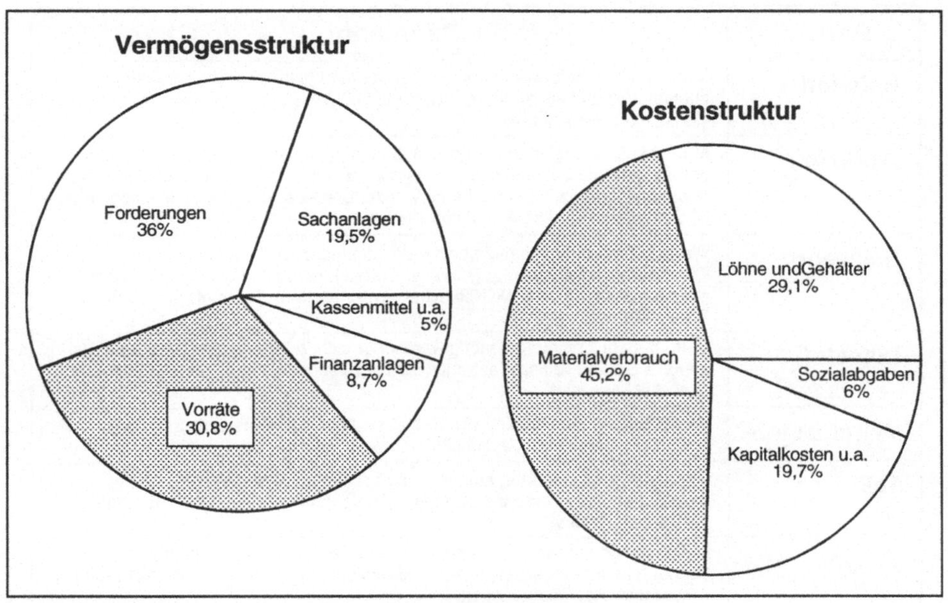

Bild 10.1: Vermögens- u. Kostenstruktur im Maschinenbau 1992 [9]

- eine minimale Kapitalbindung im Lager

- die termingerechte Versorgung der Fertigung in den notwendigen Mengen und der erforderlichen Qualität

- die termingerechte Versorgung des Marktes mit Erzeugnissen und Ersatzteilen

10.1 Grundlagen der Materialwirtschaft

Als Material werden *alle Werk-, Hilfs-, und Betriebsstoffe, die zum Erzeugen von Gütern erforderlich sind und dabei ihre ursprüngliche Form, ihre selbständige Funktion und die Möglichkeit zu anderweitiger Verwendung verlieren,* definiert [8]. In Bild 10.2 sind noch weitere Begriffe und deren Definitionen aufgelistet.

Es werden drei **Materialklassen** unterschieden:

Werk-, Hilfs- und Betriebsstoffe.

Begriff	Definition
Rohstoff	Materie, ohne definierte Form, die gefördert, abgebaut, angebaut oder gezüchtet wird und als Ausgangssubstanz für Werkstoffe dient (Beispiele: Erz, Kohle, Holz, Haut, Rohöl).
Werkstoff	aufbereiteter Rohstoff in geformtem Zustand (Kokillen, Barren, usw.) oder in unbearbeitetem Zustand (fest, gasförmig, flüssig), der zur Weiterbearbeitung oder als Ausgangssubstanz für Hilfs- oder Betriebsstoffe dient (Beispiele: Metall-Legierungen, Rohglas, Kunststoff-Pulver).
Halbzeug	Werkstoff für abgestimmte, spezielle Fertigungszwecke mit definierter Form, Oberfläche und Zustand (z.B. Härte, Gefüge), der in ein Erzeugnis eingeht oder als Granulat oder als Hilfsmittel verwendet wird (Beispiele: Tafel, Platte, Profil, Granulat).
Hilfsstoff	Stoff, der zur Fertigung benötigt wird, aber nicht oder nur zum Teil in das Erzeugnis eingeht (Beispiele: Schweißzusatzwerkstoff, Lot, Lösungsmittel, Klebstoff, Schleifpulver).
Betriebsstoff	Werkstoff, der zur Nutzung von Betriebsmitteln oder Erzeugnissen dient (Beispiele: Schmierstoffe, Heizöl, Treibstoff, Wasser, Gas, Luft).
Teil	technisch beschriebener, nach einem bestimmten Arbeitsablauf zu fertigender bzw. gefertigter, nicht ohne Zerstörung zerlegbarer Gegenstand (Beispiele: Schrauben, Winkel).
Gruppe	in sich geschlossener, aus zwei oder mehr Teilen und/oder Gruppen niederer Ordnung bestehender Gegenstand (Beispiele: Feder mit eingenietetem Kontakt, Autokarosserie, Getriebesatz).

Bild 10.2: Materialarten und ihre Definitionen nach VDI

Werkstoffe *sind Materialien, die zur Fertigung eines Teils, einer Gruppe oder eines Erzeugnisses unmittelbar benötigt werden und in diesen entweder in unveränderter oder in veränderter Form nachgewiesen werden können* [8].

Hilfsstoffe *sind Materialien, die zur Fertigung eines Teils, einer Gruppe oder eines Erzeugnisses nur mittelbar benötigt werden und in diesen in nur unbedeutenden Mengen nachgewiesen werden können* [8].

Betriebsstoffe *sind Materialien, die zur Aufrechterhaltung des Betriebsablaufes erforderlich sind, aber nicht in ein Erzeugnis eingehen* [8].

Die Materialwirtschaft beschäftigt sich mit der Ermittlung des Bedarfs und der Optimierung von Bestand, Beschaffung und Bereitstellung.

Der **Materialbedarf** ist so definiert, daß er *die Art und Menge des Materials angibt, das zur Herstellung von Erzeugnissen oder zur Versorgung des Absatzmarktes in bestimmten Perioden benötigt wird* [8].

Bei der Ermittlung der drei Bedarfsarten Primär-, Sekundär- und Tertiärbedarf (vgl. Kap. 10.3), wird weiterhin in Brutto- und Nettobedarf unterschieden.

Der **Bruttobedarf** *ist der periodenbezogene Materialbedarf ohne Berücksichtigung des Lagerbestandes.*

Der **Nettobedarf** *ist die Differenz von Bruttobedarf und verfügbarem Lagerbestand zu einem bestimmten Termin.*

Um den notwendigen **Materialbestand** festzulegen, ist es erforderlich, eine Bedarfsermittlung durchzuführen. Diese ergibt den Bruttobedarf, woraus sich abzüglich des verfügbaren Soll-Bestandes der Nettobedarf errechnet.

Der Materialbestand kennzeichnet den Lagerbestand nach Art und Menge zu einem bestimmten Termin [8].

Für die Lagerhaltung gibt es verschiedene Gründe:

- Sicherstellung der Materialversorgung für die Fertigung

- Ausgleichsfunktion zwischen Beschaffung und Verbrauch

- Überbrückung des Zeitraums zwischen Bestellung und Lieferung

- höhere Wirtschaftlichkeit bei Beschaffung größerer Mengen für längere Zeiträume

- Ausgleich von Fehlern bei der Bedarfsschätzung

*Die Aufgabe der **Materialbeschaffung** ist die wirtschaftliche, termingerechte und qualitätsgerechte Versorgung des Betriebes mit Material* [8]. Dabei wird zwischen der Beschaffungsplanung und der Beschaffungssteuerung unterschieden.

*Die Aufgabe der **Materialbereitstellung** ist es, das im Betrieb verfügbare Material für die Verwendung bei der Aufgabendurchführung in der benötigten Art und Menge termingerecht am Bereitstellplatz zur Verfügung zu stellen [8].*

Dabei beinhaltet die Bereitstellung:

das Material zu kommissionieren

es dem Lager zu entnehmen

es einzelnen Aufgaben zuzuordnen

es am Bereitstellplatz bereitzuhalten

Es lassen sich unterschiedliche **Organisationsformen der Materialwirtschaft** unterscheiden (Bild 10.3) [1, 5]:

- „klassische" Materialwirtschaft (*Versorgungssystem des Unternehmens vom Lieferanten bis zur Fertigung und Montage*)

- erweiterte Materialwirtschaft (*Versorgungssystem des Unternehmens vom Lieferanten bis zum Absatz*)

- integrierte Materialwirtschaft (*Versorgungssystem des Unternehmens vom Lieferanten bis zum Kunden über alle Wertschöpfungsstufen hinweg, incl. Einkauf und Logistik*)

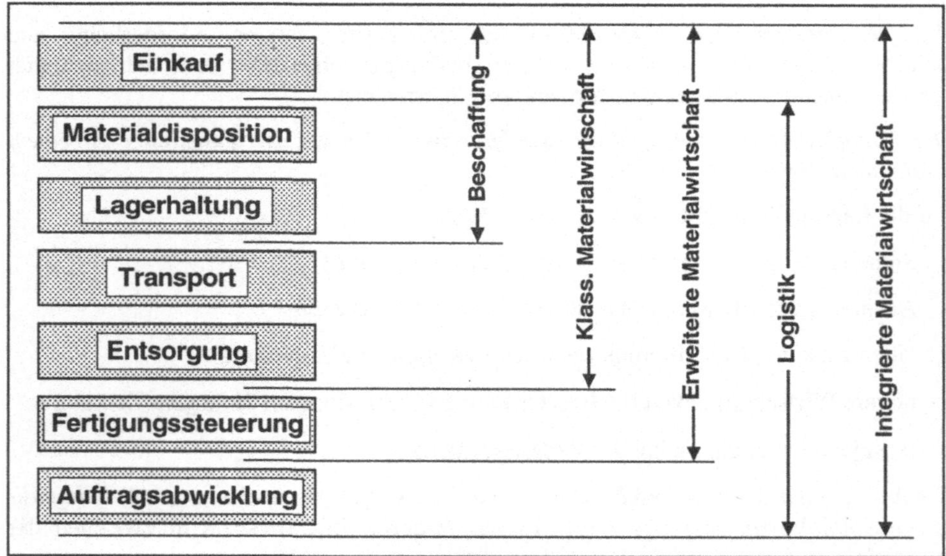

Bild 10.3: Organisationsformen der Materialwirtschaft

Die „klassische" Materialwirtschaft mit isoliert beschaffenden, planenden und steuernden Funktionen entwickelt sich immer mehr zu einer integrierten Materialwirtschaft. In ihrer Bedeutung gleichgestellt mit den Bereichen Konstruktion und Entwicklung, Fertigung und Vertrieb, zielt die integrierte Materialwirtschaft auf einen ganzheitlichen Material- und Warenfluß von der Beschaffung über die Fertigung und Montage bis hin zur Auslieferung an den Kunden ab.

Die Bereiche Bedarf, Bestand, Beschaffung und Bereitstellung müssen jeweils geplant, gesteuert und überwacht werden, woraus sich eine Unterteilung der Materialwirtschaft in die Bereiche Planung und Steuerung ableiten läßt (Bild 10.4). Aus organisatorischen Gründen sind die Materialbeschaffung und die Materialbereitstellung oftmals institutionell getrennt, d.h. es existieren jeweils eigene Abteilungen im Betrieb.

Ein weiterer Bereich, der der Materialwirtschaft zugeordnet wird, ist die **Materialentsorgung (ökologisch orientierte Materialwirtschaft)** [2, 5, 7]. Mit der Bereitstellung der Materialien ist es einem Unternehmen möglich, seine Leistungserstellung zu bewerkstelligen. Sind die Materialien in vollem Umfang in die Erzeugnisse eingegangen, ist der innerbetriebliche materialwirtschaftliche Prozeß abgeschlossen, z.B. bei

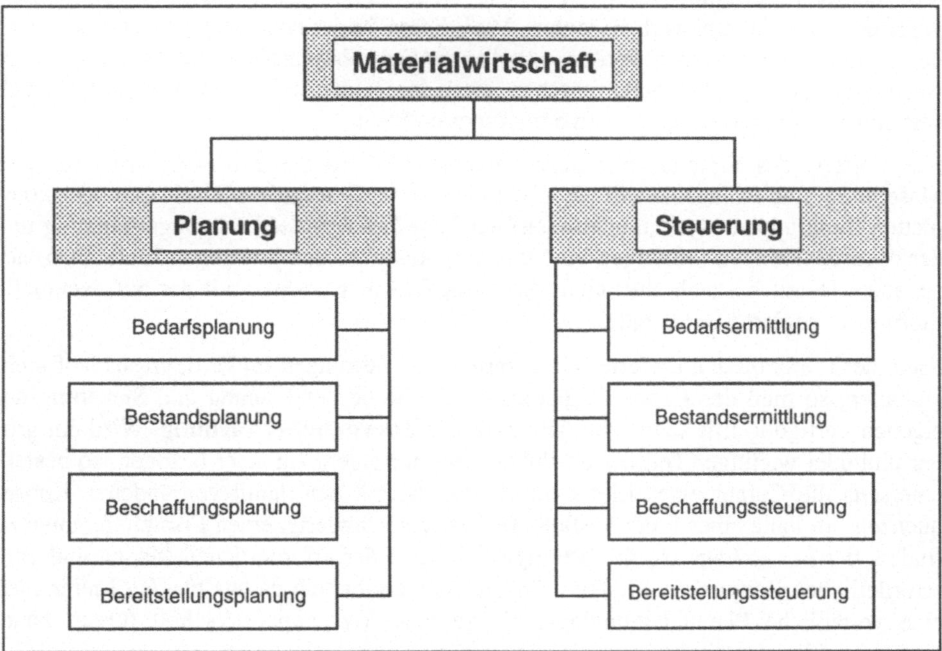

Bild 10.4: Teilfunktionen der Materialwirtschaft [8]

Zuliefer- und Normteilen. Es ist aber auch möglich, daß Materialien nicht oder nicht in vollem Umfang zu Bestandteilen der Erzeugnisse werden und hierfür eine weitere materialwirtschaftliche Maßnahme, die Materialentsorgung, nötig wird. Beispiele hierfür sind Späne und Kühlschmierstoffe. Diese Entsorgungsfunktion hat die Materialwirtschaft eigentlich von jeher gehabt, sie wurde jedoch lange Zeit vernachlässigt. Auf die Gründe für eine Wandlung dieser Einstellung und die Möglichkeiten, die sich dort ergeben, wird in Kapitel 6 „Umweltmanagement" eingegangen.

Die Materialwirtschaft ist stark von unternehmensstrategischen Entscheidungen, wie z.B. der Make-or-Buy-Entscheidung (MoB) oder dem Just-In-Time-Management (JIT) betroffen [3, 5, 7, 8]. Hinter der **Make-or-Buy-Entscheidung** steht das strategische Ziel der Verringerung der Fertigungstiefe [vgl. Kap. 8.1], wodurch Kosten eingespart werden sollen und eine Konzentration auf spezielle Fertigungsbereiche mit besonderem Knowhow, die sog. **Kernkompetenzen**, erfolgen kann.

Die Make-or-Buy-Entscheidung wird durch eine Vielzahl von Faktoren beeinflußt (Bild 10.5).

Für die Fertigung im eigenen Betrieb spricht die Sicherung bzw. der Gewinn von Knowhow bei den Fertigungsverfahren. Diese Qualifikation kann einen großen Vorteil gegenüber dem Wettbewerb bedeuten. Muß dieses Know-how hingegen erst zeit- und kostenaufwendig erworben werden, so sollte die Fremdbeschaffung vorgezogen werden. Nachteile der Eigenfertigung ergeben sich durch den mit dem Fertigungsprozeß verbundenen hohen Planungs- und Steuerungsaufwand.

Die Vorteile des Fremdbezugs liegen hauptsächlich in der Kostenersparnis für fixe Maschinen- und Anlagenkosten. Im Falle eines Fremdbezugs von Produkten oder kompletten Baugruppen (Systemlieferanten) wird das Problem der Fertigungssteuerung und der dazu gehörenden Störungen im Fertigungsablauf an den jeweiligen Lieferanten abgegeben. Damit hat sich aber nicht die Dringlichkeit geändert, mit der auf eventuelle Störungen reagiert werden muß.

Kann der Lieferant den Liefertermin aufgrund von Störungen im Fertigungsablauf nicht einhalten, so muß der Kunde reagieren. An die Stelle der Planung und Steuerung der eigenen Fertigung tritt somit eine intensive **Lieferterminüberwachung**. Wird ein großer und/oder wichtiger Teil der Produktion bei nur einem Anbieter bezogen, so besteht einerseits die Gefahr eines Lieferantenmonopols, mit den damit verbundenen Konsequenzen. Im Falle eines Lieferausfalls wird es sehr schwierig, einen Ersatzlieferanten zu finden, der in der Lage ist, die benötigten Teile in der erforderlichen Menge und zum erforderlichen Zeitpunkt zu liefern. Andererseits ergibt sich daraus für den Lieferanten eine verläßliche Planungsgrundlage, die zu einer Systempartnerschaft führen kann, womit die Chancen die Risiken überstiegen.

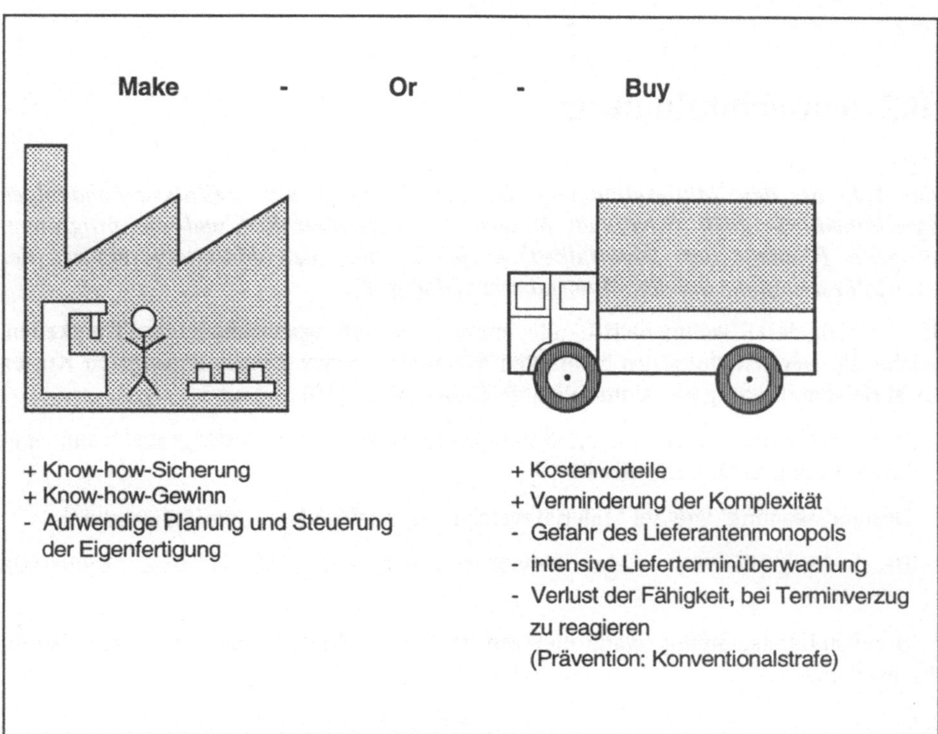

Bild 10.5: Einflußfaktoren auf die Make-or-Buy-Entscheidung

Die Verlagerung der Produktion nach außen macht auch eine **Kapazitätsanpassung** erforderlich, d.h. bei Übergang auf Fremdbezug muß dafür gesorgt werden, daß die frei gewordenen Kapazitäten anderweitig ausgelastet bzw. stillgelegt werden. Letzteres hat zur Folge, daß diese Kapazitäten bei Lieferschwierigkeiten im Notfall nicht mehr für die Eigenfertigung der benötigten Teile zur Verfügung stehen. Abhilfe bei diesem Problem wird häufig in der Vereinbarung entsprechender Konventionalstrafen gesucht.

Das Ziel des **Just-In-Time-Managements** ist die Verringerung der Materialbestände und der damit einhergehenden Kapitalbindung. Weiterhin entfallen Kosten für die Bereitstellung von Lagerraum, die Ein- und Auslagerung sowie den innerbetrieblichen Transport. Das JIT-Management stellt besondere Anforderungen an die Materialwirtschaft, da sämtliche Fertigungs- und Montagebereiche synchronisiert sind und das Material genau zu dem Zeitpunkt angeliefert werden muß, zu dem es bearbeitet oder montiert werden soll. Ferner muß es in der richtigen Menge und Qualität am richtigen Ort bereitgestellt werden.

10.2 Materialplanung

Die Aufgabe der Materialplanung ist die Planung des auftragsunabhängigen Materialbedarfs nach Arten und Mengen je Erzeugniseinheit und die programmbezogene Planung des Materialbedarfs je Periode, des Materialbestandes, der Materialbeschaffung und der Materialbereitstellung [8].

Der Bereich der Planung betrifft alle einmaligen, auftragsunabhängigen Tätigkeiten, welche die Bereitstellung des benötigten Materials zu den jeweils günstigsten Kosten gewährleisten. Dabei geht es um folgende Teilaufgaben [10]:

- Bedarfsplanung (wieviel Material wird pro Erzeugniseinheit benötigt und wann ist es im Fertigungsablauf erforderlich?)

- Bestandsplanung (wieviel Material welcher Art muß im Lager verfügbar sein?)

- Beschaffungsplanung (wann, wieviel und bei wem muß Material nachbestellt werden?)

- Bereitstellungsplanung (wann und wie ist welches Material aus dem Lager bereitzustellen?)

10.2.1 Materialbedarfsplanung

Die Aufgabe der Materialbedarfsplanung ist es, auftragsunabhängig den Materialbedarf nach Art und Menge je Einheit zu bestimmen und den zugehörigen mittel- und langfristigen Bedarfsverlauf zu planen. Als weiteres wird dabei die einzusetzende Bedarfsermittlungsmethode festgelegt [8].

Als Basis für die Planung des mittel- und langfristigen Materialbedarfs dient der zeitliche Verlauf des Primärbedarfs an Erzeugnissen und Ersatzteilen. Weiterhin werden Absatzprognosen und Stückzahlprognosen zu Rate gezogen. Zur Festlegung der Materialbedarfsermittlungsmethode wird periodenbezogen eine Analyse des Mengen-Wert-Verhältnisses durchgeführt. Ein Werkzeug dazu ist die **ABC-Analyse** (Bild 10.6) [8]. Sie dient der Ermittlung der wirtschaftlichen Bedeutung verschiedener Gegenstände als Rangordnung unter folgenden Gesichtspunkten:

- Welche Erzeugnisse haben den größten Anteil am Umsatz?

- Welche Lagerarten haben den größten Anteil am gesamten Wert des Materials?

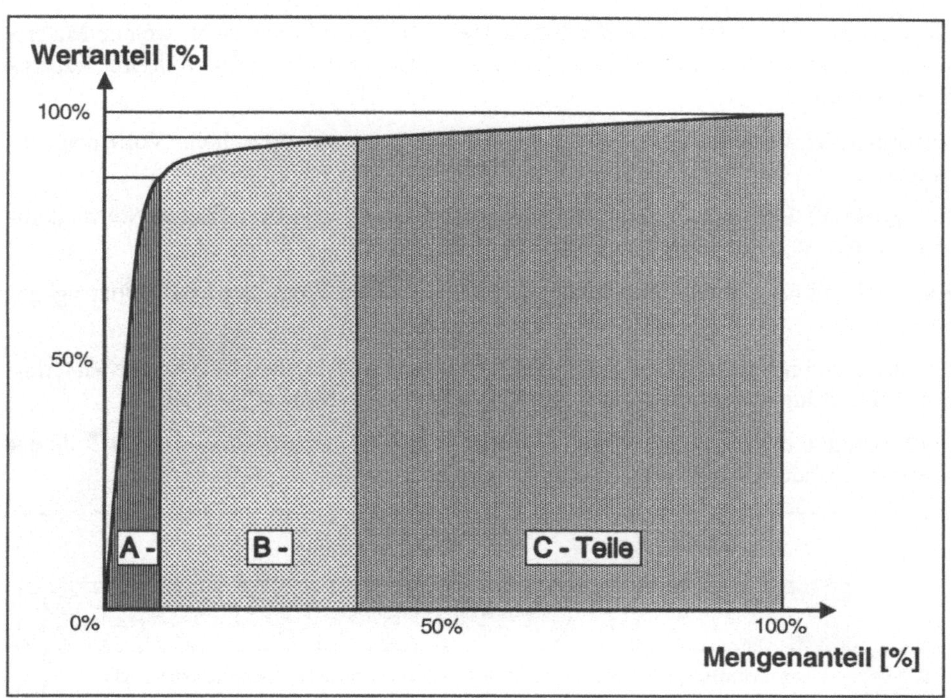

Bild 10.6: ABC-Analyse

Dabei erfolgt eine Konzentration auf Materialien, die einen hohen Anteil am gesamten Wert des gelagerten Materials haben. Bei der ABC-Analyse wird eine Unterscheidung in drei Kategorien vorgenommen:

Kategorie A: wenige Materialarten (5 bis 10%), die einen großen Wertanteil (ca. 80%) am gesamten Materialwert haben

Kategorie B: mehrere Materialarten (15 bis 20%), die einen mittleren Anteil (ca. 15%) am gesamten Materialwert haben

Kategorie C: der größte Teil der Materialarten (70 bis 80%), die einen geringen Anteil (ca. 5%) am gesamten Materialwert haben

Folgende Bezugsgrößen können bei der ABC-Analyse zugrunde gelegt werden:

- der Lagerbestand
- das Einkaufsvolumen
- die Umsatzhöhe
- die Erzeugniseinheit

Ein weiteres Hilfsmittel ist die **XYZ-Analyse**. Hierbei wird untersucht, welche Materialarten Schwankungen im zeitlichen Ablauf unterliegen. Auch hier wird in drei Kategorien unterteilt:

Kategorie X: Verbrauch konstant, gelegentliche Schwankungen, hohe Vorhersagegenauigkeit

Kategorie Y: Verbrauch trendmäßig fallend bzw. steigend oder saisonale Schwankungen, mittlere Vorhersagegenauigkeit

Kategorie Z: Verbrauch unregelmäßig, große Schwankungen, niedrige Vorhersagegenauigkeit.

Aus der Kombination der Analyseergebnisse läßt sich für A- und C-Teile eine Materialbedarfsermittlungs- und Beschaffungsmethode festlegen (Bild 10.7) [7, 8].

Bei Produkten der Kategorie B muß fallweise entschieden werden, ob sie wie Teile der Kategorie A oder C zu behandeln sind.

	A	C
X	deterministische Sekundärbedarfsermittlung terminbezogene Beschaffungsauslösung	stochastische Sekundärbedarfsermittlung terminbezogene Beschaffungsauslösung
Y	deterministische Sekundärbedarfsermittlung bestands- und bedarfsbezogene Beschaffungsauslösung	stochastische Sekundärbedarfsermittlung termin- und/oder bestandsbezogene Beschaffungsauslösung
Z	deterministische Sekundärbedarfsermittlung bedarfsbezogene Beschaffungsauslösung	stochastische und/oder deterministische Sekundärbedarfsermittlung bestands- und bedarfsbezogene Beschaffungsauslösung

Bild 10.7: Kombination von ABC- und XYZ-Analyse [8]

10.2.2 Materialbestandsplanung

Die Aufgabe der Materialbestandsplanung ist die Festlegung der zu bevorratenden Materialarten (Lagersorten) und der Lagerkennzahlen. Die Kriterien dafür sind geringe Kapitalbindung und hohe Lieferbereitschaft [8].

Ziel ist ein hoher **Servicegrad**, d.h. eine hohe Lieferbereitschaft der Lagerhaltung. Der Servicegrad (SG) ist folgendermaßen definiert:

$$SG = \frac{\text{Anzahl der voll befriedigten Nachfragen pro Zeiteinheit} \cdot 100\%}{\text{Anzahl der Nachfragen pro Zeiteinheit}}$$

Bei stark schwankenden Auftragsmengen berechnet sich der Servicegrad aus dem Verhältnis von ausgeliefertem zu nachgefragtem Material:

$$SG = \frac{\text{Menge des sofort ausgelieferten Materials} \cdot 100\%}{\text{Menge des nachgefragten Materials}}$$

Dabei ist zu berücksichtigen, daß ein hoher Servicegrad zu hohen Lagerhaltungskosten führt. Eine wesentliche Aufgabe der Materialbestandsplanung ist die **Lagersortenplanung**. Beeinflußt durch die folgenden Faktoren ist eine Bevorratung der Materialien zweckmäßig:

- hohe geforderte Lieferbereitschaft des eigenen Lagers

- häufige Anwendung in verschiedenen Erzeugnissen

- hohe Häufigkeit der Wiederverwendung

- kurze marktgerechte Lieferzeiten

- lange Beschaffungszeiten

- niedriger Einkaufspreis

- niedrige Lagerkosten

- programmbezogene Fertigung

Bei der **Lagermengenplanung** ist die Gegenläufigkeit von Lieferbereitschaft und Lagerkosten zu berücksichtigen [5, 7, 8]. Eine hohe Lieferbereitschaft bedingt große Lagermengen und damit hohe Lagerhaltungskosten. Niedrige Lagerhaltungskosten hingegen können nur mit geringen Lagermengen erzielt werden und haben daher eine geringe Lieferbereitschaft zur Folge. Für die Optimierung dieses Problems können verschiedene Lagermodelle zugrunde gelegt werden.

10.2.3 Materialbeschaffungsplanung

Die Aufgabe der Materialbeschaffungsplanung ist die Vorausplanung der wirtschaftlichen und termingerechten Materialbeschaffung unter Berücksichtigung aller Gesichtspunkte, die eine zielgerechte Fertigung ermöglichen [8].

Der Beschaffungsplanung unterliegt die Entscheidung über **Eigenfertigung oder Fremdbezug** und die Planung der kostenoptimalen Beschaffungsmenge. Weiterhin wird die kostenoptimale Losgröße bei Eigenfertigung bzw. Bestellmenge bei Fremdbezug geplant.

Bei der Planung der Beschaffungsart müssen in großem Umfang Daten der Steuerung berücksichtigt werden. Beachtet werden dabei die Einflüsse des Marktes, der Fertigung und der Unternehmenspolitik. Einfluß auf die Anlieferungsmengen haben die Liefer-, Einkaufs- und Versandbedingungen.

Bei der **kostenoptimalen Beschaffungsmenge** wird die Fragestellung untersucht, ob einmalig große Mengen vor oder zu Beginn der Periode oder mehrmals kleinere Mengen während der Periode beschafft werden. Die Vorteile der Bestellung großer

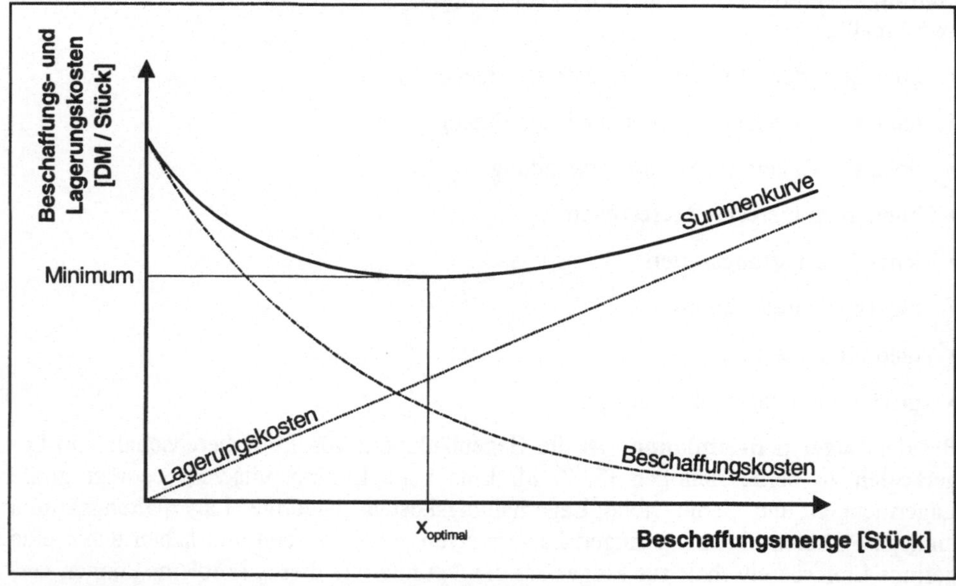

Bild 10.8: Ermittlung der optimalen Beschaffungsmenge [8]

Mengen sind geringe Beschaffungskosten, wobei aber hohe Lagerkosten verursacht werden. Die Vorteile der Alternative sind niedrige Lagerkosten, wobei jedoch hohe Beschaffungskosten in Kauf genommen werden müssen. Die Aufgabe besteht in der Suche nach dem unternehmensspezifischem Optimum zwischen beiden Extremen (Bild 10.8).

Die Kostenarten zur Bestimmung der optimalen Beschaffungsmenge teilen sich auf in Beschaffungskosten und Lagerungskosten. Die **Beschaffungskosten** beinhalten die Kosten bei Fremdbeschaffung:

- Bestellkosten

- Rabatte

- Boni

- Skonti

- Zusatzkosten bei ungünstigen Bestellmengen

- Transport-, Versicherungs- und Verpackungskosten

und die Kosten bei Eigenfertigung:

- Auftragsbearbeitungskosten

- Rüstkosten

- Zusatzkosten bei ungünstigen Fertigungsmengen

Beschaffungskosten sind gekennzeichnet durch einen degressiven Verlauf bezüglich der Beschaffungsmenge. Die Bestellkosten sind in der Höhe fix und fallen bei jeder Bestellung an. Rabatte werden möglicherweise erst bei größeren Bestellmengen gewährt oder ergeben sich aus Rahmenvereinbarungen.

Bei der Auftragsbearbeitung entstehen Verwaltungskosten für die Erstellung der Auftragsunterlagen sowie die Termin- und Materialermittlung.

Im Rahmen der Fertigungsdurchführung entstehen Rüstkosten durch:

- Lohnkosten für das Umrüsten der Betriebsmittel

- Betriebsmittelkosten für das Umrüsten der Betriebsmittel

- Nutzungsausfall

Zusatzkosten entstehen bei Eigenfertigung durch:

- kleine Lose auf Anlagen, die für größere Stückzahlen vorgesehen sind

- Fertigung von Teilen mit geringeren Qualitätsanforderungen auf Präzisionsmaschinen

- Anlaufkosten

Die **Lagerungskosten** setzen sich zusammen aus Lagerhaltungskosten und Zinskosten für das gebundene Kapital.

Die **Lagerhaltungskosten** sind Gemeinkosten der Kostenstelle „Lager" in Form eines Durchschnittswertes pro Periode. Sie beinhalten die Kosten für:

- Lagergebäude

- Lagereinrichtungen

- Lagerhilfsmittel

- Lagertransporthilfsmittel

- Lagerpersonal

Zinskosten entstehen durch kalkulatorische Zinsen für gebundenes Kapital, die dem Gewinn/der Verzinsung bei einer anderen Kapitalanlage entsprechen.

10.2.4 Materialbereitstellungsplanung

Das Planen der Materialbereitstellung beinhaltet das Festlegen der Bereitstellungs-sowie der Kommissionierungsprinzipien. Bei der Festlegung der Bereitstellungsprinzipien wird grundsätzlich zwischen zwei Grundformen unterschieden:

Bei der **verbrauchsorientierten Bereitstellung** wird das Material für einzelne Arbeitssysteme nach dessen jeweiligem Verbrauch bereitgestellt.

Im Rahmen der **bedarfsorientierten Bereitstellung** wird das Material entsprechend dem Bedarf der einzelnen Aufgaben bereitgestellt. Der Bedarf an Material wird aus dem Fertigungs- und dem Ablaufplan abgeleitet.

Je nach Ablaufprinzip in der Fertigung kann die **Bereitstellung nach einzelnen Fertigungslosen** für einzelne Aufträge oder fertigungssynchron erfolgen. **Fertigungssynchrone Materialbereitstellung** erfolgt bei Großserien- und Massenfertigung.

Als nächstes erfolgt die Festlegung der **Kommissionierungsmethode**. *Die Kommissionierung beinhaltet das Zusammenstellen von Material nach Art und Menge an einem bestimmten Ort aufgrund eines bestimmten Auftrages* [8].

Die Kommissionierung kann sequentiell oder parallel erfolgen. Bei der **sequentiellen Kommissionierung** erfolgt die Zusammenstellung des Materials nach der Reihenfolge der Bestell- bzw. Stückliste. Mehrere Aufträge werden streng nacheinander abgearbeitet. Nachteil dieser Methode ist, daß ein erhöhter Aufwand durch wiederholtes Anfahren einzelner Lagerorte entsteht. Der Vorteil liegt in der überschaubaren Auftragsabwicklung.

Bei der **parallelen Kommissionierung** wird durch vorherige Planung versucht, den Aufwand beim Zusammenstellen der Teile für einen oder mehrere Aufträge zu minimieren. Gleiche und nahe beieinander liegende Teile werden zusammengefaßt und in einem Arbeitsgang kommissioniert. Hierdurch werden kürzere Durchlaufzeiten erreicht. Es ergeben sich aber folgende neue Aufgaben:

- Aussortieren der verschiedenen Materialien aus dem Sammelbehälter (Suchen)

- Aufteilen der Mengen einer Materialart nach Auftragsmengen (Vereinzeln)

- Zusammenstellen des Materials nach Arten und Mengen pro Bereitstellungsauftrag (Zusammenführen)

Die Wahl der Kommissionierungsmethode erfolgt nach den Gesichtspunkten:

- betriebliche Gegebenheiten

- Aufwand für verschiedene Methoden

- Durchlaufzeit

Im Rahmen der Materialbereitstellung wird weiterhin Sorge getragen für:

- Materialzugang vom Lieferanten

- Prüfung des Wareneinganges

- Sortierung der Waren nach Lagersorten

- Einlagerung des Materials (Zugang)

- Pflege des Bestandes

- Entnahme des Materials

- Aktualisierung der Lagerdaten

10.3 Materialsteuerung

Die Aufgabe der Materialsteuerung ist es, auftragsabhängig zu einem bestimmten Termin oder für eine Periode den Materialbedarf nach Art und Menge und den Materialbestand zu ermitteln sowie die Beschaffung und die Bereitstellung des Materials durchzuführen [8].

Bei der **Materialbedarfsermittlung** ist zwischen der Primär-, der Sekundär- und der Tertiärbedarfsermittlung zu unterscheiden.

Der **Primärbedarf** ist *der Bedarf an Erzeugnissen und Ersatzteilen, die ein Unternehmen in verkaufsfähigem Zustand verlassen* [8]. Er ist Ausgangspunkt für die Materialsteuerung und wird aus dem Bedarf an Produkten und Ersatzteilen bestimmt. Dieser Bedarf ergibt sich aus den Bestellungen, Aufträgen und dem aktuellen Absatz- bzw. Produktionsprogramm und wird pro Erzeugnis ermittelt.

Der **Sekundärbedarf** ist *der Bedarf an Werkstoffen, die zur Fertigung des Primärbedarfs benötigt werden* [8]. Der Sekundärbedarf wird deterministisch und/oder stochastisch ermittelt. Bei der deterministischen Methode geht man von einem vorgegebenen Primärbedarf aus. Anhand der Stücklisten für Erzeugnisse und Ersatzteile sowie für Baugruppen und Teile wird der Sekundärbedarf ermittelt. Zu dem deterministisch bestimmten Sekundärbedarf kommt gegebenenfalls noch der stochastisch bestimmte. Dieser berechnet sich aus den Nachfragestatistiken des Materials, der Auftragsstatistik und der Auftragsprognose. Der Sekundärbedarf wird pro Erzeugniseinheit oder pro Periode ermittelt.

Der **Tertiärbedarf** ist *der Bedarf an Hilfsmitteln und Betriebsstoffen, der zur Durchführung der betrieblichen Aufgaben erforderlich ist* [8]. Er wird überwiegend stochastisch und pro Periode ermittelt.

Bei der Materialsteuerung wird folgendermaßen vorgegangen [8]:

1. Der Primär-, Sekundär- und Tertiärbedarf werden ermittelt.

2. Der Bruttobedarf wird bestimmt, d.h. der Bedarf ohne Berücksichtigung der Lagerbestände.

3. Der aktuelle Lagerbestand des benötigten Materials wird ermittelt und es wird festgestellt, ob die benötigte Gesamtmenge vorhanden und verfügbar ist. Wenn dies der Fall ist, so wird sie reserviert.

4. Ist dies nicht der Fall, so wird geprüft, ob eine Teilmenge verfügbar ist. Wenn ja, so wird diese reserviert. Aus dem Bruttobedarf wird nun abzüglich der Reservierung der Nettobedarf berechnet.

5. Ist auch keine Teilmenge verfügbar, so wird aufgrund der Unterschreitung des Meldebestandes die Beschaffung ausgelöst.

6. Dabei werden die Materialmenge und der erforderliche Termin ermittelt sowie das Material bestellt. Anschließend wird die Materialanlieferung überwacht und gesichert.

7. Im letzten Schritt wird das Material eingelagert und für die Fertigung bereitgestellt.

10.3.1 Materialbedarfsermittlung

Die Materialbedarfsermittlung *hat die Steuerungsaufgabe, den Bedarf nach Art und Menge zu einem bestimmten Termin oder für eine bestimmte Periode zu bestimmen* [8]. Dabei kommen Methoden der deterministischen und der stochastischen Bedarfsermittlung sowie der Bedarfsermittlung durch Schätzung zum Einsatz.

Die **deterministische Bedarfsermittlung** (bedarfsgesteuert) dient der exakten Vorbestimmung des erforderlichen Materials für die Sekundär- und Tertiärbedarfsermittlung. Sie bedient sich dabei folgender Hilfsmittel:

- Stücklisten für den Materialbedarf pro Erzeugniseinheit

- Fertigungsprogramm, Bestellungen/Primärbedarf und Teileverwendungsnachweis für den Materialbedarf einer bestimmten Periode

Zusätzlich wird der Zusatzbedarf für Ausschuß und Verschnitt mit Hilfe prozentualer Zuschläge berücksichtigt.

Die **stochastische Bedarfsermittlung** (verbrauchsgesteuert) bestimmt das erforderliche Material anhand der bekannten Daten aus der Vergangenheit. Voraussetzung dafür ist die genaue Erfassung des Verbrauchs durch Lagerstatistiken für Primär-, Sekundär- und Tertiärbedarfsermittlung. Als Hilfsmittel werden hier mathematisch-stochastische Methoden genutzt.

Die **Bedarfsermittlung durch Schätzung** (heuristisch) orientiert sich an den Vergangenheitsdaten ähnlicher Erzeugnisse zur Ermittlung des Primärbedarfs neuer Produkte.

10.3.2 Materialbestandsermittlung

Die Aufgabe der Materialbestandsermittlung ist die Erfassung der Lagerbewegungen sowie die Feststellung der Lagerbestände nach Art und Menge zu bestimmten Terminen [8].

Bei den Lagerkennzahlen muß zwischen Stamm- und Bewegungsdaten unterschieden werden. Bild 10.9 zeigt die wesentlichen Lagerkenndaten bei Artikeln mit gleichmäßigem Verbrauch.

Zu den **Stammdaten** gehören:

- Sicherheitsbestand (der Mindestbestand zur Gewährleistung der Lieferbereitschaft)

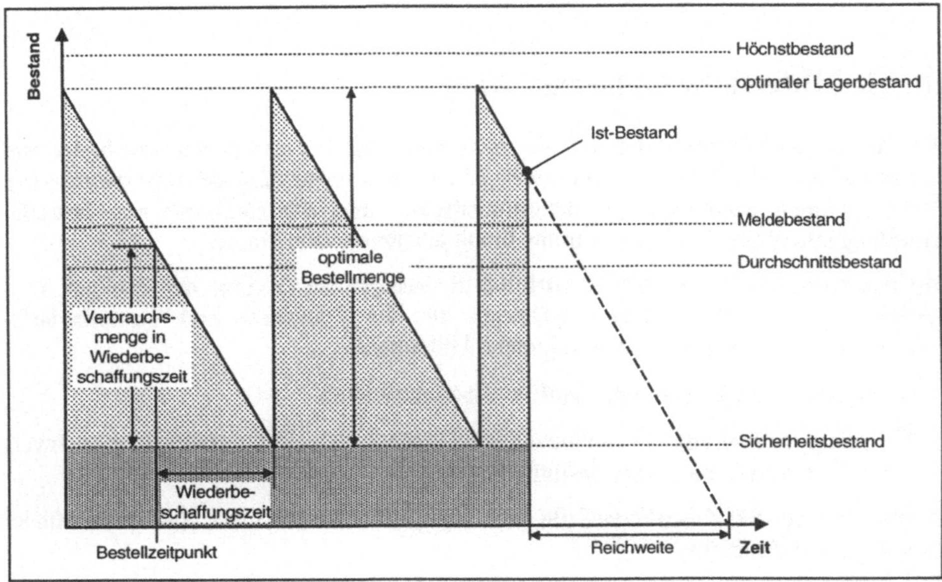

Bild 10.9: Lagerkennzahlen [7]

- Beschaffungsauslösebestand/Meldebestand (die geschätzte Entnahmemenge während der Wiederbeschaffungszeit, die sich aus der Beschaffungszeit, der Transportzeit und der Sicherheitszeit zusammensetzt)

- optimaler Lagerbestand (die beschaffte Menge plus dem zur Zeit der Lieferung vorhandenen Bestand)

- maximaler Lagerbestand (die größte Menge, die auf Lager gehalten werden kann)

- optimale Beschaffungsmenge

Die **Bewegungsdaten** beschreiben die Lagerbewegungen. Sie setzen sich zusammen aus:

- Durchschnittsbestand (der mittlere Lagerbestand über einen längeren Zeitraum hinweg)

- Ist-Bestand (der gegenwärtig vorhandene, körperliche Lagerbestand)

- verfügbarer Ist-Bestand (der Ist-Bestand abzüglich der Reservierungen)

- Soll-Bestand (der Ist-Bestand zuzüglich der noch nicht eingegangenen Beschaffungen)

- verfügbarer Soll-Bestand (der Sollbestand abzüglich der Reservierungen)

- Abgang (die Mengen, die einem vorhandenen Ist-Bestand entnommen werden)

- Zugang (die Mengen, die zu einem vorhandenen Ist-Bestand hinzugefügt werden)

- Reservierung (die Mengen, die für einen bestimmten Auftrag zu einem späteren Termin entnommen werden)

- Beschaffungen (die Mengen, die aufgrund einer Bestellung oder eines Auftrages zur Eigenfertigung an einem bestimmten Termin einem Bestand hinzugefügt werden)

10.3.3 Materialbeschaffungssteuerung

Die Aufgabe der Beschaffungssteuerung ist es, sicherzustellen, daß das zu beschaffende Material termingerecht sowie in der notwendigen Menge und Qualität am richtigen Ort bereitgestellt werden kann [8]. Dazu gehören das Auslösen der Beschaffung, die Veranlassung der Eigenfertigung und der Materialeinkauf. Des weiteren werden die Bestellmengen festgelegt, das Material bestellt und die Lieferung überwacht und gesichert.

Bei der Entscheidung über Fremdbeschaffung oder Eigenfertigung müssen die verfügbaren Kapazitäten berücksichtigt werden. Außerdem erfolgt eine Betrachtung der Wirtschaftlichkeit nach den Kriterien:

- Qualität

- Kapazität

- Investitionen

- Stückkosten

- Termine

- Risiko

- Material- und Betriebsmittelbedarf bei Fremdbeschaffung

Die Hauptbestandteile der Beschaffungssteuerung sind die Beschaffungsauslösung und die Materialbeschaffung. Die **Beschaffungsauslösung** kann auf drei Arten erfolgen:

- bedarfsbezogen: Auslösung durch einzelne Aufträge

- terminbezogen: Auslösung durch das Programm

- bestandsbezogen: Auslösung durch Erreichen bestimmter Lagerkennzahlen

Bei der **bedarfsbezogenen Beschaffungsauslösung** erfolgt die Auslösung aufgrund der Bedarfsermittlung für einzelne Aufträge. Hierbei ist keine Lagerung notwendig, da das beschaffte Material sofort für einen Auftrag verwendet wird.

Bei der **terminbezogenen Beschaffungsauslösung** ist das Erreichen eines vorbestimmten Termins der Anlaß der Beschaffung. Dabei ist die periodische Beschaffung festliegender Mengen unabhängig vom tatsächlich vorhandenen Bedarf. Der Vorteil ist der geringe Aufwand für die Lagerbestandsführung. Die Nachteile hingegen sind:

- nicht vorhersehbare Lieferbereitschaft

- eventuell zu große Bestände

Die Verwendung dieser Art der Beschaffungsauslösung erfolgt für Materialien, deren Bedarf nur geringen Schwankungen unterliegt und deren Wert niedrig ist.

Bei der **bestandsbezogenen Beschaffungsauslösung** ist der Anlaß für das Beschaffen das Erreichen bestimmter Lagerkennzahlen. Diese Methode findet bei großen Bedarfsschwankungen Anwendung und bei Materialien, die eine hohe Kapitalbindung verursachen. Die Lagerhaltungskosten hoher Bestände sind in diesem Fall größer als die Kostenanteile bei häufiger Beschaffung kleiner Mengen. Um den Aufwand in der Bestandsführung im Betrieb zu verringern, wird ein Bestandsvergleich nach festgelegten Perioden durchgeführt, anstatt nach jeder Bewegung, wodurch jedoch die Lieferbereitschaft sinken kann. Trotz einer periodischen Vorgehensweise zählt dieses Verfahren nicht zu den terminbezogenen Beschaffungsauslösungen.

Die **externe Materialbeschaffung** beinhaltet die Überwachung und Sicherung der Materiallieferungen bezüglich Qualität und Termin [3, 6, 8]. Die Überwachung der Lieferungen umfaßt die Überprüfung der Liefertermine von Bestellungen und die Mahnung der Lieferanten. Die Sicherung der Beschaffung soll die Lieferbereitschaft der Lager gewährleisten und die Lieferanten bezüglich Termintreue und Qualität in deren Werk-

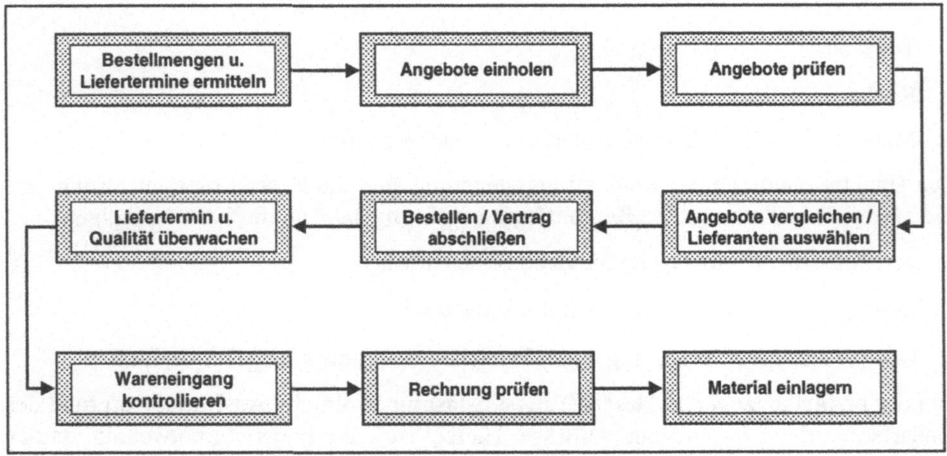

Bild 10.10: Ablauf der Materialbeschaffung [8]

stätten sowie Menge und Qualität des Materials beurteilen. Diese Aufgabe setzt Kenntnisse voraus über:

- Beschaffungsmarkt
- Lieferanten
- Preisvorteile
- Produktqualitäten
- Lieferfristen

Der schematische Ablauf der Materialbeschaffung ist in Bild 10.10 dargestellt.

10.3.4 Materialbereitstellungssteuerung

Die Steuerung der Materialbereitstellung ist zuständig für [8, 10]:

- Veranlassung der Bereitstellung durch einen Bereitstellungsauftrag
- Bildung der Entnahmeaufträge
- Entnahme des Materials aus dem Lagerfach
- Zusammenstellung der Materialien nach Bereitstellungsaufträgen (Kommissionierung)
- Bereithaltung des Materials am Bereitstellungsort

Bei der Kommissionierung der Materialien wird grundsätzlich zwischen zwei Verfahren unterschieden: der statischen und der dynamischen Kommissionierung. Bei der statischen Kommissionierung liegt das Material an seinem Lagerplatz und der Mitarbeiter kommt zum Lagerplatz, um das Material zu entnehmen (Prinzip: Mensch zur Ware). Bei der dynamischen Kommissionierung befindet sich der Mitarbeiter an seinem Arbeitsplatz und das Material wird zu seinem Arbeitsplatz transportiert, um dort die erforderliche Entnahme durchzuführen (Prinzip: Ware zum Menschen). Inzwischen wurden auch automatische Systeme für die statische und dynamische Kommissionierung entwickelt.

10.4 Lernfragen

1. Welche Organisationsformen der Materialwirtschaft gibt es?

2. Welches ist die zentrale Aufgabe der Materialsteuerung in einem Industriebetrieb?

3. In welche Teilgebiete und Teilfunktionen läßt sich die Materialwirtschaft unterteilen?

4. Welche Kriterien beeinflussen die Make-or-Buy-Entscheidung?

5. Was sind die Ziele der unterschiedlichen Teilaufgaben der Materialplanung?

6. Welche Materialbedarfsarten werden unterschieden und wie sind sie definiert?

7. Was versteht man unter der ABC-Analyse?

8. Auf welche Arten kann der Materialbedarf ermittelt werden?

9. Welche Einflüsse sind bei der Lagersortenplanung zu berücksichtigen?

10. Welche unterschiedlichen Lagerkennzahlen gibt es und was bedeuten diese?

11. Welche Kosten sind bei der Ermittlung der kostenoptimalen Beschaffungsmenge zu berücksichtigen? Wie hängen diese zusammen?

12. Wie kann die Beschaffungsauslösung erfolgen?

13. Auf welche Arten erfolgt die Materialbereitstellung?

10.5 Literaturverzeichnis

[1] Bierhals, E.:
Organisation der Materialwirtschaft. Wiesbaden: Gabler Verlag 1993.

[2] Bloech, J./Rottenbacher, S.:
Materialwirtschaft - Kostenanalyse. Ergebnisdarstellung und Planungsansätze - Eine komplexe Aufgabe. Stuttgart: Poeschel-Verlag 1986.

[3] Busch, H.-F.:
Einführung in das Materialmanagement. Wiesbaden: Gabler Verlag 1986.

[4] Kopsidis, R. M.:
Materialwirtschaft. Grundlagen, Methoden, Techniken, Politik. München: Hanser Verlag 1992.

[5] Korndörfer, W.:
Beschaffungs- und Lagerwirtschaft (Materialwirtschaft). Wiesbaden: Gabler Verlag 1993.

[6] Melzer-Ridinger, R.:
Materialwirtschaft: ein einführendes Lehrbuch. München: Oldenbourg Verlag 1989.

[7] Oeldorf, G./Olfert, K.:
Materialwirtschaft. Ludwigshafen (Rhein): Kiehl Verlag 1995.

[8] REFA:
Methodenlehre der Planung und Steuerung. Teil 2. München, Wien: Hanser Verlag 1985.

[9] VDMA:
Statistisches Jahrbuch für den Maschinenbau. Frankfurt a. M. 1995.

[10] Wiendahl, H.-P.:
Betriebsorganisation für Ingenieure. 3. Aufl. München, Wien: Hanser Verlag 1989.

Sachwortverzeichnis

Bullinger
Arbeitsgestaltung

**Personalorientierte Gestaltung
marktgerechter Arbeitssysteme**

Zukunftsorientierte Arbeitsgestaltung verfolgt einen interdisziplinären Ansatz, der humane und wirtschaftliche Ziele gemeinsam berücksichtigt. Diese duale Zielsetzung bezieht sich auf die Schaffung von menschengerechten Arbeitsbedingungen verbunden mit einer Unternehmensstruktur, die durch Marktorientierung auf wirtschaftlichen Erfolg ausgerichtet ist.

In diesem Lehrbuch, welches als Fortsetzung des Bandes »Ergonomie« vom gleichen Autor konzipiert ist, stehen Grundlagen und Methoden der personalorientierten Arbeitsorganisation im Vordergrund. Die Themenbereiche erstrecken sich dabei von den Arbeitsanalysemethoden über die Vorgehensweise bei der Arbeitsstrukturierung bis hin zu Fragestellungen der Arbeitssystemgestaltung und der Personalqualifizierung. Einen Schwerpunkt bildet in diesem Zusammenhang die Einführung neuer Arbeitsstrukturen.

Aus dem Inhalt

Unternehmen im Wandel – Gestaltung von Arbeitssystemen – Planung komplexer Montagesysteme – Fertigungsinseln – Projektmanagement – Analyse von Arbeitstätigkeiten – Arbeitsbewertung – Organisation der Arbeitszeit – Personalqualifizierung

Von Prof. Dr.-Ing. habil.
Prof. e.h. Dr. h.c.
Hans-Jörg Bullinger
Universität Stuttgart und
Fraunhofer-Institut für
Arbeitswirtschaft und
Organisation (IAO)

Unter Mitarbeit von
Dipl.-Ing.
Matthias Gommel
Dipl.-Ing.
Claus-Ulrich Lott und
Dipl.-Ing.
Martin Schmauder
Universität Stuttgart

1995. XIII, 385 Seiten mit
353 Bildern.
16,2 x 22,9 cm.
Geb. DM 74,–
ÖS 540,– / SFr 67,–
ISBN 3-519-06369-7

(Technologiemanagement
– Wettbewerbsfähige
Technologieentwicklung
und Arbeitsgestaltung)

Preisänderungen vorbehalten.

B. G. Teubner Stuttgart · Leipzig

Ehlers
Die dynamische Produktion

Kundenorientierung von Fertigung und Beschaffung – Der Weg zur Partnerschaft

In Deutschland ist der Kunde vielmehr als Bettler denn als König zu bezeichnen. Das Thema Kundenorientierung ist in der bundesdeutschen Wirtschaft immer noch ein Fremdwort. Da sich aber die Absatzmärkte vom Verkäufer- zum Käufermarkt entwickelt haben, müssen die Unternehmensabläufe und insbesondere die Unternehmensressourcen darauf eingestellt werden.
Es kommt dabei darauf an, kurzfristig und flexibel auf Kundenbedürfnisse zu reagieren und zugleich die Wirtschaftlichkeit eines Unternehmens zu sichern. Konventionelle Organisationsstrukturen sind überfordert: sie verursachen bei stärkerer Kundenorientierung höhere Kosten und stellen damit den Unternehmensbestand in Frage.
Was das mit dynamischer Produktion zu tun hat? – Die Dynamik steckt in der Anpassung aller Beteiligten an die Kundenwünsche. Und diese sind:
Das angebotene Produkt (die Leistung)
– in der zugesicherten Eigenschaft
– bei geringem Preis
– sofort verfügbar zu haben

In diesem Buch werden die anzuwendenden Methoden erläutert und dem Leser ein Leitfaden an die Hand gegeben, mit dessen Hilfe er in der Lage sein sollte, die Abläufe im Unternehmen in der Weise zu prüfen, ob sie den Bedingungen des Käufermarktes entsprechen und angepaßt werden müssen. Und – sofern eine Anpassung erforderlich ist – wie man dabei vorgeht und welche Grundregeln zu beachten sind.

Von
Techn. Betriebswirt (HTL)
Jörg D. Ehlers
Wesseling

1997. XIII, 252 Seiten.
mit 65 Bildern und Tabellen.
16,2 x 22,9 cm.
Geb. DM 58,–
ÖS 423,– / SFr 52,–
ISBN 3-519-06337-9

Preisänderungen vorbehalten.

Aus dem Inhalt

Ausgangslage – Käufer und Anbieter im Spannungsfeld – Wer ist Kunde? – Wer ist Lieferant? – Wie begründet sich die Partnerschaft? Basisanalysen und Basisstrukturen der dynamischen Produktion – Alternative Abläufe inner- und außerbetrieblicher Kunden-/Lieferantenbeziehungen – Gestaltung der Fertigung: Visuelles Management, Flexibilisierung der Kapazitäten – Prozeß-Controlling: Target-Costing KAIZEN-Costing, autonome Fertigung – Potentiale der dynamischen Produktion

B. G. Teubner Stuttgart · Leipzig